# 机器视觉及深度学习

## 经典算法与系统搭建

陈兵旗　谭 彧　主编

化学工业出版社

·北京·

## 内容简介

深度学习和传统机器视觉技术相融合，可以大大提高AI技术的效率和精度。本书分上、下两篇，共19章内容，详细讲解了机器视觉及深度学习的理论和编程实践。

上篇介绍理论算法。包括机器视觉的经典图像处理算法、深度学习的理论基础和目前常用的深度学习框架。

下篇介绍编程环境及系统搭建。讲解了机器视觉图像处理算法及深度学习的编程工具VC++、Python和OpenCV；利用VC++和Python工具，搭建图像处理的工程界面；介绍了常用的9种深度学习框架的获得方法、安装设置、工程创建，以及深度学习工程的编译、训练、评估与部署方法。

每一个搭建的工程，都提供一套可下载的源代码程序，方便读者下载学习。

本书理论与实践兼顾，可为从事机器视觉技术及人工智能研究和应用的工程技术人员提供帮助，也可供高等院校相关专业师生学习参考。

**图书在版编目（CIP）数据**

机器视觉及深度学习：经典算法与系统搭建 / 陈兵旗，谭彧主编. —北京：化学工业出版社，2022.7

ISBN 978-7-122-41145-7

Ⅰ. ①机… Ⅱ. ①陈… ②谭… Ⅲ. ①计算机视觉②机器学习 Ⅳ. ①TP302.7②TP181

中国版本图书馆CIP数据核字（2022）第057983号

责任编辑：贾　娜　　文字编辑：郑云海　温潇潇

责任校对：李雨晴　　装帧设计：史利平

出版发行：化学工业出版社（北京市东城区青年湖南街13号　邮政编码100011）

印　　刷：三河市航远印刷有限公司

装　　订：三河市宇新装订厂

787mm×1092mm　1/16　印张17　字数422千字　2022年8月北京第1版第1次印刷

购书咨询：010-64518888　　售后服务：010-64518899

网　　址：http://www.cip.com.cn

凡购买本书，如有缺损质量问题，本社销售中心负责调换。

定　　价：118.00元

# 前言

机器视觉及深度学习是人工智能的主要技术手段，已经广泛应用于各个领域。传统机器视觉技术，一般需要有较深的研发经验才能进行相关应用项目的开发，处理算法的通用性较差，学习门槛较高。深度学习需要搭建很多神经网络层次结构，一般人不具备搭建深度学习框架的能力，好在有不少大公司和专业机构根据不同的需求设计了一些深度学习框架并对外开放，一般人可以利用这些深度学习框架，实现自己的图像检测目的，学习门槛较低。

在功能方面，传统机器视觉技术更适合精确检测与定位，处理速度快，对硬件处理能力要求不高。深度学习更适合目标分类，需要对大量检测目标样本进行训练，处理量大，自然环境下的检测精度一般在80%左右，需要采用高性能的GPU处理设备提高检测速度。如果能够将深度学习和传统机器视觉技术相融合，针对深度学习的检测结果，再通过传统机器视觉技术进行精确检测和定位，就可以大大提高AI技术的效率和精度。

为了帮助读者迅速理解和掌握机器视觉与深度学习的理论和编程实践，本书分为上、下两篇共19章内容。上篇介绍理论算法，包括机器视觉的经典图像处理算法、深度学习的理论基础和目前常用的深度学习框架。下篇介绍编程环境及系统搭建，首先介绍机器视觉图像处理算法及深度学习的编程工具VC++、Python和OpenCV；然后利用VC++和Python工具，搭建图像处理的工程界面；最后介绍常用的9种深度学习框架的获得方法、安装设置、工程创建，以及深度学习工程的编译、训练、评估与部署方法。每一个搭建的工程，都提供一套可下载的源代码程序，方便读者下载学习。部分实例的程序可登录北京现代富博科技有限公司的官网进行下载。

为了确保读者顺利搭建系统，本书编写完成后，由没有经验的人员根据书中内容进行了试用并提出修改意见。为了完成深度学习框架的搭建，需要读者配置具有高性能GPU处理器的计算机。

本书由陈兵旗、谭彧主编，梁习卉子、张亚伟、刘星星、尹彦鑫、胡标、苏道毕力格、田文斌、陈建参与编写。具体分工如下：

陈兵旗（中国农业大学，fbcbq@163.com）：负责内容策划并编写第1章基础知识、第2章目标提取、第8章平台软件、第9章 VC++图像处理工程和第10

章 Python 图像处理工程。

谭彧（中国农业大学，tanyu@cau.edu.cn）：负责组织实施，审阅全部书稿和定稿。

梁习卉子（苏州健雄职业技术学院，liangxihuizi@sina.com）：编写第3章边缘检测、第4章去噪声处理和第5章几何参数检测。

张亚伟（中国农业大学，zywcu@cau.edu.cn）：编写第6章直线检测。

刘星星（中国农业大学，liuxingxing56285@163.com）：编写第7章深度学习框架介绍和第18章YoloV4深度学习工程。

尹彦鑫（北京农业智能装备技术研究中心，yinyx@nercita.org.cn）：编写第11章 TensorFlow 深度学习工程。

胡标（中国农业大学，hubiao@cau.edu.cn）：编写第12章 Keras 深度学习工程和第17章 Theano 深度学习工程。

苏道毕力格（中国农业大学，sudao@cau.edu.cn）：编写第 13 章 PyTorch 深度学习工程。

田文斌（中国农业大学，wenbin.tian@cau.edu.cn）：编写第14章 Caffe 深度学习工程、第15章 MXNet 深度学习工程和第16章 CNTK 深度学习工程。

陈建（中国农业大学，jchen@cau.edu.cn）：编写第19章 PaddlePaddle 深度学习工程。

读者在利用本书进行编程学习和实践的过程中，如果遇到问题，可以通过邮件获得相关作者的帮助。

虽然编写过程中付出了很大努力，但是在内容结构和文字表述方面难免有不妥之处，敬请广大读者批评指正。

主　编

# 目　　录

## 上篇

# 理论算法

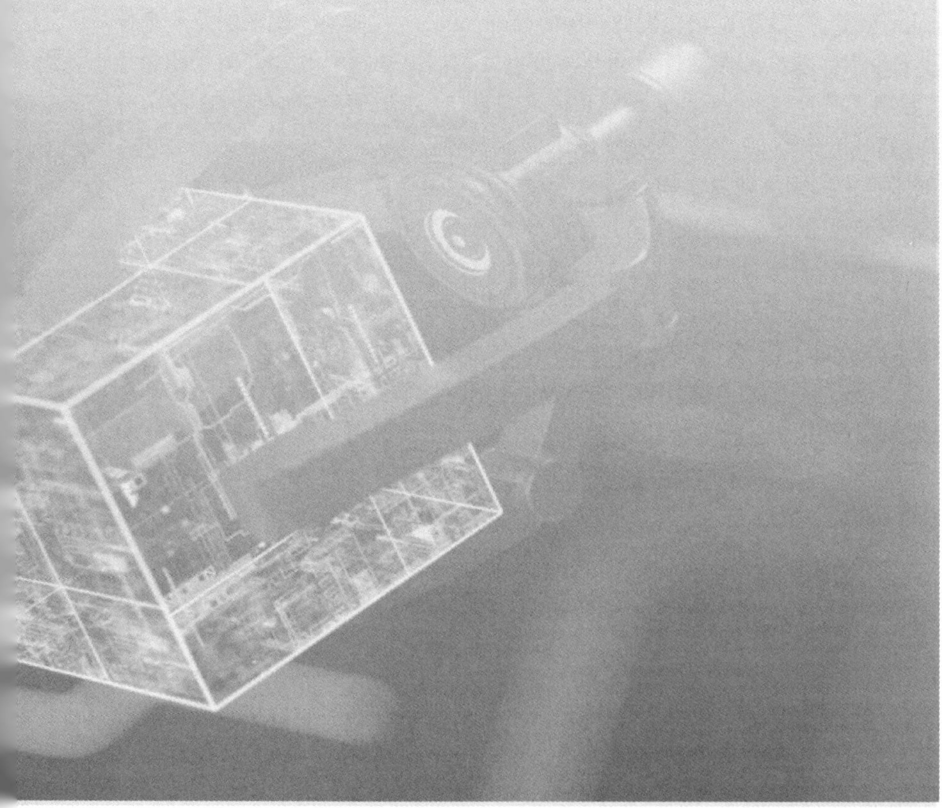

# 第 1 章 基础知识

## 1.1 图像与颜色

### 1.1.1 彩色图像

彩色图像是由红（red，R）、绿（green，G）、蓝（blue，B）三个分量的灰度图像组成。各种彩色都是由 R、G、B 3 个单色调配而成。各种单色都人为地从 0 到 255 分成了 256 个级，所以根据 R、G、B 的不同组合可以表示 256×256×256=16777216 种颜色，这种情况被称为全彩色图像（full-color image）或者真彩色图像（true-color image）。如果一幅图的每一个像素都用其 R、G、B 分量表示，那么图像文件将会非常庞大。例如，一幅 640×480 像素的彩色图像，因为一个像素要用 3 个字节（一个字节是 8 位，总共 24 位）表示 R、G、B 各个分量，所以需要保存 640×480×3=921600 个字节，约 1MB。

对于一幅 640×480 像素的 16 色图像，如果每一个像素也用 R、G、B 三个分量表示，这样保存整个图像也要约 1MB。但是 16 色图像，每个像素最多只表示 16 种颜色。上述保存方法因为有许多闲置的 0 位数据而浪费空间。为了减少保存的字节数，一般采用调色板（palette，或称 look up table，颜色表 LUT）技术保存上述图像。如果做个颜色表，表中的每一行记录一种颜色的 *R*、*G*、*B* 值，即（*R*，*G*，*B*）。例如，第一行表示红色（255，0，0），那么当某个像素为红色时，只需标明索引 0 即可，这样就可以通过颜色索引减少表示图像的字节数。对上述图像，如果用颜色索引的方法计算一下字节数，16 种状态可以用 4 位（$2^4$）也就是半个字节表示，整个图像数据需要用 640×480×0.5=153600 个字节，另加一个颜色表的字节数，相比之下可以节省许多存储空间。

而对于全彩色图像，直接用 R、G、B 分量表示，不用调色板技术。因为对于全彩色图像来说，调色板的大小与图像相同，如果用调色板，相当于用前述保存方法保存两幅这样的图像。

上述用 R、G、B 三原色表示的图像被称为位图（bitmap），有压缩和非压缩格式，后缀是 BMP。除了位图以外，图像的格式还有许多。例如，TIFF 图像一般用于卫星图像的压缩格式，压缩时数据不失真；JPEG 图像是被数码相机等广泛采用的压缩格式，压缩时有部分信号失真。

除了上述由 R、G、B 组成的 24 位全彩色图像之外，近几年又出现了一种增加了 8 位透明度（alpha，A）的 32 位图像，也称为 RGBA 图像。白色的 alpha 像素用以定义不透明的彩色像素，而黑色的 alpha 定义透明像素，黑白之间的灰度值表示彩色图像中的不同透明状态。透明度主要用在影视的前景和背景合成，在图像处理与分析中一般用不到。

### 1.1.2 灰度图像

灰度图像（gray scale image）是指只含亮度信息，不含色彩信息的图像。在 BMP 格式中没有灰度图像的概念，但是如果每个像素的 $R$、$G$、$B$ 完全相同，也就是 $R=G=B=Y$，该图像就是灰度图像（或称 monochrome image，单色图像）。其中 $Y$ 称为灰度值，一般常用灰度级为 [0，255]，0 为黑，255 为白，所有中间值是从黑到白的各种灰色调，总共 256 级。

彩色图像的 R、G、B 分量分别是一个灰度图像。也可以由式（1.1）将 RGB 彩色图像变为灰度图像。

$$Y=0.299R+0.587G+0.114B \tag{1.1}$$

### 1.1.3 颜色变换

彩色图像是由红（R）、绿（G）、蓝（B）三个分量的灰度图像组成。除了 RGB 原色之外，还有 YUV、HSI（或 SHY、SHV）、Lab 等颜色表述方式。

YUV 也称为 YCbCr，是视频、图像等使用的一类图像格式。YUV 是由 Y（相当于灰度）的“亮度”分量和两个“色度”分量表示，分别称为 U（蓝色投影）和 V（红色投影）。Y 是由式（1.1）求得，U（Cb）是蓝色部分去掉亮度（$B-Y$），V（Cr）是红色部分去掉亮度（$R-Y$）。

HSI（或 SHY、SHV）中的 S（saturation）是饱和度或彩度，用来表示颜色的鲜明程度。H（hue）是色调或者色相，用来表示颜色的种类。I（intensity）、Y（brightness）或 V（value）是明度或者亮度，用来表示图像的明暗程度。这三个特性被称为颜色的三个基本属性，其中，I、Y 或 V 由式（1.1）求得，H、S 由式（1.2）~式（1.5）求得。

$$C_1 = R - Y \tag{1.2}$$

$$C_2 = B - Y \tag{1.3}$$

$$H = \arctan(C_1/C_2) \tag{1.4}$$

$$S = \sqrt{C_1^2 + C_2^2} \tag{1.5}$$

Lab 色彩空间是 1976 年由国际照明委员会（CIE）制定的，用 $L^*$、$a^*$、$b^*$三个互相垂直的坐标轴表示一个色彩空间。$L^*$轴表示明度，黑在底端，白在顶端。$+a^*$表示品红色，$-a^*$表示绿色。$+b^*$表示黄色，$-b^*$表示蓝色。$a^*$轴是红—绿色轴，$b^*$轴是黄—蓝色轴。任何颜色的色相和特征都可以用 $a^*$、$b^*$数值表示，用 $L^*$、$a^*$、$b^*$三个数值可以描述自然界中的任何色彩。$L^*$值的范围为 100（白）至 0（黑）。$a^*$和 $b^*$的变化范围从−100 到 100。任一颜色可以用空间中对应点的 $L^*$、$a^*$、$b^*$确定。由于 Lab 色彩空间包含了 RGB 和 CMYK（用于印刷的四分色：cyan 青、magenta 品红、yellow 黄、black 黑）色彩空间，所以当色彩数据从这样一个大的色彩空间转换到比它小得多的 CMYK 色彩空间时，不会因为数据量不够而引起色彩的偏差，造成色彩损失。L*、a*、b*的计算比较复杂，这里不列出计算公式。

# 1.2 机器视觉

## 1.2.1 机器视觉构成

人眼的硬件构成笼统点说就是眼珠和大脑，机器视觉的硬件构成也可以大概说成是摄像机和电脑。作为图像采集设备，除了摄像机之外，还有图像采集卡、光源等设备。以下从计算机、图像输入采集设备和常用软件与工具三方面，做较详细的说明。

（1）计算机

计算机的种类很多，有台式计算机、笔记本计算机、平板电脑、工控机、微型处理器等，但是其核心部件都是中央处理器、内存、硬盘和显示器，只不过不同计算机核心部件的形状、大小和性能不一样而已。

1）中央处理器

中央处理器，也叫 CPU（central processing unit），属于计算机的核心部位，相当于人的大脑组织，主要功能是执行计算机指令和处理计算机软件中的数据。其发展非常迅速，现在个人计算机的计算速度已经超过了 10 年前的超级计算机。

2）硬盘

硬盘是电脑的主要存储媒介，用于存放文件、程序、数据等，由覆盖铁磁性材料的一个或者多个铝制或者玻璃制的碟片组成。

硬盘的种类有：固态硬盘（solid state drives，SSD）、机械硬盘（hard disk drive，HDD）和混合硬盘（hybrid hard disk，HHD）。SSD 采用闪存颗粒存储，HDD 采用磁性碟片存储，HHD 是把磁性硬盘和闪存集成到一起的一种硬盘。绝大多数硬盘都是固定硬盘，被永久性地密封固定在硬盘驱动器中。

数字图像数据与计算机的程序数据相同，被存储在计算机的硬盘中，通过计算机处理后，将图像显示在显示器上或者重新保存在硬盘中以备使用。除了计算机本身配置的硬盘之外，还有通过 USB 连接的移动硬盘，最常用的就是通常说的 U 盘。随着计算机性能的不断提高，硬盘容量也是在不断扩大，现在一般计算机的硬盘容量都是 TB 数量级，1TB=1024GB。

3）内存

内存（memory）也被称为内存储器，用于暂时存放 CPU 中的运算数据以及与硬盘等外部存储器交换的数据。只要计算机在运行中，CPU 就会把需要运算的数据调到内存中进行运算，当运算完成后 CPU 再将结果传送出来，例如将内存中的图像数据拷贝到显示器的存储区而显示出来等。因此内存的性能对计算机的影响非常大。

现在数字图像一般都比较大，例如 900 万像素照相机拍摄的最大图像是 3456×2592=8957952 像素，一个像素是红绿蓝（RGB）3 个字节，总共是 8957952×3=26873856 字节，也就是 26873856÷1024÷1024≈25.63MB 内存。实际查看拍摄的 JPEG 格式图像文件也就 2MB 左右，没有那么大，那是因为将图像数据存储成 JPEG 文件时进行了数据压缩，而在进行图像处理时必须首先进行解压缩处理，然后再将解压缩后的图像数据读到计算机内存里。因此，图像数据非常占用计算机的内存资源，内存越大越有利于计算机的工作。现在32位计算机的内存一般最小是1GB，最大是4GB；64位计算机的内存一般最小是8G，最大可以达到128GB。

4）显示器

显示器（display）通常也被称为监视器。显示器是电脑的I/O设备，即输入输出设备，有不同的大小和种类。根据制造材料的不同可分为：阴极射线管显示器CRT（cathode ray tube），等离子显示器PDP（plasma display panel），液晶显示器LCD（liquid crystal display），等等。显示器可以选择多种像素及色彩的显示方式，从640像素×480像素的256色到1600像素×1200像素以及更高像素的32位的真彩色（true color）。

（2）图像采集设备

图像采集设备包括摄像装置、图像采集卡和光源等。目前基本都是数码摄像装置，而且种类很多，包括PC摄像头、工业摄像头、监控摄像头、扫描仪、高级摄像机、手机等。当然观看微观的显微镜和观看宏观的天文望远镜，也都是图像采集设备。

摄像头的关键部件是镜头。镜头的焦距越小，近处看得越清楚；焦距越大，远处看得越清楚，相当于人的眼角膜。对于一般的摄像设备，镜头的焦距是固定的，一般PC摄像头、监控摄像头等常用摄像设备镜头的焦距为4 ~ 12mm。工业镜头和科学仪器镜头，有定焦镜头也有调焦镜头。

摄像装置与电脑的连接，一般通过专用图像采集卡、IEEE1394接口和USB接口实现。计算机的主板上都有USB接口，有些便携式计算机，除了USB接口之外，还带有IEEE1394接口。台式计算机在用IEEE1394接口的数码图像装置进行图像输入时，如果主板上没有IEEE1394接口，需要另配一枚IEEE1394图像采集卡。由于IEEE1394图像采集卡是国际标准图像采集卡，价格非常便宜，市场价从几十元到三四百元不等。IEEE1394接口的图像采集帧率比较稳定，一般不受计算机配置影响，而USB接口的图像采集帧率受计算机性能影响较大。现在，随着计算机和USB接口性能的不断提高，一般数码设备都趋向于采用USB接口，而IEEE1394接口多用于高性能摄像设备。对于特殊的高性能工业摄像头，例如采集帧率在每秒一千多帧的摄像头，一般都自带配套的图像采集卡。

在室内生产线上进行图像检测，一般都需要配置一套光源。可以根据检测对象的状态选择适当的光源，这样不仅可以减轻软件开发难度，也可以提高图像处理速度。图像处理的光源一般需要直流电光源，特别是在高速图像采集时必须用直流电光源。如果是交流电光源，会产生图像一会儿亮一会儿暗的闪烁现象。直流电光源一般采用发光二极管LED（light emitting diode），根据具体使用情况做成圆环形、长方形、正方形、长条形等不同形状。有专门开发和销售图像处理专用光源的公司，这样的专业光源一般都很贵，价格从几千元到几万元不等。

（3）机器视觉的软件及编程工具

机器视觉的软件功能相当于人脑的功能。人脑功能可以分为基本功能和特殊功能。基本功能一般指人的本性功能，只要活着，不用学习就会具备的功能；而特殊功能是需要学习才能实现的功能。图像处理软件就是机器视觉的特殊功能，是需要开发商或者用户开发完成的功能，而电脑的操作系统（Windows等）和软件开发工具是由专业公司供应，可以认为是电脑的基本功能。这里说的机器视觉的软件是指机器视觉的软件开发工具和开发出的图像处理应用软件。

计算机的软件开发工具包括 C、C++、Visual C++、C#、Java、BASIC、FORTRAN、Python 等。由于图像处理与分析的数据处理量很大，而且需要编写复杂的运算程序，从运算速度和编程的灵活性考虑，C 和 C++是最佳的图像处理与分析的编程语言。目前，图像处理与分析的算法程序多数利用这两种计算机语言实现。C++是 C 语言的升级，C++将 C 语言从面向过程的单纯语言升级成为面向对象的复杂语言。C++语言完全包容 C 语言，也就是说 C 语言的程序在 C++环境下可以正常运行。Visual C++是 C++的升级，将不可视的 C++变成了可视的，C 语言和 C++语言的程序在 Visual C++环境下完全可以执行，目前最流行的版本是 Visual C++10，其全称是 Microsoft Visual Studio 2010（也称 VC++2010、VS2010 等）。有一些提供通用图像处理算法的软件，例如国外的 OpenCV 和 Matlab、国内的通用图像处理系统 ImageSys 开发平台等，这些都可以在 Visual C++平台使用。

### 1.2.2 数字图像处理

数字图像处理是机器视觉的核心软件功能，本节介绍数字图像处理的基本知识。

（1）数字图像的采样与量化

在计算机内部，所有的信息都表示为一连串的 0 或 1 码（二进制的字符串）。每一个二进制位（bit）有 0 和 1 两种状态，八个二进制位可以组合出 256（$2^8$=256）种状态，被称为一个字节（byte）。也就是说，一个字节可以用来表示从 00000000 到 11111111 的 256 种状态，每一个状态对应一个符号，这些符号包括英文字符、阿拉伯数字和标点符号等。采用国标 GB2312 编码的汉字占用 2 字节，可以表示 256×256÷2=32768 个汉字。标准的数字图像数据也是采用一个字节的 256 个状态表示。

计算机和数码照相机等数码设备中的图像都是数字图像，在拍摄照片或者扫描文件时输入的是连续模拟信号，需要经过采样和量化两个步骤，将输入的模拟信号转化为最终的数字信号。

1）采样

采样（sampling）是把空间中连续的图像分割成离散像素的集合。如图 1.1 所示，采样越细，像素越小，越能精细地表现图像。采样的精度有许多不同的设定，例如采用水平 256 像素×垂直 256 像素、水平 512 像素×垂直 512 像素、水平 640 像素×垂直 480 像素的图像等，目前智能手机相机 1200 万像素（水平 4000 像素×垂直 3000 像素）已经很普遍。我们可以看出一个规律，图像长和宽的像素个数都是 8 的倍数，也就是以字节为最小单位，这是计算机内部标准操作方式。

2）量化

量化（quantization）是把像素的亮度（灰度）变换成离散的整数值的操作。最简单的方法是用黑（0）和白（1）的 2 个数值即 1 比特（bit）（2 级）量化，称为二值图像（binary image）。图 1.2 表示了量化比特数与图像质量的关系。量化越细致（比特数越大），灰度级数表现越丰富，对于 6bit（64 级）以上的图像，人眼几乎看不出有什么区别。计算机中的图像亮度值一般采用 8bit（$2^8$=256 级），也就是一个字节，这意味着像素的亮度是 0 ~ 255 之间的数值，0 表示最黑，255 表示最白。

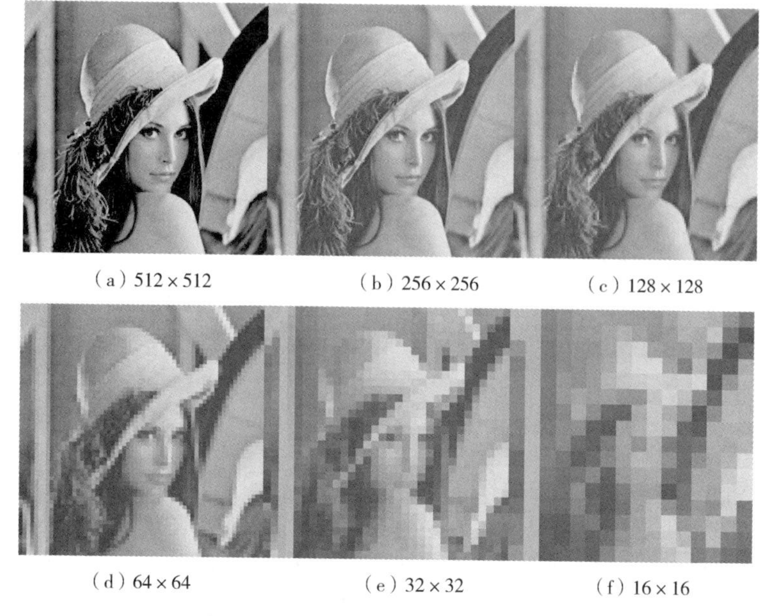

（a）512 × 512　（b）256 × 256　（c）128 × 128

（d）64 × 64　（e）32 × 32　（f）16 × 16

图1.1　不同空间分辨率的图像效果

（a）8 bit（256级）　（b）6 bit（64级）　（c）4 bit（16级）

（d）3 bit（8级）　（e）2 bit（4级）　（f）1 bit（2级）

图1.2　量化比特数与图像质量关系

(2) 数字图像的计算机表述

在计算机中，图像按图 1.3 所示的那样分成像素（pixel），各个像素的灰度值（gray value），或者浓淡值（value）被整数化（或称数字化，digitization）表现。图 1.4 显示了一个放大后的图像实例，这是一个眼睛图像的放大图，放大后可以看见的各个小方块即为像素。

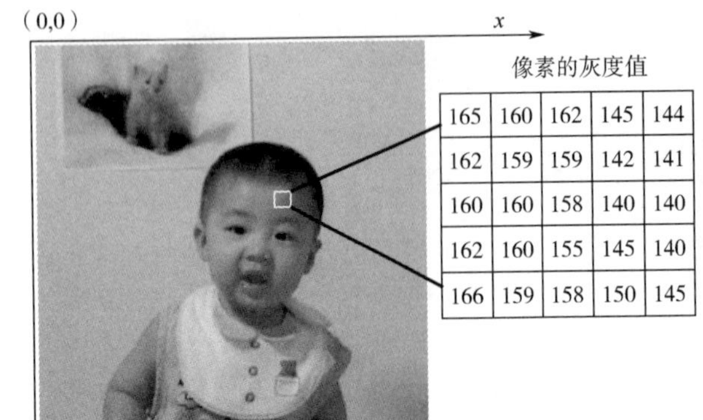


图1.3 数字图像

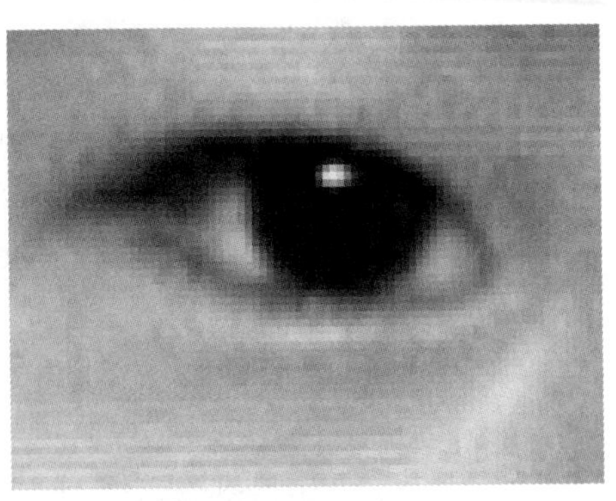

图1.4 图像的放大图

通常把数字图像的左上角作为坐标原点，向右作为横坐标 $x$ 的正方向，向下作为纵坐标 $y$ 的正方向，如图 1.3 所示。如果设图像数据为 image，那么距离图像原点在水平方向上为 i、垂直方向上为 j 的位置（i，j）处的像素的灰度值（简称像素值），可以用数组 image[j][i]或数据指针*（image+j*XSIZE+i）表示，XSIZE 为图像的宽度。由于使用数据指针的方式可以实现需要时分配内存、不需要时随时释放内存的目的，所以一般情况下使用这种方式，这样可以充分利用计算机资源。

下面做一个最简单的图像处理。把如图 1.5（a）所示图像的像素值进行翻转，生成图 1.5（c）所示图像。如果假设输入图像用数据指针*（image_in+j*XSIZE+i）表示，输出图像用数据指针*（image_out+j*XSIZE+i）表示。图 1.5（a）所示图像的数据分布情况如图 1.5（b）所示。用 C++语言编写成程序如图 1.5（d）所示，对于每一个像素，用 255 减去输入图像的数据（像素值），将结果代入相应的输出图像的数据即可。输出数据组的表示结果即为图 1.5（c）所示图像。只要按要求做一些改变就可实现各种各样的图像处理。

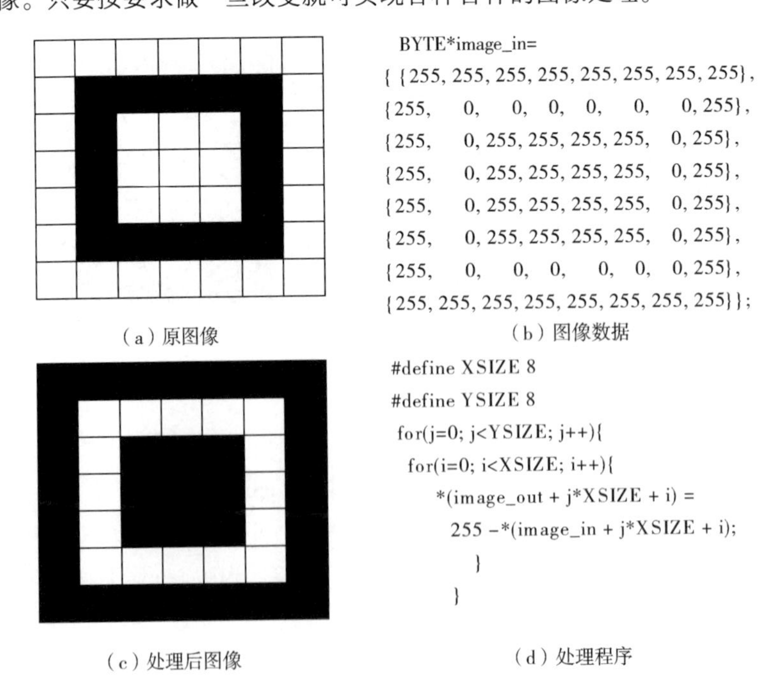


图1.5 图像处理示例

上述是灰度图像数据的处理情况，对于彩色图像，需要对彩色的红（R）、绿（G）、蓝（B）3 个分量分别进行处理。

# 1.3 深度学习

## 1.3.1 基本概念

深度学习（deep learning）也称机器学习（machine learning），是一门专门研究计算机怎样模拟或实现人类活动的学习行为，以获取新的知识或技能，重新组织已有的知识结构，使之不断改善自身性能的学科。1959 年，美国的塞缪尔（Samuel）设计了一个下棋程序，这个程序具有学习能力，它可以在不断的对弈中改善自己的棋艺。4 年后，这个程序战胜了设计者本人。又过了 3 年，这个程序战胜了美国一名保持 8 年常胜不败的冠军。这个程序向人们展示了机器学习的能力，提出了许多令人深思的社会问题与哲学问题。

例如图像识别、语音识别、自然语言理解、天气预测、基因表达、内容推荐等都可以通过机器学习来解决。目前我们通过机器学习去解决这些问题的思路是这样的（以视觉感知为例子）：首先通过传感器（摄像头）获得数据；然后经过预处理、特征提取、特征选择，再到推理、预测或者识别；最后，进行机器学习。绝大部分的工作是这部分做的，也开展了很多的研究。

良好的特征表达，对最终算法的准确性起了非常关键的作用，而且系统主要的计算和测试工作都花在这一部分。手工选取特征非常费力，能不能选取好，很大程度上靠经验和运气。深度学习方法的目的就是通过学习一些特征，然后实现自动选取特征。它有一个别名 unsupervised feature learning，意思就是不需要人类参与特征的选取过程。

深度学习专门研究计算机怎样模拟或实现人类活动。人的视觉机理如下：从原始信号摄入，接着做初步处理（大脑皮层某些细胞发现边缘和方向），然后抽象（大脑判定眼前物体的形状，例如是圆形的），然后进一步抽象（大脑进一步判定该物体具体是什么，例如是只气球）。

总的来说，人的视觉系统的信息处理是分级的。高层的特征是低层特征的组合，从低层到高层的特征表示越来越抽象，越来越能表现语义或者意图。而抽象层面越高，存在的可能猜测就越少，越有利于分类。例如，单词集合和句子的对应是多对一的，句子和语义的对应也是多对一的，语义和意图的对应还是多对一的，这是个层级体系。Deep learning 的 deep 就是表示这种分层体系。

特征是机器学习系统的原材料，对最终模型的影响是毋庸置疑的。如果数据被很好地表达成了特征，通常线性模型就能达到满意的精度。就一个图像来说，像素级的特征根本没有价值。例如一辆汽车的照片，从像素级别根本得不到任何信息，其无法进行汽车和非汽车的区分。而如果特征具有结构性（或者说有含义），比如是否具有车灯，是否具有轮胎，就很容易把汽车和非汽车区分开，学习算法才能发挥作用。复杂图形往往由一些基本结构组成。不仅图像存在这个规律，声音也存在。

小块的图形可以由基本边缘构成，更结构化、更复杂、具有概念性的图形就需要更高层次的特征表示。深度学习就是找到表述各个层次特征的小块，逐步将其组合成上一层次的特征。特征越多，给出的参考信息就越多，准确性会得到提升。但是特征多，意味着计算复杂、探索的空间大，可以用来训练的数据在每个特征上就会稀疏，会带来各种问题，并不一定特征越多越好。还有，多少层才合适？用什么架构建模？怎么进行非监督训练？这些都需要有个整体的设计。

## 1.3.2 基本思想

假设有一个系统 $S$，它有 $n$ 层（$S_1$，$\cdots S_n$），它的输入是 $I$，输出是 $O$，该系统形象地表示为：$I \rightarrow S_1 \rightarrow S_2 \rightarrow \cdots \rightarrow S_n \rightarrow O$。如果输出 $O$ 等于输入 $I$，即输入 $I$ 经过这个系统变化之后没有任何的信息损失，保持了不变，这意味着输入 $I$ 经过每一层 $S_i$ 都没有任何的信息损失，即在任何一层 $S_i$，它都是原有信息（即输入 $I$）的另外一种表示。深度学习需要自动地学习特征，假设有一堆输入 $I$（如一堆图像或者文本），设计了一个系统 $S$（有 $n$ 层），通过调整系统中参数，使得它的输出仍然是输入 $I$，那么就可以自动地获取输入 $I$ 的一系列层次特征，即 $S_1$，$\cdots$，$S_n$。对于深度学习来说，其思想就是设计多个层，每一层的输出都是下一层的输入，通过这种方式，实现对输入信息的分级表达。

上面假设输出严格等于输入，这实际上是不可能的，信息处理不会增加信息，大部分处理会丢失信息。可以略微地放松这个限制，例如使得输入与输出的差别尽可能地小即可，这个放松会导致另外一类不同的深度学习方法。

## 1.3.3 深度学习常用方法

（1）自动编码器（autoencoder）

深度学习最简单的一种方法是利用人工神经网络的特点。人工神经网络（ANN）本身就是具有层次结构的系统。如果给定一个神经网络，我们假设其输出与输入是相同的，然后训练调整其参数，得到每一层中的权重，自然就得到了输入 $I$ 的几种不同表示（每一层代表一种表示），这些表示就是特征。自动编码器就是一种尽可能复现输入信号的神经网络。为了实现这种复现，自动编码器必须捕捉可以代表输入数据的最重要的因素，找到可以代表原信息的主要成分。

具体过程简单说明如下。

1）给定无标签数据，用非监督学习特征

在之前的神经网络中，如图 1.6（a）所示，输入的样本是有标签的，即（input，target），这样根据当前输出和 target（label）之间的差去改变前面各层的参数，直到收敛。但现在只有无标签数据，如图 1.6（b）所示。那么这个误差怎么得到呢？

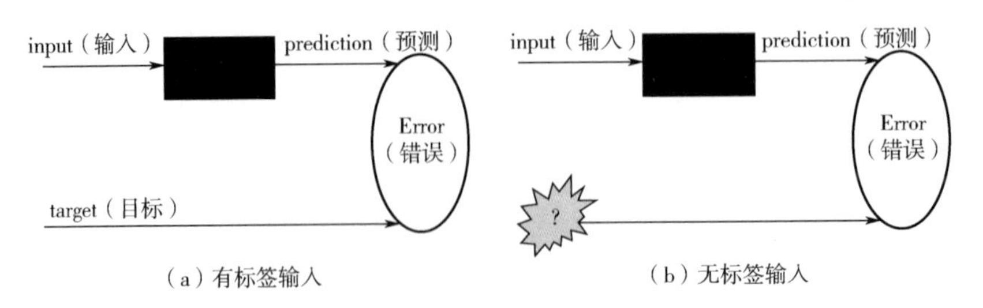


图1.6　神经网络输入

如图 1.7 所示，input（输入）一个 encoder（编码器），就会得到一个 code（编码），这个 code 也就是输入的一个表示。那么怎么知道这个 code 表示的就是 input 呢？再加一个 decoder（解码器），这时候 decoder 就会输出一个信息，那么如果输出的这个信息和一开始的输入信号 input 是很像的（理想情况下就是一样的），那很明显，就有理由相信这个 code 是靠谱的。所以，通过调整 encoder 和 decoder 的参数，使得重构误差最小，这时候就得到了输入信号的第一个表示，也就是编码 code 了。因为是无标签数据，所以误差的来源通过直接重构后与原输入相比得到。

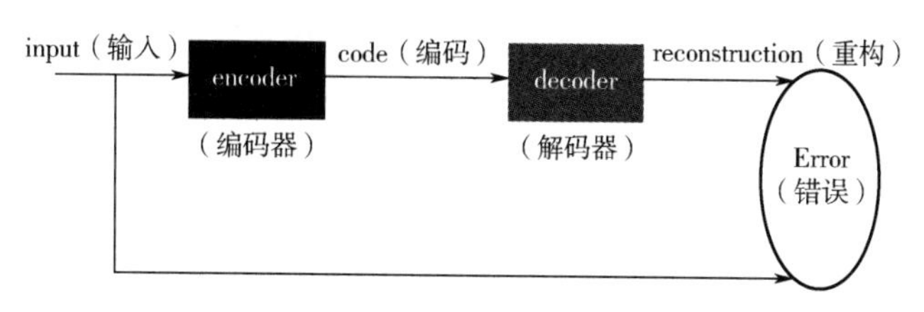


图1.7　编码器与解码器

2）通过编码器产生特征，然后逐层训练下一层

上面得到了第一层的 code，根据重构误差最小说明这个 code 就是原输入信号的良好表达，或者说它和原信号是一模一样的（表达不一样，反映的是一个东西）。第二层和第一层的训练方式一样，将第一层输出的 code 当成第二层的输入信号，同样最小化重构误差，就会得到第二层的参数，并且得到第二层输入的 code，也就是原输入信息的第二个表达。其他层如法炮制就行了（训练这一层，前面层的参数都是固定的，并且它们的 decoder 已经没用了，都不需要了）。图 1.8 表示逐层训练模型。

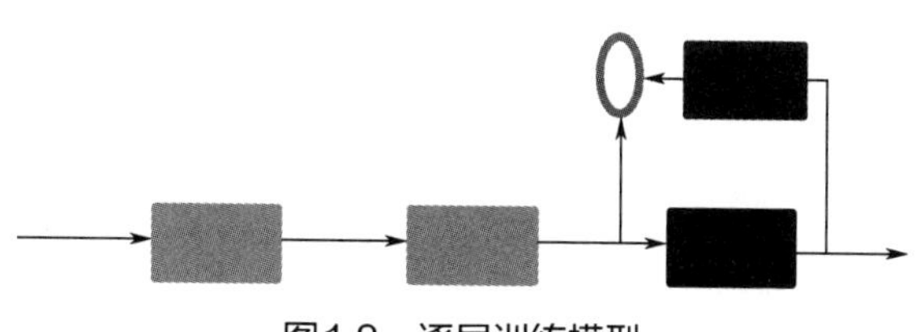

图1.8　逐层训练模型

3）有监督微调

经过上面的方法，可以得到很多层。至于需要多少层（或者深度需要多少，目前没有一个科学的评价方法），需要自己试验。每一层都会得到原始输入的不同的表达。当然，越抽象越好，就像人的视觉系统一样。

到这里，这个 autoencoder 还不能用来分类数据，因为它还没有学习如何去连结一个输入和一个类。它只是学会了如何去重构或者复现它的输入而已。或者说，它只是学习获得了一个可以良好代表输入的特征，这个特征可以最大程度代表原输入信号。为了实现分类，可以在 autoencoder 最顶的编码层添加一个分类器（例如 Logistic 回归、SVM 等），然后通过标准的多层神经网络的监督训练方法（梯度下降法）去训练。也就是说，这时候需要将最后一层的特征 code 输入到最后的分类器，通过有标签样本和监督学习进行微调。这也分两种。一个是只调整分类器，如图 1.9 的黑色部分所示。

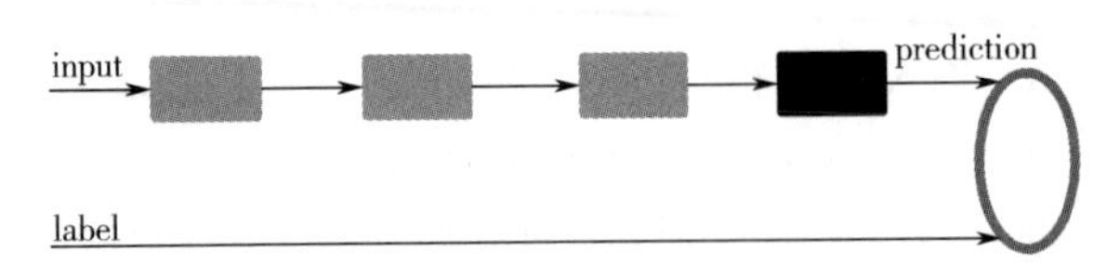


图1.9　调整分类器示意图

另一种如图 1.10 所示，通过有标签样本，微调整个系统。如果有足够多的数据，这种方法最好。

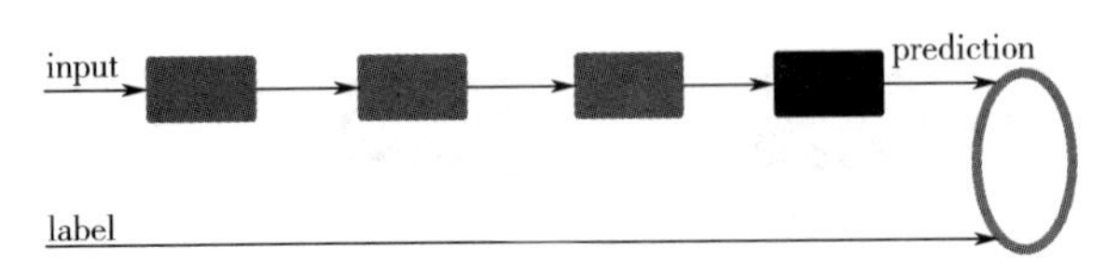


图1.10　微调整个系统示意图

一旦监督训练完成，这个网络就可以用来分类了。神经网络的最顶层可以作为一个线性分类器，然后用一个性能更好的分类器去取代它。在研究中发现，在原有的特征中加入这些自动学习得到的特征可以大大提高精确度。autoencoder 存在一些变体，这里简要介绍以下两个。

① 稀疏自动编码器（sparse autoencoder）。可以继续加上一些约束条件得到新的 deep learning 方法，例如如果在 autoencoder 的基础上加上 L1 的 regularity 限制（L1 主要是约束每一层中节点的中大部分都要为 0，只有少数不为 0，这就是 sparse 名字的来源），就可以得到 sparse autoencoder 法。 其实就是限制每次得到的表达 code 尽量稀疏。因为稀疏的表达往往比其他的表达要有效。人脑也是这样的，某个输入只是刺激某些神经元，其他大部分的神经元是受到抑制的。

② 降噪自动编码器（denoising autoencoder，DA）。降噪自动编码器 DA 是在自动编码器的基础上，训练数据加入噪声，所以自动编码器必须学习去除这种噪声而获得真正的没有被噪声污染过的输入。因此，这就迫使编码器去学习输入信号的更加鲁棒的表达，这也是它的泛化能力比一般编码器强的原因。DA 可以通过梯度下降算法去训练。

（2）稀疏编码（sparse coding）

如果把输出必须和输入相等的限制放松，同时利用线性代数中基的概念，即

$$0 = a_1 \times \phi_1 + a_2 \times \phi_2 + \cdots + a_n \times \phi_n \tag{1.6}$$

其中，$\phi_i$ 是基，$a_i$ 是系数。由此可以得到这样一个优化问题：$\min|I-O|$，其中 $I$ 表示输入，$O$ 表示输出。通过求解这个最优化式子，可以求得系数 $a_i$ 和基 $\phi_i$。

如果在上述式子上加上 L1 的 regularity 限制，得到式（1.7）

$$\min|I-O| + u \times (|a_1| + |a_2| + \cdots + |a_n|) \tag{1.7}$$

这种方法被称为 sparse coding。通俗地说，就是将一个信号表示为一组基的线性组合，而且要求只用较少的几个基就可以将信号表示出来。“稀疏性”定义为：只有很少的几个非零元素或只有很少的几个远大于零的元素。要求系数 $a_i$ 是稀疏的意思就是说，对于一组输入向量，只有尽可能少的几个系数远大于零。选择使用具有稀疏性的分量表示输入数据，是因为绝大多数的感官数据，比如自然图像，可以被表示成少量基本元素的叠加，在图像中这些基

本元素可以是面或者线。人脑有大量的神经元，但对于某些图像或者边缘，只有很少的神经元兴奋，其他都处于抑制状态。

稀疏编码算法是一种非监督学习方法，它用来寻找一组“超完备”基向量以更高效地表示样本数据。虽然形如主成分分析技术（PCA）能方便地找到一组“完备”基向量，但是这里想要做的是找到一组“超完备”基向量表示输入向量，也就是说，基向量的个数比输入向量的维数要大。超完备基的好处是它们能更有效地找出隐含在输入数据内部的结构与模式。然而，对于超完备基来说，系数$a_i$不再由输入向量唯一确定。因此，在稀疏编码算法中，另加了一个评判标准“稀疏性”解决因超完备而导致的退化（degeneracy）问题。比如在图像特征提取（feature extraction）的最底层，要生成边缘检测器（edge detector），这里的工作就是从原图像中随机（randomly）选取一些小块（patch），通过这些小块生成能够描述它们的“基”，然后给定一个测试小块（test patch）。之所以生成边缘检测器是因为不同方向的边缘就能够描述出整幅图像，所以不同方向的边缘自然就是图像的基了。

稀疏编码分为以下两个阶段。

1）训练（training）阶段

给定一系列的样本图片$[x_1,x_2,\cdots]$，通过学习得到一组基$[\phi_1,\phi_2,\cdots]$，也就是字典。

稀疏编码是聚类算法（k-means）的变体，其训练过程就是一个重复迭代的过程。其基本的思想如下：如果要优化的目标函数包含两个变量，如$L(W, B)$，那么可以先固定$W$，调整$B$使得$L$最小，然后再固定$B$，调整$W$使$L$最小，这样迭代交替，不断将$L$推向最小值。按上面的方法，交替更改$a$和$\phi$使得下面这个目标函数最小，如式（1.8）所示，其中常量$\lambda$为代价权重。

$$\min_{a,\ \phi}\sum_{i=1}^{m}\left\|x_i-\sum_{j=1}^{k}a_{i,j}\phi_j\right\|^2+\lambda\sum_{i=1}^{m}\sum_{j=1}^{k}\left|a_{i,j}\right| \tag{1.8}$$

每次迭代分两步：

① 固定字典$\phi[k]$，然后调整$a[k]$，使得式（1.8），即目标函数最小，即解 LASSO（least absolute shrinkage and selection operator，回归模型）问题。

② 然后固定$a[k]$，调整$\phi[k]$，使得式（1.8），即目标函数最小，即解凸 QP（quadratic programming，凸二次规划）问题。

不断迭代，直至收敛。这样就可以得到一组可以良好表示这一系列$x$的基，也就是字典。

2）编码（coding）阶段

给定一个新的图片$x$，由上面得到的字典，通过解一个 LASSO 问题得到稀疏向量$a$。这个稀疏向量就是这个输入向量$\boldsymbol{x}$的一个稀疏表达了，如式（1.9）所示。

$$\min_{a}\sum_{i=1}^{m}\left\|x_i-\sum_{j=1}^{k}a_{i,j}\phi_j\right\|^2+\lambda\sum_{i=1}^{m}\sum_{j=1}^{k}\left|a_{i,j}\right| \tag{1.9}$$

编码示例如图 1.11 所示。

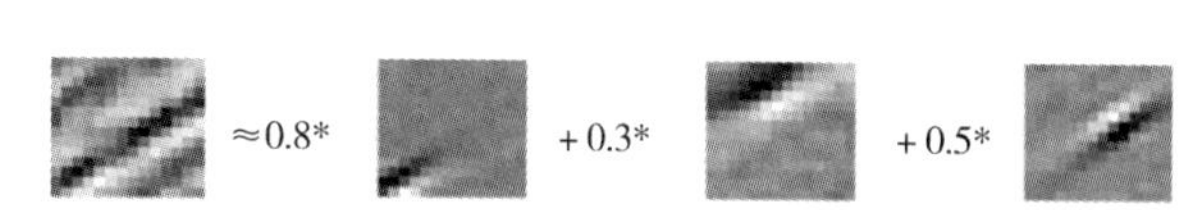


图1.11 编码示例

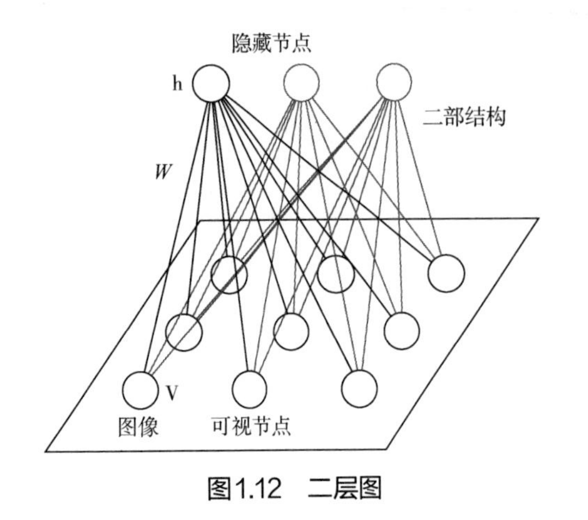


图1.12 二层图

（3）限制波尔兹曼机（restricted Boltzmann machine，RBM）

假设有一个二层图，如图 1.12 所示，每一层的节点之间没有连接，一层是可视层，即输入数据层（v），另一层是隐藏层（h），如果假设所有的节点都是随机二值变量节点（只能取 0 或者 1 值），同时假设全概率分布 $p$(v，h)满足 Boltzmann 分布，称这个模型是 restricted Boltzmann machine。

由于该模型是二层图，所以在已知 v 的情况下，所有的隐藏节点之间是条件独立的（因为节点之间不存在连接），即 $p(\mathrm{h}|\mathrm{v})=p(\mathrm{h}_1|\mathrm{v})\cdots p(\mathrm{h}_n|\mathrm{v})$。同理，在已知隐藏层 h 的情况下，所有的可视节点都是条件独立的。同时又由于所有的 v 和 h 满足 Boltzmann 分布，因此，当输入 v 的时候，通过 $p(\mathrm{h}|\mathrm{v})$可以得到隐藏层 h，而得到隐藏层 h 之后，通过 $p(\mathrm{v}|\mathrm{h})$又能得到可视层。如果通过调整参数，可以使从隐藏层得到的可视层 v1 与原来的可视层 v 一样，那么得到的隐藏层就是可视层的另外一种表达，因此隐藏层可以作为可视层输入数据的特征，所以它就是一种 deep learning 方法。

如何训练，也就是可视节点和隐藏节点间的权值怎么确定？这需要做一些数学分析，也就是建立模型。

联合组态（joint configuration）的能量可以表示为式（1.10）。

$$E(\mathrm{v},\mathrm{h};\theta)=-\sum_{ij}W_{ij}v_ih_j-\sum_i b_iv_i-\sum_j a_jh_j$$
$$\theta=\{W,a,b\}\text{模型参数} \tag{1.10}$$

而某个组态的联合概率分布可以通过 Boltzmann 分布（和这个组态的能量）确定，如式（1.11）所示。

$$P_\theta(\mathrm{v},\mathrm{h})=\frac{1}{Z(\theta)}\exp(-E(\mathrm{v},\mathrm{h};\theta))=\underbrace{\frac{1}{Z(\theta)}}_{\text{分配函数}}\prod_{ij}\underbrace{e^{W_{ij}v_ih_j}}_{\text{势函数}}\prod_i e^{b_iv_i}\prod_j e^{a_jh_j}$$
$$Z(\theta)=\sum_{\mathrm{h},\mathrm{v}}\exp(-E(\mathrm{v},\mathrm{h};\theta)) \tag{1.11}$$

因为隐藏节点之间是条件独立的（节点之间不存在连接），即

$$P(\mathrm{h}|\mathrm{v})=\prod_j P(h_j|\mathrm{v}) \tag{1.12}$$

可以比较容易（对上式进行因子分解 factorizes）得到，在给定可视层 v 的基础上，隐藏层第 $j$ 个节点为 1 或者为 0 的概率如式（1.13）所示。

$$P(h_j=1|\mathrm{v})=\frac{1}{1+\exp\left(-\sum_i W_{ij}v_i-a_j\right)} \tag{1.13}$$

同理，在给定隐藏层 h 的基础上，可视层第 $i$ 个节点为 1 或者为 0 的概率也可以容易得到，如式（1.14）所示。

$$P(\mathrm{v}|\mathrm{h})=\prod_i P(v_i|\mathrm{h})P(v_i=1|\mathrm{h})=\frac{1}{1+\exp\left(-\sum_i W_{ij}h_i-b_i\right)} \tag{1.14}$$

给定一个满足独立同分布的样本集 $D=\{\mathrm{v}^{(1)}, \mathrm{v}^{(2)}, \ldots, \mathrm{v}^{(N)}\}$，需要学习参数 $\theta=\{W, a, b\}$。

最大对数似然函数（最大似然估计：对于某个概率模型，需要选择一个参数，让当前的观测样本的概率最大）如式（1.15）所示。

$$L(\theta)=\frac{1}{N}\sum_{n=1}^{N}\lg P_\theta(\mathrm{v}^{(n)})-\frac{\lambda}{N}\|W\|_F^2 \tag{1.15}$$

对最大对数似然函数求导，就可以得到 $L$ 最大时对应的参数 $W$，如式（1.16）所示。

$$\frac{\partial L(\theta)}{\partial W_{ij}}=\mathrm{E}_{P_{data}}\left[v_i h_j\right]-\mathrm{E}_{P_\theta}\left[v_i h_j\right]-\frac{2\lambda}{N}W_{ij} \tag{1.16}$$

如果把隐藏层的层数增加，就可以得到 deep Boltzmann machine（DBM，深度玻尔兹曼机）；如果在靠近可视层的部分使用贝叶斯信念网络（即有向图模型，限制层中节点之间没有连接），而在最远离可视层的部分使用 restricted Boltzmann machine，可以得到 deep belief network（DBN，深信度网络），如图 1.13 所示。

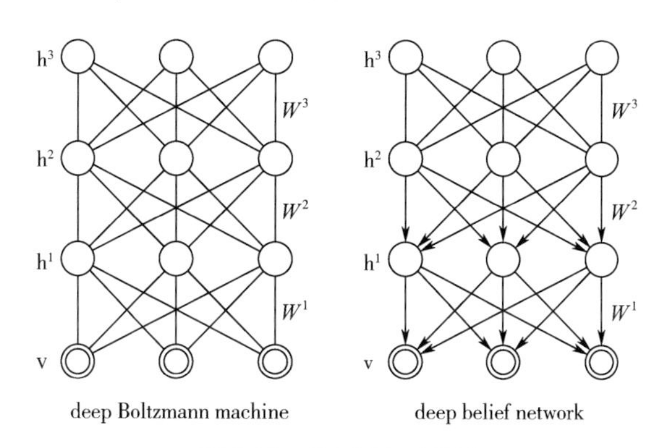


图1.13 DBM与DBN

（4）深信度网络（deep belief networks，DBNs）

如图 1.14 所示，DBNs 是一个概率生成模型，与传统的判别模型的神经网络不同，生成模型是建立一个观察数据和标签之间的联合分布，对 $P$（observation|label）和 $P$（label|observation）都做了评估，而判别模型仅仅评估了 $P$（label|observation）。在深度神经网络应用传统的 BP 算法时，DBNs 遇到了以下问题:

① 需要为训练提供一个有标签的样本集;

② 学习过程较慢;

③ 不适当的参数选择会导致学习收敛于局部最优解。

DBNs 由多个限制玻尔兹曼机（restricted Boltzmann machines，RBMs）层组成，一个典型的神经网络类型如图 1.15 所示。这些网络被“限制”为一个可视层和一个隐藏层，层间存在连接，但层内的单元间不存在连接。隐藏层单元被训练去捕捉在可视层表现出来的高阶数据的相关性。

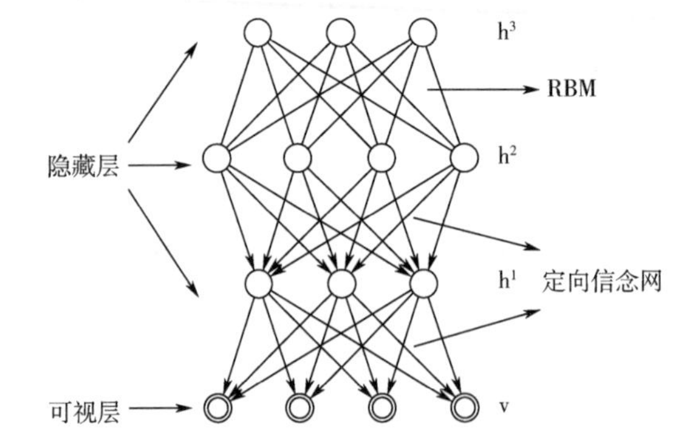


$$P(v, h^1, h^2, \dots, h^l) = P(v|h^1)\,P(h^1|h^2)\dots P(h^{l-2}|h^{l-1})\,P(h^{l-1}, h^l)$$

图1.14　DBNs模型

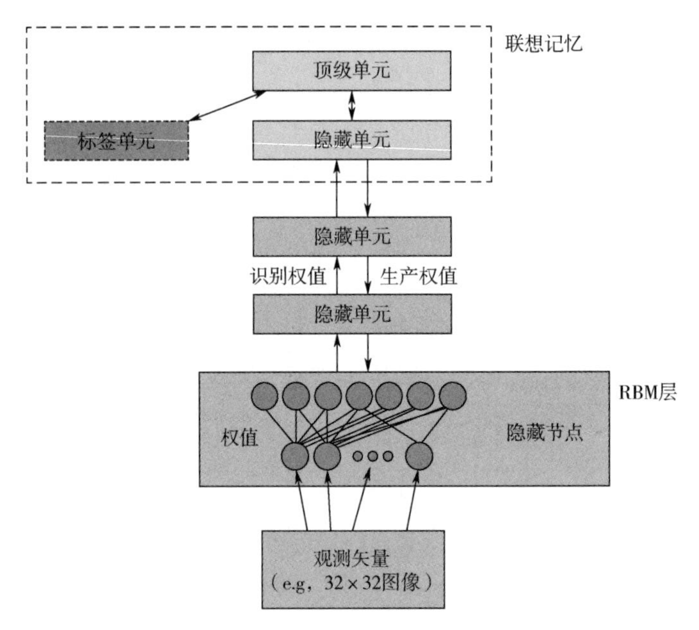


图1.15　DBN框架图解

首先，先不考虑最顶构成一个联想记忆（associative memory）的两层，一个DBN的连接是通过自顶向下的生成权值指导确定的，RBMs就像一个建筑块，相比传统和深度分层的sigmoid信念网络，它更易于连接权值的学习。

开始，通过一个非监督贪婪逐层方法去预训练获得生成模型的权值，非监督贪婪逐层方法被证明是有效的，并被称为对比分歧（contrastive divergence）。在这个训练阶段，在可视层会产生一个向量v，通过它将值传递到隐藏层。反过来，可视层的输入会被随机地选择，以尝试重构原始的输入信号。最后，这些新的可视的神经元激活单元将前向传递重构隐藏层激活单元，获得h。这些后退和前进的步骤就是常用的吉布斯（Gibbs）采样，而隐藏层激活单元和可视层输入之间的相关性差别就作为权值更新的主要依据。

这样训练时间会显著地减少，因为只需要单个步骤就可以接近最大似然估计。增加进网络的每一层都会改进训练数据的对数概率，可以理解为越来越接近能量的真实表达。

在最高两层，权值被连接到一起，这样更低层的输出将会提供一个参考的线索或者关联给顶层，这样顶层就会将其联系到它的记忆内容，最后得到的就是判别性能。

在预训练后，DBNs 可以通过利用带标签数据用 BP 算法去对判别性能做调整。在这里，一个标签集将被附加到顶层（推广联想记忆），通过一个自下向上的学习到的识别权值获得一个网络的分类面。这个性能会比单纯的 BP 算法训练的网络好。这可以很直观地解释，DBNs 的 BP 算法只需要对权值参数空间进行一个局部的搜索，这相比前向神经网络来说，训练快，而且收敛的时间也少。

DBNs 的灵活性使得它的拓展比较容易。一个拓展就是卷积 DBNs（convolutional deep belief networks，CDBNs）。DBNs 并没有考虑图像的二维结构信息，因为输入是简单地将一个图像矩阵进行一维向量化。而 CDBNs 考虑到了这个问题，它利用邻域像素的空域关系，通过一个称为卷积 RBMs 的模型区实现生成模型的变换不变性，而且可以容易地变换到高维图像。DBNs 并没有明确地处理对观察变量的时间联系的学习，虽然目前已经有这方面的研究，例如堆叠时间 RBMs。以此类推，有序列学习的 dubbed temporal convolution machines（时间卷积机），这种序列学习的应用，给语音信号处理问题带来了一个让人激动的研究方向。

目前和 DBNs 有关的研究包括堆叠自动编码器，它是用堆叠自动编码器替换传统 DBNs 里面的 RBMs，这就使它可以通过同样的规则训练产生深度多层神经网络架构，但它缺少层的参数化的严格要求。与 DBNs 不同，自动编码器使用判别模型，这样这个结构就很难采样输入采样空间，这就使得网络更难捕捉它的内部表达。但是，降噪自动编码器却能很好地避免这个问题，并且比传统的 DBNs 更优。它通过在训练过程添加随机的污染并堆叠产生场泛化性能。训练单一的降噪自动编码器的过程和 RBMs 训练生成模型的过程一样。

（5）卷积神经网络（convolutional neural networks ，CNNs）

卷积神经网络是人工神经网络的一种，已成为当前语音分析和图像识别领域的研究热点。它的权值共享网络结构使之更类似于生物神经网络，降低了网络模型的复杂度，减少了权值的数量。该优点在网络的输入是多维图像时表现得更为明显，使图像可以直接作为网络的输入，避免了传统识别算法中复杂的特征提取和数据重建过程。卷积神经网络是为识别二维形状而特殊设计的一个多层感知器，这种网络结构对平移、比例缩放、倾斜或者其他形式的变形具有高度不变性。

CNNs 是受早期的延时神经网络（TDNN）的影响。延时神经网络通过在时间维度上共享权值降低学习复杂度，适用于语音和时间序列信号的处理。

CNNs 是第一个真正成功训练多层网络结构的学习算法，它利用空间关系减少需要学习的参数数目，以提高一般前向 BP 算法的训练性能。CNNs 作为一个深度学习架构提出是为了最小化数据的预处理要求。在 CNNs 中，图像的一小部分（局部感受区域）作为层级结构的最低层的输入，信息再依次传输到不同的层，每层通过一个数字滤波器去获得观测数据的最显著的特征。这个方法能够获取对平移、缩放和旋转不变的观测数据的显著特征，因为图像的局部感受区域允许神经元或者处理单元可以访问到最基础的特征，例如定向边缘或者角点。

1）卷积神经网络的历史

1962 年，Hubel 和 Wiesel 通过对猫视觉皮层细胞的研究，提出了感受野（receptive field）的概念。1984 年，日本学者 Fukushima 基于感受野概念提出的神经认知机（neocognitron），可以看作是卷积神经网络的第一个实现网络，也是感受野概念在人工神经网络领域的首次应用。神经认知机将一个视觉模式分解成许多子模式（特征），然后进入分层递阶式相连的特征平面进行处理，它试图将视觉系统模型化，使其能够在即使物体有位移或轻微变形的时候，也能完成识别。

通常神经认知机包含两类神经元，即承担特征抽取的S-元和抗变形的C-元。S-元中涉及两个重要参数，即感受野与阈值参数，前者确定输入连接的数目，后者则控制对特征子模式的反应程度。许多学者一直致力于提高神经认知机性能。在传统的神经认知机中，每个S-元的感光区中由C-元带来的视觉模糊量呈正态分布。如果感光区的边缘所产生的模糊效果要比中央来得大，S-元将会接受这种非正态模糊所导致的更大的变形。一般希望得到的是，训练模式与变形刺激模式在感受野的边缘与其中心所产生的效果之间的差异变得越来越大。为了有效地形成这种非正态模糊，Fukushima 提出了带双C-元层的改进型神经认知机。

Van Ooyen 和 Niehuis 为提高神经认知机的区别能力引入了一个新的参数。事实上，该参数作为一种抑制信号，抑制了神经元对重复激励特征的激励，多数神经网络在权值中记忆训练信息。根据 Hebb 学习规则，某种特征训练的次数越多，在以后的识别过程中就越容易被检测。也有学者将进化计算理论与神经认知机结合，通过减弱对重复性激励特征的训练学习，而使得网络注意那些不同的特征以助于提高区分能力。上述都是神经认知机的发展过程，而卷积神经网络可看作是神经认知机的推广形式，神经认知机是卷积神经网络的一种特例。

2）卷积神经网络的网络结构

如图 1.16 所示，卷积神经网络是一个多层的神经网络，每层由多个二维平面组成，而每个平面由多个独立神经元组成。

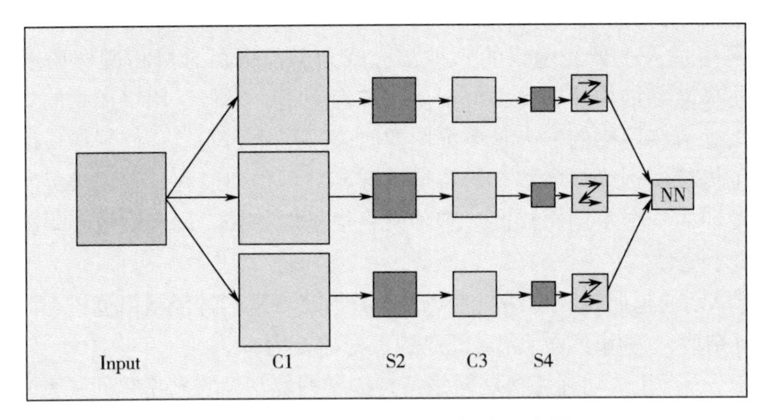


图1.16　卷积神经网络的概念示意图

输入图像通过和三个可训练的滤波器和可加偏置进行卷积，滤波过程如图 1.16。卷积后在 C1 层产生三个特征映射图，然后特征映射图中每组的四个像素再进行求和，加权值，加偏置，通过一个 sigmoid 函数得到三个 S2 层的特征映射图。这些映射图再经过滤波得到 C3 层。这个层级结构再和 S2 一样产生 S4。最终，这些像素值被光栅化，并连接成一个向量输入到传统的神经网络，得到输出。

一般地，C 层为特征提取层，每个神经元的输入与前一层的局部感受野相连，并提取该局部的特征，一旦该局部特征被提取后，它与其他特征间的位置关系也随之确定下来；S 层是特征映射层，网络的每个计算层由多个特征映射组成，每个特征映射为一个平面，平面上所有神经元的权值相等。特征映射结构采用影响函数核小的 sigmoid 函数作为卷积网络的激活函数，使得特征映射具有位移不变性。

此外，由于一个映射面上的神经元共享权值，因而减少了网络自由参数的个数，降低了网络参数选择的复杂度。卷积神经网络中的每一个特征提取层（C 层）都紧跟着一个用来求局部平均与二次提取的计算层（S 层），这种特有的两次特征提取结构使网络在识别时对输入样本有较高的畸变容忍能力。

3）关于参数减少与权值共享

上面提到 CNNs 的一个重要特性就在于通过感受野和权值共享减少了神经网络需要训练的参数的个数。如图 1.17（a）所示，如果有 1000×1000 像素的图像，有 100 万个隐藏层神经元，那么它们全连接的话（每个隐藏层神经元都连接图像的每一个像素点），就有 $1000\times1000\times1000000=10^{12}$ 个连接，也就是 $10^{12}$ 个权值参数。然而图像的空间联系是局部的，就像人是通过一个局部的感受野去感受外界图像一样，每一个神经元都不需要对全局图像做感受，每个神经元只感受局部的图像区域，然后在更高层，将这些感受不同局部的神经元综合起来就可以得到全局的信息了。这样就可以减少连接的数目，也就是减少神经网络需要训练的权值参数的个数。如图 1.17（b）所示，假如局部感受野是 10×10，隐藏层每个感受野只需要和这 10×10 的局部图像相连接，所以 100 万个隐藏层神经元就只有 $10^8$ 个连接，即 $10^8$ 个参数。比原来减少四个 0（数量级），这样训练起来就没那么费力，但还是感觉很多。

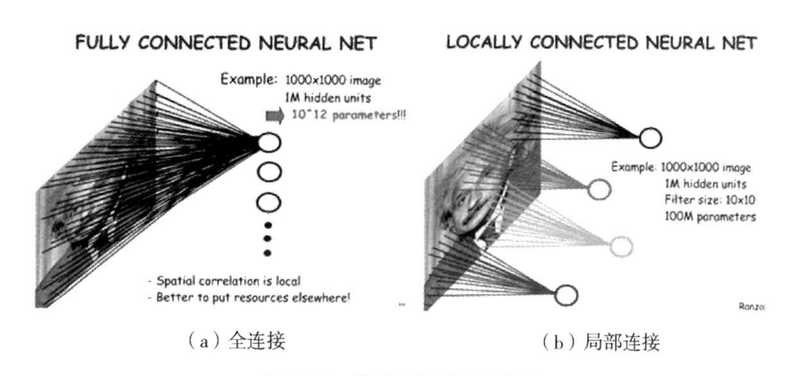


（a）全连接　　（b）局部连接

图1.17　隐藏层神经元连接

隐藏层的每一个神经元都连接 10×10 个图像区域，也就是说每一个神经元存在 10×10=100 个连接权值参数。如果每个神经元的这 100 个参数是相同的，也就是说每个神经元用的是同一个卷积核去卷积图像，这样就只有 100 个参数了。不管隐藏层的神经元个数有多少，两层间的连接只有 100 个参数，这就是权值共享，也是卷积神经网络的重要特征。

假如一种滤波器，也就是一种卷积核，提取图像的一种特征，如果需要提取多种特征，就加多种滤波器，每种滤波器的参数不一样，表示它提取输入图像的不同特征，例如不同的边缘。这样每种滤波器去卷积图像就得到对图像的不同特征的反映，称之为特征图（feature map）。所以 100 种卷积核就有 100 个 feature map。这 100 个 feature map 就组成了一层神经元。

隐藏层的神经元个数与输入图像的大小、滤波器的大小及滤波器在图像中的滑动步长都有关。例如，输入图像是 1000×1000 像素，而滤波器大小是 10×10，假设滤波器没有重叠，也就是步长为 10，这样隐藏层的神经元个数就是（1000×1000）/（10×10）=100×100 个神经元了，假设步长是 8，也就是卷积核会重叠两个像素，那么神经元个数就不同了。这只是一种滤波器，也就是一个 feature map 的神经元个数，如果 100 个 feature map 就是 100 倍。由此可见，图像越大，神经元个数和需要训练的权值参数个数的差距就越大。

总之，卷积神经网络的核心思想是，将局部感受野、权值共享（或者权值复制）以及时间或空间亚采样这三种结构思想结合起来获得了某种程度的位移、尺度、形变不变性。

# 第2章 目标提取

判断目标为何物或者测量其尺寸大小的第一步是将目标从复杂的图像中提取出来。人眼在杂乱的图像中搜寻目标物体时，主要依靠颜色和形状差别，具体过程人们在无意识中完成，其实利用了人们常年生活积累的常识（知识）。同样道理，机器视觉在提取物体时，也是依靠颜色和形状差别，只不过电脑里没有这些知识积累，需要人们利用计算机语言（程序）通过某种方法将目标物体知识输入或计算出来，形成判断依据。以下分别介绍利用形状和颜色进行目标物提取的方法。

## 2.1 灰度目标

### 2.1.1 阈值分割

图像二值化处理的方法很多，最简单的一种叫作阈值处理（thresholding），就是对于输入图像的各像素，当其灰度值在某设定值（称为阈值，threshold）以上或以下，赋予对应的输出图像的像素为白色（255）或黑色（0）。可用式（2.1）或式（2.2）表示。

$$g(x,y)=\begin{cases}255 & f(x,y)\geqslant t\\ 0 & f(x,y)<t\end{cases} \tag{2.1}$$

$$g(x,y)=\begin{cases}255 & f(x,y)\leqslant t\\ 0 & f(x,y)>t\end{cases} \tag{2.2}$$

式中，$f(x, y)$、$g(x, y)$分别是处理前和处理后的图像在（$x$，$y$）处像素的灰度值；$t$是阈值。

根据图像情况，有时需要提取两个阈值之间的部分，如式（2.3）所示，这种方法称为双阈值二值化处理。

$$g(x,y)=\begin{cases}255 & t_1\leqslant f(x,y)\leqslant t_2\\ 0 & \text{other}\end{cases} \tag{2.3}$$

### 2.1.2 自动二值化处理

灰度图像像素的最大值是 255（白色），最小值是 0（黑色），从 0 到 255，共有 256 级。一幅图像上每级有几个像素，把它数出来（计算机程序可以瞬间完成），做个图表，就是直方图。如图 2.1 所示，直方图的横坐标表示 0 ~ 255 的像素级，纵坐标表示像素的个数或者占总像素的比例。计算出直方图，是灰度图像目标提取的重要步骤之一。

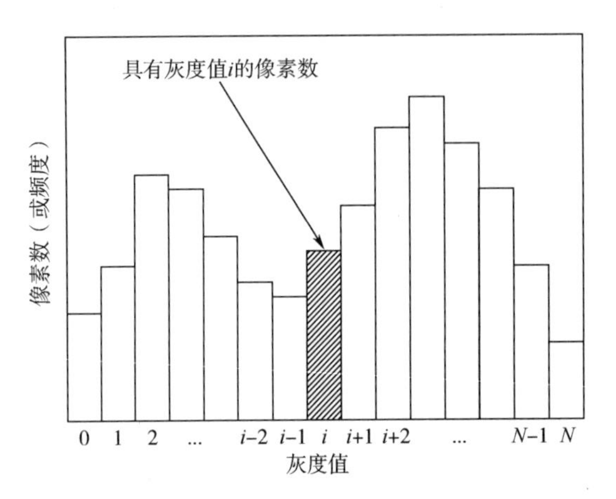


图2.1 直方图

对于背景单一的图像，一般在直方图上有两个峰值，一个是背景的峰值，一个是目标物的峰值。例如，图 2.2（a）是一粒水稻种子的 G 分量灰度图像，图 2.2（c）是其直方图。直方图左侧的高峰（暗处）是背景峰，像素数比较多；右侧的小峰（亮处）是籽粒，像素数比较少。对这种在直方图上具有明显双峰的图像，把阈值设在双峰之间的凹点，即可较好地提取出目标物。图 2.2（b）是将阈值设置为双峰之间的凹点 50 时的二值图像，提取效果比较好。

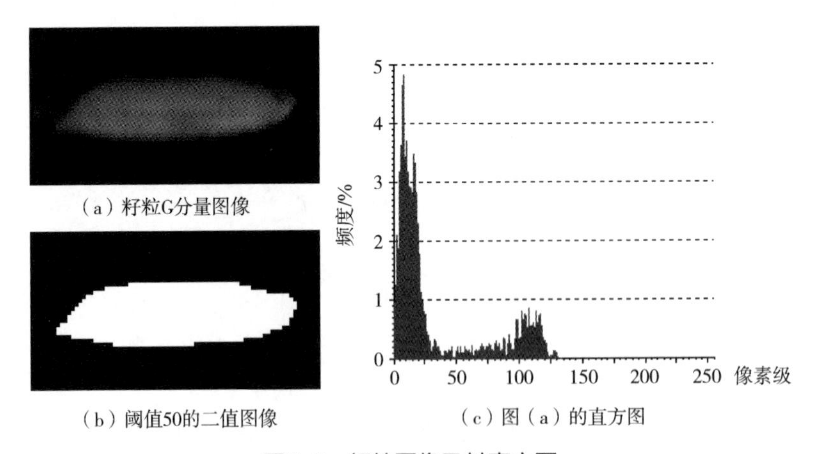


图2.2 籽粒图像及其直方图

如果原始图像的直方图凹凸激烈，计算机程序处理时就不好确定波谷的位置。为了比较容易地发现波谷，经常采取在直方图上对邻域点进行平均化处理的方法，以减少直方图的凹凸不平。图 2.3 是图 2.2（c）经过 5 个邻域点平均化后的直方图，该直方图就比较容易通过算法编写找到其波谷位置。像这样取直方图的波谷作为阈值的方法称为模态法（mode method）。

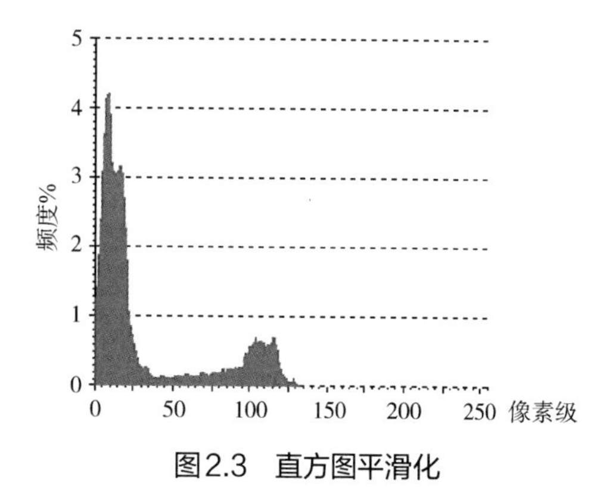

图2.3　直方图平滑化

在阈值确定方法中除了模态法以外，还有p参数法（p-tile method）、判别分析法（discriminant analysis method）、可变阈值法（variable thresholding）、大津法（Otsu method）等。p参数法是当物体占整个图像的比例已知时（如$p$%），在直方图上，从暗灰度（或者亮灰度）一侧起的累计像素数占总像素数$p$%的地方作为阈值的方法。判别分析法是当直方图分成物体和背景两部分时，通过分析两部分的统计量确定阈值的方法。可变阈值法在背景灰度多变的情况下使用，对图像的不同部位设置不同的阈值。

大津法在各种图像处理中得到了广泛的应用，下面具体介绍大津法。

大津法也叫最大类间方差法，是由日本学者大津于1979年提出的。它是按图像的灰度特性，将图像分成背景和目标两部分。背景和目标之间的类间方差越大，说明构成图像的两部分的差别越大。因此，使类间方差最大的分割意味着错分概率最小。

设定包含两类区域，$t$为分割两区域的阈值。由直方图经统计可得：被$t$分离后的区域1和区域2占整个图像的面积比$\theta_1$和$\theta_2$，以及整幅图像、区域1、区域2的平均灰度$\mu$、$\mu_1$、$\mu_2$。整幅图像的平均灰度与区域1和区域2的平均灰度值之间的关系如式（2.4）所示。

$$\mu = \mu_1\theta_1 + \mu_2\theta_2 \tag{2.4}$$

同一区域常常具有灰度相似的特性，而不同区域之间则表现为明显的灰度差异。当被阈值$t$分离的两个区域间灰度差较大时，两个区域的平均灰度$\mu_1$、$\mu_2$与整幅图像的平均灰度$\mu$之差也较大，区域间的方差就是描述这种差异的有效参数，其表达式如式（2.5）所示。

$$\sigma_B^2(t) = \theta_1(\mu_1 - \mu)^2 + \theta_2(\mu_2 - \mu)^2 \tag{2.5}$$

式中，$\sigma_B^2(t)$表示了图像被阈值$t$分割后两个区域间的方差。

显然，不同的$t$值，就会得到不同的区域间方差，也就是说，区域间方差、区域1的均值、区域2的均值、区域1面积比、区域2面积比都是阈值$t$的函数，因此式（2.5）可以写成式（2.6）的形式。

$$\sigma_B^2(t) = \theta_1(t)[\mu_1(t) - \mu]^2 + \theta_2(t)[\mu_2(t) - \mu]^2 \tag{2.6}$$

经数学推导，区域间方差表示如式（2.7）所示。

$$\sigma_B^2(t) = \theta_1(t)\theta_2(t)[\mu_1(t) - \mu_2(t)]^2 \tag{2.7}$$

被分割的两区域间方差达到最大时，被认为是两区域的最佳分离状态，由此确定阈值$T$，如式（2.8）所示。

$$T = \max\left[\sigma_B^2(t)\right] \tag{2.8}$$

以最大方差决定阈值不需要人为地设定其他参数，是一种自动选择阈值的方法。图2.4是采用上述大津法对G分量图像进行的二值化处理结果，对于该图像，大津法计算获得的分割阈值为52。

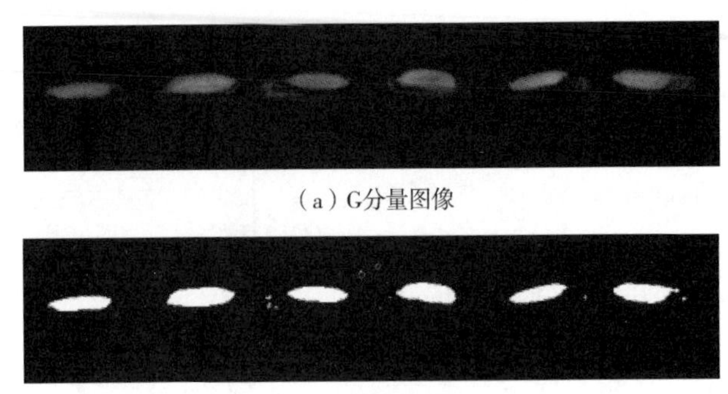

（a）G分量图像

（b）二值化图像

图2.4　大津法二值化图像

## 2.2 彩色图像

对于自然界的目标提取，可以根据目标的颜色特征，尽量使用R、G、B分量及它们之间的差分组合，这样可以有效避免自然光变化的影响，快速有效地提取目标。以下举例说明基于颜色差分的目标提取。

### 2.2.1 果树上红色桃子的提取

（1）原图像

图2.5为采集的果树上桃子彩色原图像，分别代表了单个果实、多个果实成簇、果实相互分离或相互接触等生长状态以及不同光照条件和不同背景下的图像样本。

（a）单果实树叶遮挡　（b）多果实树叶遮挡　（c）直射光多果实接触

（d）弱光多果实接触　（e）顺光多果实枝干干扰　（f）多果实接触枝干干扰

图2.5　彩色原图像

（2）桃子的红色区域提取

由于成熟桃子一般带红色，因此对原彩色图像，首先利用红、绿色差信息提取图像中桃子的红色区域，然后再采用与原图进行匹配膨胀的方法获得桃子的完整区域。

对图像中的像素点$(x_i, y_i)$（$x_i$、$y_i$分别为像素点$i$的$x$坐标和$y$坐标，$0 \leq i < n$，$n$为图像中像素点的总数），设其红色（R）分量和绿色（G）分量的像素值分别为$R(x_i, y_i)$和$G(x_i, y_i)$，其差值为$\beta_i = R(x_i, y_i) - G(x_i, y_i)$，由此获得一个灰度图像（RG 图像），若$\beta_i > 0$，设灰度图像上该点的像素值为$\beta_i$，否则为 0（黑色）。之后计算 RG 图像中所有非零像素点的均值$\alpha$（作为二值化的阈值）。逐像素扫描 RG 图像，若$\beta_i > \alpha$则将该点像素值设为 255（白色），否则设为 0（黑色），获得二值图像，并对其进行补洞和面积小于 200 像素的去噪处理。

图 2.6 为图 2.5 中各图采用 R-G 色差均值为阈值提取桃子红色区域的二值图像。从图 2.6 的提取结果可以看出，该方法对图 2.5 中的各种光照条件和不同背景情况，都能较好地提取出桃子的红色区域。

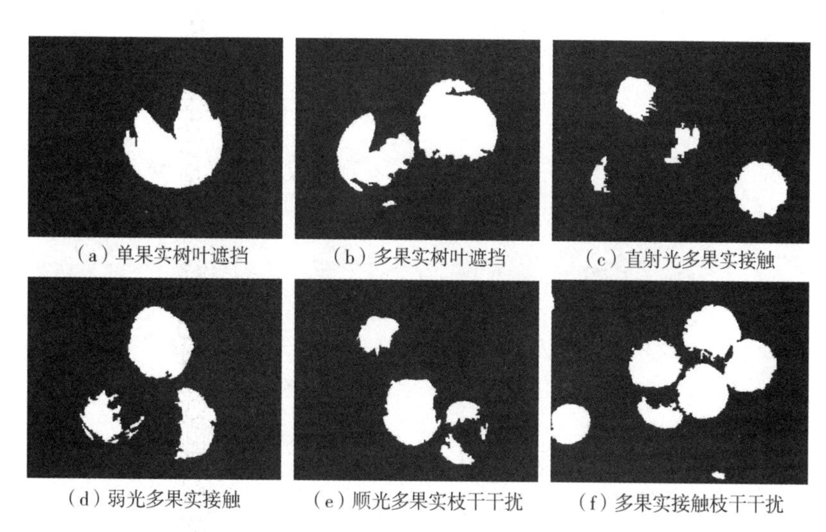

（a）单果实树叶遮挡　（b）多果实树叶遮挡　（c）直射光多果实接触

（d）弱光多果实接触　（e）顺光多果实枝干干扰　（f）多果实接触枝干干扰

图2.6　提取图2.5桃子红色区域的二值图像

对于图 2.6 的二值图像，再进行边界跟踪、匹配膨胀、圆心点群计算、圆心点群分组、圆心及半径计算等步骤，获得图 2.7 所示的桃子中心及半径的检测结果。由于其他各步处理超出了本章内容范围，故不做详细介绍。

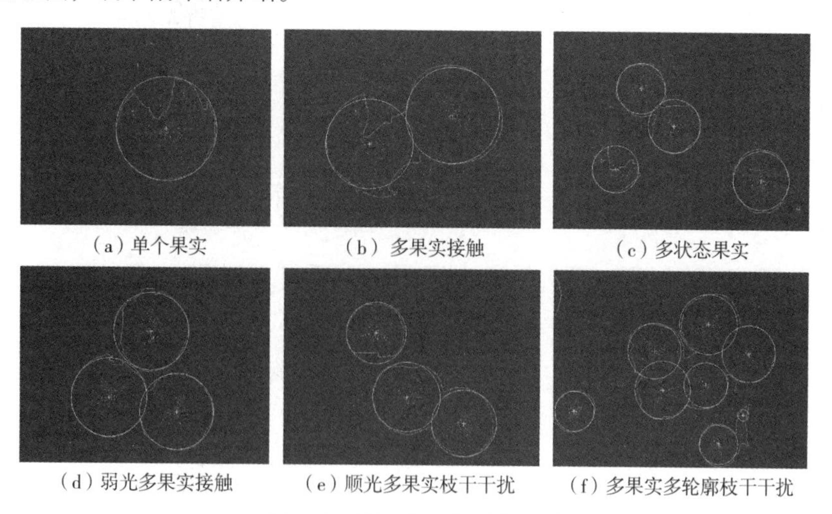

（a）单个果实　（b）多果实接触　（c）多状态果实

（d）弱光多果实接触　（e）顺光多果实枝干干扰　（f）多果实多轮廓枝干干扰

图2.7　桃子中心及半径检测

## 2.2.2 绿色麦苗的提取

小麦从出苗到灌浆，需要进行许多田间管理作业，其中包括松土、施肥、除草、喷药、灌溉、生长检测等。不同的管理作业又具有不同的作业对象。例如，在喷药、喷灌、生长检测等作业中，作业对象为小麦列（苗列）；在松土、除草等作业中，作业对象为小麦列之间的区域（列间）。无论何种作业，首先都需要把小麦苗提取出来。虽然在不同季节小麦苗的颜色有所不同，但是都呈绿色。如图 2.8 所示，这 6 幅图分别代表了小麦的不同生长阶段和不同的天气状况。

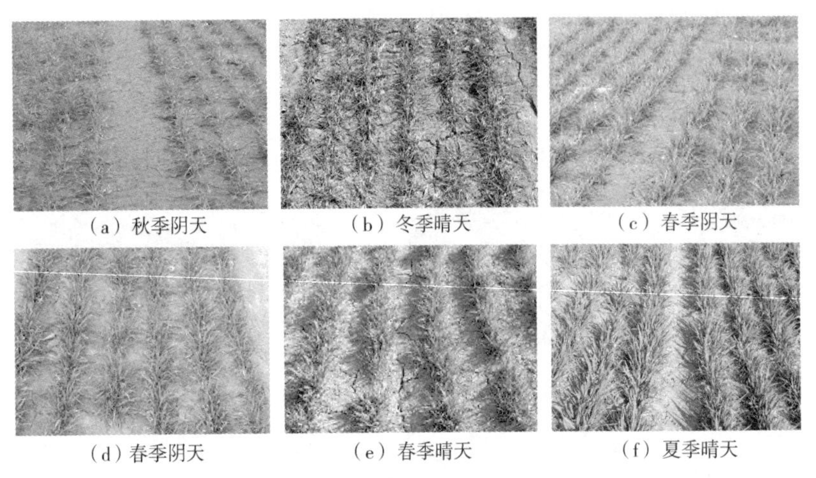


图2.8　不同生长期麦田原图像示例

由于麦苗的绿色成分大于其他两个颜色成分，为了提取绿色的麦苗，可以通过强调绿色成分、抑制其他成分的方法把麦田彩色图像变化为灰度图像，具体方法如式（2.9）所示。

$$pixel(x,y)=\begin{cases}0 & 2G-R-B\leqslant 0\\ 2G-R-B & \text{other}\end{cases}\tag{2.9}$$

式中，$G$、$R$、$B$ 表示点（$x$，$y$）在彩色图像中的绿、红、蓝颜色值；$pixel$（$x$，$y$）表示点（$x$，$y$）在处理结果灰度图像中的像素值。图 2.9 是经过上述处理获得的灰度图像。

图2.9　$2G-R-B$的灰度图像

针对灰度图 2.9 的灰度图像，利用大津法进行二值化处理，结果如图 2.10 所示。二值图像上的白色细线是后续处理检测出的导航线。

（a）秋季阴天　（b）冬季晴天　（c）春季阴天

（d）春季阴天　（e）春季晴天　（f）夏季晴天

图2.10　大津法二值化处理结果

# 2.3 运动图像

运动图像的二值化处理，也就是目标提取，有帧间差分和背景差分两种方式，以下分别利用工程实践项目来说明两种差分目标提取方式。

## 2.3.1 帧间差分

所谓帧间差分，就是将前帧图像的每个像素值减去后帧图像上对应点的像素值（或者反之），获得的结果如果大于设定阈值，在输出图像上设为白色像素，否则设为黑色像素。该过程可以用式（2.10）表示。

$$f(x,y)=|f_1(x,y)-f_2(x,y)|=\begin{cases}255 & \geqslant thr \\ 0 & \text{other}\end{cases} \tag{2.10}$$

式中，$f_1(x,y)$，$f_2(x,y)$和$f(x,y)$分别表示序列图像 1、序列图像 2 和结果图像的（$x$，$y$）点像素值；| |为绝对值；$thr$ 为设定的阈值。

下面通过羽毛球技战术统计项目，说明帧间差分提取羽毛球目标的方法。图 2.11 是一段视频中相邻两帧及差分后的二值化图像，阈值设定为 5。二值图像上的白色像素表示检测出来的羽毛球和运动员的运动部分。由于摄像机没有动，因此序列帧上固定部分的像素值基本相同，差分后接近于零，而羽毛球、运动员等运动区域，会差分出较大值，由此提取出运动区域。

## 2.3.2 背景差分

交通流量检测是智能交通系统 ITS（intelligent transportation system）中的一个重要课题。

传统的交通流量信息的采集方法有地埋感应线圈法、超声波探测器法和红外线检测法等，这些方法的设备成本高、设立和维护也比较困难。随着机器视觉技术的飞速发展，交通流量的视觉检测技术正以其安装简单、操作容易、维护方便等特点，逐渐取代传统的方法。

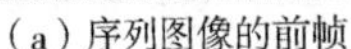

（a）序列图像的前帧　（b）序列图像的后帧　（c）两帧差分及阈值处理结果

图2.11　帧间差分及二值化结果

本项目使用笔记本电脑进行视频图像采集并保存，图像大小为 640×480 像素，图像采集帧率为 30 帧/s。摄像机的安装位置距地面高约 6.6m，俯角约 60°。采集的视频图像为彩色图像，以其红色分量 R 为处理对象。

首先需要计算没有车辆的背景图像，而且由于天气的昼夜转换，背景图像需要不断计算和定时更新。本节内容不介绍背景图像的计算、更新以及其他相关算法，只关注基于背景差分的目标车辆提取方法。如果已知背景图像，将当前图像与背景进行差分处理，即可提取运动的车辆。

利用帧间差分算式（2.10），将 $f_1$ 代入当前的图像，$f_2$ 代入背景图像，阈值设定为背景图像像素值的标准偏差，对处理结果图像 $f$ 再进行去除噪声处理，即可获得理想的车辆提取结果。图 2.12 是一组背景差分的图像示例。其中，图（a）是公路的背景图像，图（b）是某一瞬间的现场图像，图（c）是对图（a）与图（b）差分图像进行阈值分割和去除噪声处理的结果。背景图像是由一段实际图像计算获得。

（a）背景图像　（b）现场图像　（c）车辆提取结果

图2.12　基于背景差分的车辆提取

# 2.4 C语言实现

## 2.4.1 二值化处理

```
#include "StdAfx.h"
```

```
/*--- Threshold---二值化处理 ----------------------------------------
      image_in：输入图像数据指针
      image_out：输出图像数据指针
      xsize：图像宽度
      ysize：图像高度
      thresh：阈值(0～255)
      mode：处理方法(1，2)
--------------------------------------------------------------------------*/
void Threshold(BYTE *image_in，BYTE *image_out，int xsize，int ysize，int thresh，int mode)
{
      int   i，j;

      for(j=0; j < ysize; j++)
      {
            for( i=0; i < xsize; i++)
            {
                  switch(mode)
                  {
                        case 0:
                              if(*(image_in +j*xsize+i)>=thresh)
                                          *(image_out +j*xsize+i)=255;
                              else      *(image_out +j*xsize+i)=0;
                              break;
                        default:
                              if(*(image_in +j*xsize+i)<= thresh)
                                          *(image_out +j*xsize+i)=255;
                              else      *(image_out +j*xsize+i)=0;
                              break;
                  }
            }
      }
}
```

## 2.4.2 双阈值二值化处理

```
#include "StdAfx.h"
/*--- Threshold_mid --- 双阈值二值化处理 ----------------------------------------
      image_in：输入图像数据指针
      image_out：输出图像数据指针
      xsize：图像宽度
```

```
    ysize：图像高度
    thresh_low：低阈值(0～255)
    thresh_high：高阈值(0～255)
---------------------------------------------------------------------------*/
void Threshold_mid(BYTE *image_in, BYTE *image_out, int xsize,
                    int ysize, int thresh_low, int thresh_high)
{
    int  i, j;

    for(j=0; j < ysize; j++)
    {
        for( i=0; i < xsize; i++)
        {
            if(*(image_in +j*xsize+i)>= thresh_low &&
                *(image_in +j*xsize+i)<= thresh_high)
                *(image_out +j*xsize+i)=255;
            else     *(image_out +j*xsize+i)=0;

        }
    }
}
```

### 2.4.3 直方图

```
#include "StdAfx.h"
/*--- Histgram --- 灰度分布直方图-----------------------------------
    image：图像数据指针
    xsize：图像宽度
    ysize：图像高度
    hist：直方图配列
---------------------------------------------------------------------------*/
void Histgram(BYTE *image, int xsize, int ysize, long hist[256])
{
    int  i, j, n;

    for(n=0; n < 256; n++) hist[n]=0;
    for(j=0; j < ysize; j++) {
        for(i=0; i < xsize; i++) {
            n=*(image +j*xsize+i);
            hist[n]++;
```

```
        }
    }
}
```

## 2.4.4 直方图平滑化

```
#include "StdAfx.h"
/*--- Histsmooth --- 直方图平滑化 ---------------------------------
    hist_in：输入直方图配列
    hist_out：输出直方图配列
---------------------------------------------------------------------------*/
void Hist_smooth(long hist_in[256], long hist_out[256])
{
    int   m, n, i;
    long sum;

    for(n=0; n < 256; n++) {
        sum=0;
        for(m=-2; m <= 2; m++) {
            i=n+m;
            if(i <0) i=0;
            if(i>255) i=255;
            sum=sum+hist_in[i];
        }
        hist_out[n]=(long)((float)sum / 5.0+0.5);
    }
}
```

## 2.4.5 大津法二值化处理

```
#include "StdAfx.h"
/*--- Threshold_Otsu ---二值化处理 ---------------------------------------
    image_in：输入图像数据指针
    image_out：输出图像数据指针
    xsize：图像宽度
    ysize：图像高度
    thresh：输出计算的阈值
---------------------------------------------------------------------------*/
void Threshold_Otsu(BYTE *image_in, BYTE *image_out, int xsize, int ysize, int &thresh)
{
    int   i, j, p;
```

```
double m0，m1，M0，M1，u，v，w[256]，max;
int *pHist;
pHist=new int[256];

//计算直方图
for(i=0 ; i < 256 ; i++ )
      pHist[i]=0;
for(j=0;j < ysize;j++)
{
      for(i=0;i < xsize;i++)
      {
            pHist[*(image_in+j * xsize +i)]++;
      }
}

//计算阈值
M0=M1=0;
for(i=0;i<256;i++)
{
    M0+=pHist[i];
    M1+=pHist[i]*i;
}
for(j=0;j < 256;j++)
{
    m0=m1=0;
    for(i=0; i <= j; i++)
    {
        m0 += pHist[i];
        m1 += pHist[i]*i;
    }
    if(m0)
        u=m1 / m0;
    else
        u=0;
    if(M0 - m0)
        v=(M1 - m1) /(M0 - m0);
    else
        v=0;
    w[j]=m0 *(M0-m0) *(u-v)*(u-v);
```

```
    }

    delete [] pHist;

    p=128;
    max=w[128];
    for(i=0;i<256;i++) {
      if(w[i]>max) {
          max=w[i];
          p=i;
      }
    }
    thresh=p;

    //二值化处理
    for(j=0; j < ysize; j++)
    {
        for( i=0; i < xsize; i++)
        {
            if(*(image_in +j*xsize+i)>= thresh)
                        *(image_out +j*xsize+i)=255;
            else      *(image_out +j*xsize+i)=0;
        }
    }
}
```

# 第3章 边缘检测

## 3.1 图像边缘

在图像处理中，边缘（edge）（或称 contour，轮廓）不仅指表示物体边界的线，在传统的彩色图像边缘检测中，还表现为颜色急剧变化的区域，比如深度不连续、表面方向不连续、物体材质不同以及光照造成的阴影等。本书讨论的边缘，包括能够描绘图像特征的线要素，这些线要素就相当于素描画中的线条。当然，除了线条之外，颜色以及亮度也是图像的重要因素。边缘是极为重要的一种图像特征，对于图像处理来说，边缘检测（edge detection）也是重要的基本操作之一。在做图像分析与识别时，边缘检测的目的就是找到图像中亮度变化剧烈的像素点构成的集合，表现出来往往是轮廓。利用所提取的边缘可以识别出特定的物体、测量物体的面积及周长、求两幅图像的对应点等，边缘检测与提取的处理进而也可以作为更为复杂的图像识别、图像理解的关键预处理使用。

由于图像中的物体与物体或者物体与背景之间的交界是边缘，于是设想图像的灰度及颜色急剧变化的地方可以看作边缘。由于自然图像中颜色的变化必定伴有灰度的变化，因此对于边缘检测，只要把焦点集中在灰度上就可以了。

图 3.1 是把图像灰度变化的典型例子模型化的表现。图 3.1（a）表示阶梯型边缘的灰度变化，这是一个典型的模式，可以很明显地看出是边缘，也称之为轮廓。物体与背景的交界处会产生这种阶梯状的灰度变化。图 3.1（b）和图 3.1（c）是线条本身的灰度变化，当然这个也可明显地看作是边缘。线条状的物体以及照明程度不同使物体上带有阴影等情况都能产生线条型边缘。图 3.1（d）有灰度变化，但变化平缓，边缘不明显。图 3.1（e）和图 3.1（f）是灰度以折线状变化的，这种情况不如图 3.1（b）和图 3.1（c）明显，但折线的角度变化急剧，还是能看出边缘。

图 3.2 是人物照片轮廓部分的灰度分布，相当清楚的边缘也不是阶梯状，有些变钝，呈现出斜坡状，即使同一物体的边缘，地点不同灰度变化也不同，可以观察到边缘存在着模糊部分。由于大多数传感元件具有低频特性，这使得阶梯形边缘变成斜坡型边缘、线条形边缘变成折线形边缘是不可避免的。

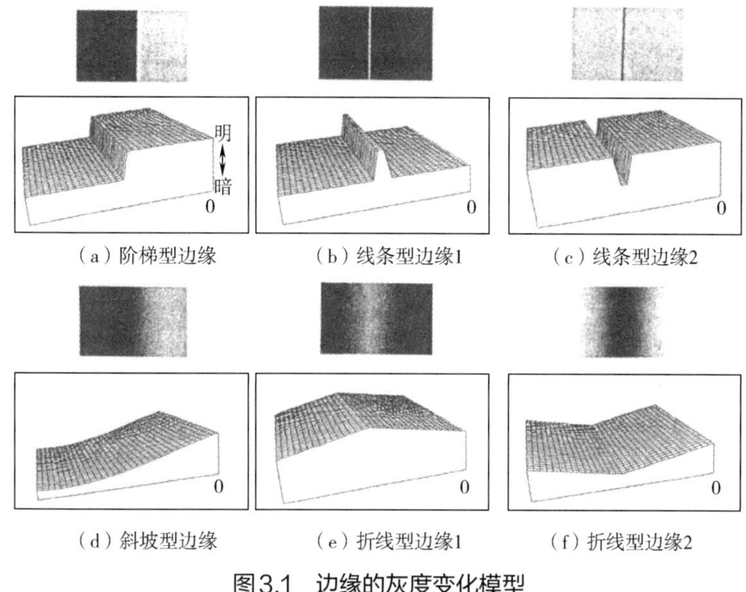


图3.1　边缘的灰度变化模型

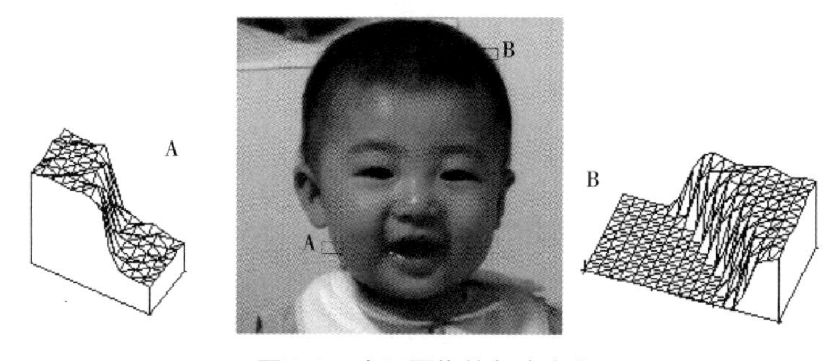


图3.2　实际图像的灰度变化

因此，在实际图像中（由计算机图形学制作出的图像另当别论），即使用眼睛可清楚地确定为边缘，也或多或少会由于变钝、灰度变化量较小，从而使得提取清晰的边缘变得意想不到的困难，因此人们提出了各种各样的算法提取边缘。

# 3.2 微分处理

由于边缘为灰度值急剧变化的部分，很明显微分作为提取函数变化部分的运算能够在边缘检测与提取中利用。微分运算中有一阶微分（first differential calculus）（也称 gradient，梯度运算）与二阶微分（second differential calculus）（也称 Laplacian，拉普拉斯运算），都可以用在边缘检测与提取中。下面逐一介绍一阶微分、二阶微分以及常用的方法。

## 3.2.1 一阶微分

作为坐标点（$x$，$y$）处的灰度倾斜度的一阶微分值（也称为梯度运算），可以用具有大小

和方向的向量 $\boldsymbol{G}(x, y)=(f_x, f_y)$表示。式中，$f_x$为 $x$ 方向的微分；$f_y$为 $y$ 方向的微分。

$f_x$、$f_y$在数字图像中是用式（3.1）计算的。

$$\begin{cases} f_x = f(x+1,y) - f(x,y) \\ f_y = f(x,y+1) - f(x,y) \end{cases} \tag{3.1}$$

微分值$f_x$、$f_y$被求出后，由式（3.2）和式（3.3）就能算出边缘的强度与方向。

$$G = \sqrt{f_{x^2} + f_{y^2}} \tag{3.2}$$

$$\theta = \arctan(f_x / f_y) \tag{3.3}$$

边缘的方向是指其灰度变化由暗变亮的方向，可以说梯度算子更适于边缘（阶梯状灰度变化）的检测。

### 3.2.2 二阶微分

二阶微分 $L(x, y)$（被称为拉普拉斯运算）是对梯度再进行一次微分，只用于检测边缘的强度（不求方向），在数字图像中用式（3.4）表示。

$$L(x,y) = 4 \times f(x,y) - \left| f(x,y-1) + f(x,y+1) + f(x-1,y) + f(x+1,y) \right| \tag{3.4}$$

因为在数字图像中的数据是以一定间隔排列着的，不可能进行真正意义上的微分运算。因此，如式（3.1）或式（3.4）所示，用相邻像素间的差值运算实际上是差分（calculus of finite differences），为方便起见称为微分（differential calculus）。用于进行像素间微分运算的系数组被称为微分算子（differential operator）。梯度运算中的$f_x$、$f_y$的计算式（3.1），以及拉普拉斯运算式（3.4），都是基于这些微分算子而进行的微分运算。这些微分算子如表 3.1、表 3.2 所示，有多个种类。实际的微分运算，就是计算目标像素及其周围像素分别乘上微分算子对应数值矩阵系数的和，其计算结果被用作微分运算后目标像素的灰度值。扫描整幅图像，对每个像素都进行这样的微分运算，称为卷积（convolution）。

表 3.1 梯度计算的微分算子

| 算子名称 | 一般差分 | Roberts 算子 | Sobel 算子 |
|---|---|---|---|
| 求 $f_x$ 的模板 | 0 0 0<br>0 1 −1<br>0 0 0 | 0 0 0<br>0 1 0<br>0 0 −1 | −1 0 1<br>−2 0 2<br>−1 0 1 |
| 求 $f_y$ 的模板 | 0 0 0<br>0 1 0<br>0 −1 0 | 0 0 0<br>0 0 1<br>0 −1 0 | −1 −2 −1<br>0 0 0<br>1 2 1 |

表 3.2 拉普拉斯计算的微分算子

| 算子名称 | 拉普拉斯算子 1 | 拉普拉斯算子 2 | 拉普拉斯算子 3 |
|---|---|---|---|
| 模板 | 0 −1 0<br>−1 4 −1<br>0 −1 0 | −1 −1 −1<br>−1 8 −1<br>−1 −1 −1 | 1 −2 1<br>−2 4 −2<br>1 −2 1 |

## 3.3 模板匹配

模板匹配（template matching）就是研究图像与模板（template）的一致性（匹配程度）。为此，准备几个表示边缘的标准模式，与图像的一部分进行比较，选取最相似的部分作为结果图像。如图 3.3 所示的 Prewitt 算子，共有对应于 8 个边缘方向的 8 种掩模（mask）。图 3.4 说明了这些掩模与实际图像如何进行比较。与微分运算相同，目标像素及其周围（3×3 邻域）像素分别乘以对应掩模的系数值，然后对各个积求和。对 8 个掩模分别进行计算，其中计算结果最大的掩模的方向即为边缘的方向，其计算结果即为边缘的强度。

| | （1） | （2） | （3） | （4） | （5） | （6） | （7） | （8） |
|---|---|---|---|---|---|---|---|---|
| 掩模模式 | 1 1 1<br>1 −2 1<br>−1 −1 −1 | 1 1 1<br>1 −2 −1<br>1 −1 −1 | 1 1 −1<br>1 −2 −1<br>1 1 −1 | 1 −1 −1<br>1 −2 −1<br>1 1 1 | −1 −1 −1<br>1 −2 1<br>1 1 1 | −1 −1 1<br>−1 −2 1<br>1 1 1 | −1 1 1<br>−1 −2 1<br>−1 1 1 | 1 1 1<br>−1 −2 1<br>−1 −1 1 |
| 所对应的边缘 | 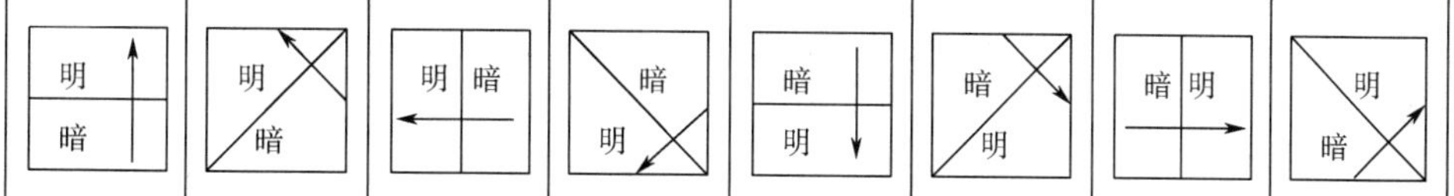 明<br>暗 | 明<br>暗 | 明 暗 | 暗<br>明 | 暗<br>明 | 暗<br>明 | 暗 明 | 明<br>暗 |

图3.3 用于模板匹配的各个掩模模式（Prewitt算子）

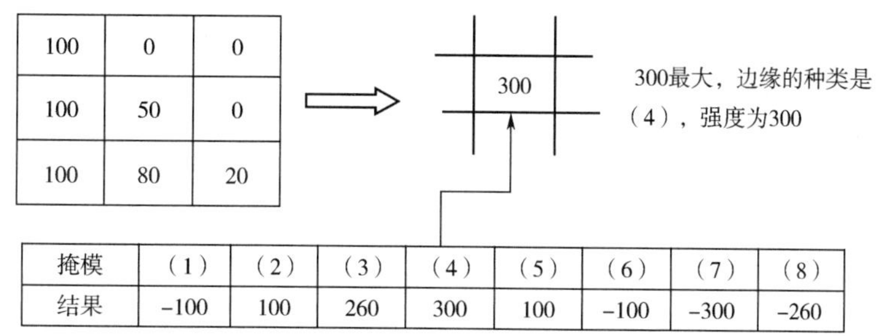


| 掩模 | （1） | （2） | （3） | （4） | （5） | （6） | （7） | （8） |
|---|---|---|---|---|---|---|---|---|
| 结果 | −100 | 100 | 260 | 300 | 100 | −100 | −300 | −260 |

对于当前像素的8邻域，计算各掩模的一致程度。

例如，掩模(1)：1 × 100+1 × 0+1 × 0+1 × 100+（−2）× 50+1 × 0+(−1) × 100+(−1) × 80+(−1) × 20=−100

图3.4 模板匹配的计算例

图 3.5 是一帧图像采用不同微分算子处理的结果。可以看出，采用不同的微分算子，处理结果是不一样的。在实际应用时，可以根据具体情况选用不同的微分算子，如果处理效果差不多，要尽量选用计算量少的算子，这样可以提高处理速度。例如，图 3.5（b）和图 3.5（d）的微分效果差不多，但是图 3.5（b）Sobel 算子的计算量就会比图 3.5（d）Prewitt 算子少很多。

另外，当目标对象的方向性已知时，如果使用模板匹配算子，就可以只选用方向性与目标对象相同的模板进行计算，这样可以在获得良好检测效果的同时，大大减少计算量。例如，在检测公路上的车道线时，由于车道线是垂直向前的，也就是说需要检测左右边缘，如果选用 Prewitt 算子，见图 3.3，可以只计算检测左右边缘的模式（3）和模式（7），这样就可以使计算量减少到使用全部算子的 1/4。减少处理量，对于实时处理，具有非常重要的意义。

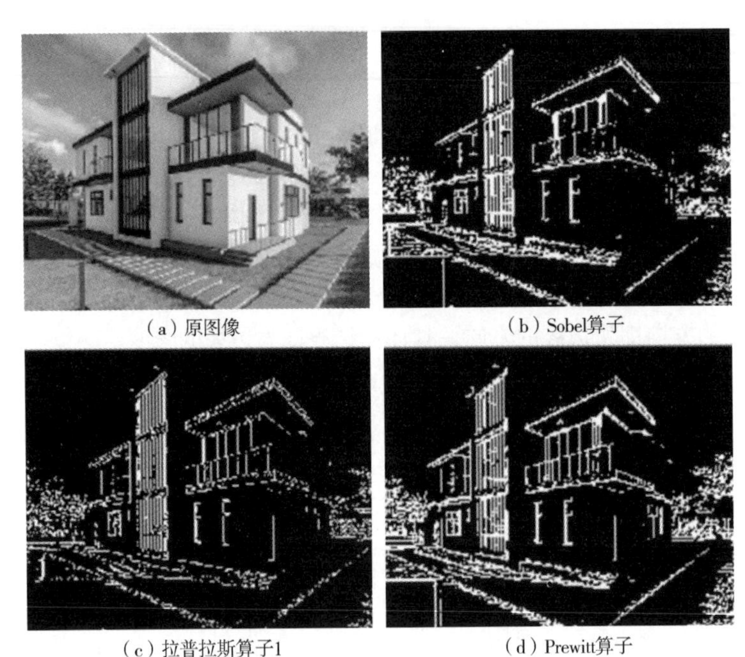

（a）原图像　（b）Sobel算子　（c）拉普拉斯算子1　（d）Prewitt算子

图3.5　不同算子的微分图像

此外，在模板匹配中，经常使用的还有如图 3.6 所示的 Kirsch 算子和如图 3.7 所示的 Robinson 算子等。

| M1 | M2 | M3 | M4 | M5 | M6 | M7 | M8 |
|---|---|---|---|---|---|---|---|
| 5 5 5 | -3 5 5 | -3 -3 5 | -3 -3 -3 | -3 -3 -3 | -3 -3 -3 | 5 -3 -3 | 5 5 -3 |
| -3 0 -3 | -3 0 5 | -3 0 5 | -3 0 5 | -3 0 -3 | 5 0 -3 | 5 0 -3 | 5 0 -3 |
| -3 -3 -3 | -3 -3 -3 | -3 -3 5 | -3 5 5 | 5 5 5 | 5 5 -3 | 5 -3 -3 | -3 -3 -3 |

图3.6　Kirsch算子

| M1 | M2 | M3 | M4 | M5 | M6 | M7 | M8 |
|---|---|---|---|---|---|---|---|
| 1 2 1 | 2 1 0 | 1 0 -1 | 0 -1 -2 | -1 -2 -1 | -2 -1 0 | -1 0 1 | 0 1 2 |
| 0 0 0 | 1 0 -1 | 2 0 -2 | 1 0 -1 | 0 0 0 | -1 0 1 | -2 0 2 | -1 0 1 |
| -1 -2 -1 | 0 -1 -2 | 1 0 -1 | 2 1 0 | 1 2 1 | 0 1 2 | -1 0 1 | -2 -1 0 |

图3.7　Robinson算子

微分处理后的图像还是灰度图像，一般需要进一步进行二值化处理。对于微分图像的二值化处理，可以采用第 2 章介绍的 p 参数法，设定直方图上位（明亮部分）5%的位置为阈值会获得较好且稳定的处理效果。

为了获得粗细一致的图像边缘，需要对图像进行细线化，即把线宽不均匀的边缘线整理成同一线宽（一般为 1 像素宽）的处理，在阈值处理后的二值图像上进行。

细线化处理的过程如图 3.8 所示，将粗边缘线从外侧开始一层一层地削去各个像素，直到成为 1 像素的宽度为止。

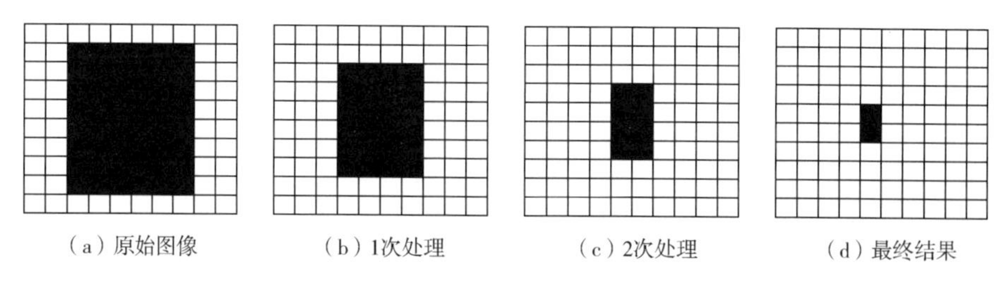

（a）原始图像　（b）1次处理　（c）2次处理　（d）最终结果

图3.8　细线化处理过程

细线化处理需要保证线条不断裂，有多种像素削去规则，算法比较复杂。图 3.9 是对输入的二值边缘图像进行细线化处理的结果，得到了线宽为 1 个像素的边缘图像。

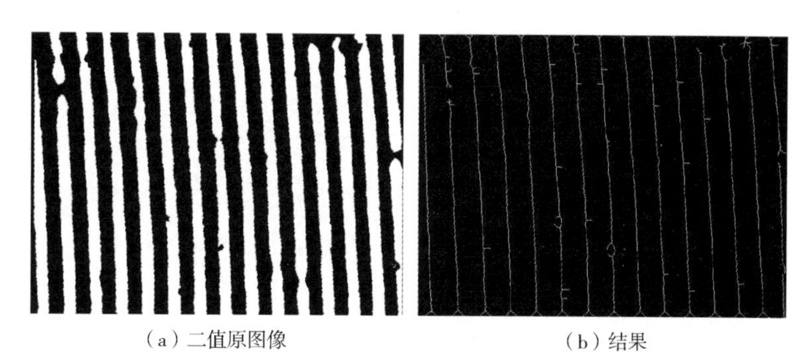

（a）二值原图像　（b）结果

图3.9　细线化处理结果

# 3.4 C语言实现

## 3.4.1 一阶微分边缘检测

```
#include "StdAfx.h"
#include <math.h>

/*--- Differential ---一阶微分边缘检测(梯度算子)-------------------------------------
    image_in：输入图像数据指针
    image_out：输出图像数据指针
    xsize：图像宽度
    ysize：图像高度
    amp：输出像素值倍数
---------------------------------------------------------------------------*/
void Differential(BYTE *image_in，BYTE *image_out，int xsize，int ysize，float amp)
{
    //以下算子可以自由设定
    static int cx[9]={ 0，0，0，    //算子 x(Roberts)
```

```
                    0, 1, 0,
                    0, 0, -1};
    static int cy[9]={ 0, 0, 0, //算子 y(Roberts)
                    0, 0, 1,
                    0, -1, 0};
    int         d[9];
    int         i, j, dat;
    float xx, yy, zz;

    for(j=1; j < ysize-1; j++) {
        for(i=1; i < xsize-1; i++) {
            d[0]=*(image_in +(j-1)*xsize+i-1);
            d[1]=*(image_in +(j-1)*xsize+i);
            d[2]=*(image_in +(j-1)*xsize+i+1);
            d[3]=*(image_in+j*xsize+i-1);
            d[4]=*(image_in+j*xsize+i);
            d[5]=*(image_in+j*xsize+i+1);
            d[6]=*(image_in +(j+1)*xsize+i-1);
            d[7]=*(image_in +(j+1)*xsize+i);
            d[8]=*(image_in +(j+1)*xsize+i+1);
            xx=(float) (cx[0]*d[0]+cx[1]*d[1]+cx[2]*d[2]
                    +cx[3]*d[3]+cx[4]*d[4]+cx[5]*d[5]
                    +cx[6]*d[6]+cx[7]*d[7]+cx[8]*d[8]);
            yy=(float) (cy[0]*d[0]+cy[1]*d[1]+cy[2]*d[2]
                    +cy[3]*d[3]+cy[4]*d[4]+cy[5]*d[5]
                    +cy[6]*d[6]+cy[7]*d[7]+cy[8]*d[8]);
            zz=(float) (amp*sqrt(xx*xx+yy*yy));
            dat=(int) zz;
            if(dat > 255) dat=255;
            *(image_out+j*xsize+i)=dat;
        }
    }
}
```

### 3.4.2 二阶微分边缘检测

```
#include "StdAfx.h"
#include <math.h>


/*--- Differential ---二阶微分边缘检测(拉普拉斯算子)-------------------------------------
    image_in：输入图像数据指针
```

```
    image_out：输出图像数据指针
    xsize：图像宽度
    ysize：图像高度
    amp：输出像素值倍数
---------------------------------------------------------------------------*/
void Differential2(BYTE *image_in，BYTE *image_out，int xsize，int ysize，float amp)
{
    //以下算子可以自由设定
    static int c[9]={-1，-1，-1    // 算子(Laplacian)
                     -1，8，-1
                     -1，-1，-1};
    int   d[9];
    int   i，j，dat;
    float z，zz;

    for(j=1; j < ysize-1; j++) {
        for(i=1; i < xsize-1; i++) {
            d[0]=*(image_in +(j-1)*xsize+i-1);
            d[1]=*(image_in +(j-1)*xsize+i);
            d[2]=*(image_in +(j-1)*xsize+i+1);
            d[3]=*(image_in+j*xsize+i-1);
            d[4]=*(image_in+j*xsize+i);
            d[5]=*(image_in+j*xsize+i+1);
            d[6]=*(image_in +(j+1)*xsize+i-1);
            d[7]=*(image_in +(j+1)*xsize+i);
            d[8]=*(image_in +(j+1)*xsize+i+1);
            z=(float)(c[0]*d[0]+c[1]*d[1]+c[2]*d[2]
                      +c[3]*d[3]+c[4]*d[4]+c[5]*d[5]
                      +c[6]*d[6]+c[7]*d[7]+c[8]*d[8]);
            zz=amp*z;
            dat=(int)(zz);
            if(dat <   0) dat=-dat;
            if(dat > 255) dat= 255;
            *(image_out+j*xsize+i)=dat;
        }
    }
}
```

### 3.4.3 Prewitt 算子边缘检测

```
#include "StdAfx.h"
```

```
#include <math.h>
/*--- Prewitt --- Prewitt 算子边缘检测 ------------------------------------
    image_in：输入图像数据指针
    image_out：输出图像数据指针
    xsize：图像宽度
    ysize：图像高度
    amp：输出像素值倍数
---------------------------------------------------------------------------*/
void Prewitt(BYTE *image_in, BYTE *image_out, int xsize, int ysize, float amp)
{
    int         d[9];
    int         i, j, k, max, dat;
    int         m[8];
    float zz;

    for(j=1; j < ysize-1; j++) {
        for(i=1; i < xsize-1; i++) {
            d[0]=*(image_in +(j-1)*xsize+i-1);
            d[1]=*(image_in +(j-1)*xsize+i);
            d[2]=*(image_in +(j-1)*xsize+i+1);
            d[3]=*(image_in+j*xsize+i-1);
            d[4]=*(image_in+j*xsize+i);
            d[5]=*(image_in+j*xsize+i+1);
            d[6]=*(image_in +(j+1)*xsize+i-1);
            d[7]=*(image_in +(j+1)*xsize+i);
            d[8]=*(image_in +(j+1)*xsize+i+1);
        m[0]= d[0]+d[1]+d[2]+d[3] -2*d[4]+d[5] - d[6] - d[7] - d[8];
        m[1]= d[0]+d[1]+d[2]+d[3] -2*d[4] - d[5]+d[6] - d[7] - d[8];
        m[2]= d[0]+d[1] - d[2]+d[3] -2*d[4] - d[5]+d[6]+d[7] - d[8];
            m[3]= d[0] - d[1] - d[2]+d[3] -2*d[4] - d[5]+d[6]+d[7]+d[8];
        m[4]=-d[0] - d[1] - d[2]+d[3] -2*d[4]+d[5]+d[6]+d[7]+d[8];
        m[5]=-d[0] - d[1]+d[2] - d[3] -2*d[4]+d[5]+d[6]+d[7]+d[8];
        m[6]=-d[0]+d[1]+d[2] - d[3] -2*d[4]+d[5] - d[6]+d[7]+d[8];
        m[7]= d[0]+d[1]+d[2] - d[3] -2*d[4]+d[5] - d[6] - d[7]+d[8];
            max=0;
            for(k=0; k < 8; k++)        if(max < m[k]) max=m[k];
        zz=amp*(float)(max);
            dat=(int)(zz);
            if(dat > 255) dat=255;
            *(image_out+j*xsize+i)=dat;
```

```
			}
		}
}
```

### 3.4.4 二值图像的细线化处理

```
#include "StdAfx.h"
#include <math.h>
#define HIGH 255
int    cconc(int inb[9]);
/*--- Thinning ---二值图像的细线化处理 ------------------------------------
	image_in：输入图像数据指针
	image_out：输出图像数据指针
	xsize：图像宽度
	ysize：图像高度
---------------------------------------------------------------------*/

void Thinning(BYTE *image_in，BYTE *image_out，int xsize，int ysize)
{
	int   ia[9]，ic[9]，i，ix，iy，m，ir，iv，iw;

	for(iy=0; iy < ysize; iy++)
		for(ix=0; ix < xsize; ix++)
			*(image_out+iy*xsize +ix)=*(image_in+iy*xsize +ix);
	m=100;
	ir=1 ;
	while(ir != 0) {
		ir=0;
		for(iy=1; iy < ysize-1; iy++)
			for(ix=1; ix < xsize-1; ix++) {
				if( *(image_out+iy*xsize+ix) != HIGH) continue;
				ia[0]=*(image_out +iy*xsize+ix+1);
				ia[1]=*(image_out +(iy-1)*xsize+ix+1);
				ia[2]=*(image_out +(iy-1)*xsize+ix);
				ia[3]=*(image_out +(iy-1)*xsize+ix-1);
				ia[4]=*(image_out+iy*xsize+ix-1);
				ia[5]=*(image_out +(iy+1)*xsize+ix-1);
				ia[6]=*(image_out +(iy+1)*xsize+ix);
				ia[7]=*(image_out +(iy+1)*xsize+ix+1);
				for(i=0; i < 8; i++) {
```

```
                if(ia[i] == m) {
                    ia[i]=HIGH; `
                    ic[i]=0;
                }
                else {
                    if(ia[i] < HIGH) ia[i]=0;
                    ic[i]=ia[i];
                }
            }
            ia[8]=ia[0];
            ic[8]=ic[0];
            if(ia[0]+ia[2]+ia[4]+ia[6] == HIGH*4) continue;
            for(i=0, iv=0, iw=0; i < 8; i++) {
                if(ia[i] == HIGH) iv++;
                if(ic[i] == HIGH) iw++;
            }
            if(iv <= 1) continue;
            if(iw == 0) continue;
            if(cconc(ia) != 1) continue;
            if( *(image_out +(iy-1)*xsize+ix) == m) {
                ia[2]=0;
                if(cconc(ia) != 1) continue;
                ia[2]=HIGH;
            }
            if( *(image_out+iy*xsize+ix-1) == m) {
                ia[4]=0;
                if(cconc(ia) != 1) continue;
                ia[4]=HIGH;
            }
            *(image_out+iy*xsize+ix)=m;
            ir++;
        }

    m++;
  }
  for(iy=0; iy < ysize; iy++)
      for(ix=0; ix < xsize; ix++)
          if( *(image_out+iy*xsize+ix) < HIGH) *(image_out+iy*xsize +ix)=0;
}
```

```
/*--- cconc --- 计算连接数 --------------------------------------
(In) inb: 连接数
-----------------------------------------------------------------------------*/
int   cconc(int inb[9])
{
      int   i, icn;
      icn=0;

      for(i=0; i < 8; i += 2)
            if(inb[i] == 0)
            if(inb[i+1] == HIGH || inb[i+2] == HIGH)
            icn++;
            return icn;
}
```

# 第4章 去噪声处理

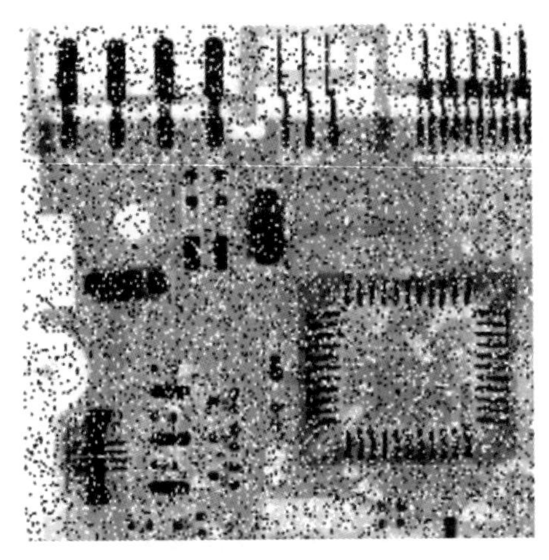

图4.1　带有随机噪声的电脑芯片图像

图像在获取和传输过程中会受到各种噪声（noise）的干扰，使图像质量下降。为了抑制噪声、改善图像质量，要对图像进行平滑处理。图像的噪声可以理解为图像上的障碍物。例如电视机因天线的状况不佳，图像混乱变得难以观看，这样的状态被称为图像的劣化。这种图像劣化大致可以分成两类：一种是幅值基本相同，但出现的位置很随机的椒盐（salt & pepper）噪声；另一种则是位置和幅值随机分布的随机噪声（random noise）。

图4.1是带有随机噪声的电脑芯片图像，可以看出，噪声的灰度与其周围的灰度之间有急剧的灰度差，也正是这些急剧的灰度差才造成了观察障碍。消除图像中这种噪声的方法称为图像平滑（image smoothing）或简称为平滑（smoothing）。只是目标图像的边缘部分也具有急剧的灰度差，所以如何把边缘部分与噪声部分区分开、只消除噪声是图像平滑的技巧所在。

图像平滑处理就是在尽量保留图像细节特征的条件下对图像噪声进行抑制，根据噪声的性质不同，消除噪声的方法也不同。以下介绍几种常用消除噪声（滤波）方式。

① 空域滤波。直接对图像数据做空间变换达到滤波的目的。

② 频率滤波。先将空间域图像变换至频率域处理，然后再反变换回空间域图像（傅里叶变换、小波变换等）。

③ 线性滤波。输出像素是输入像素邻域像素的线性组合（移动平均、高斯滤波等）。

④ 非线性滤波。输出像素是输入像素邻域像素的非线性组合（中值滤波、边缘保持滤波等）。

以下介绍几种常用的图像滤波处理方法。

## 4.1 移动平均

移动平均法（moving average model）或称均值滤波器（averaging filter），是最简单的消

除噪声方法，其本质是一种低通滤波。移动平均法是按给定的移动步距或面积和给定的重叠率，将相邻点或面内的数据依一定方向连续移动进行平均，求出代表各线段或面积内的平均值所进行的处理。这种方法的基本思路是：任一点的趋势分量（或其分量）可以从该点周围一定范围内的其他各点的含量及其分布特点平均求得，参加平均数值运算的范围叫窗口。

移动平均的标准做法是在原始数据图上，设置一个窗口，把落在窗口内的原始数据求平均值，算作窗口中心的趋势值，再将窗口依一定方向移动，求下一点的值，如此逐点逐行地移动，并计算平均值，直到覆盖全区为止。

图 4.2（a）所示的窗口为 3×3 像素范围，其中每个方格为一个像素，求解这 9 个像素的平均值 $q$，如式（4.1）所示，将该像素范围的平均值 $q$ 置换该位置所对应的像素值 $P_4$，如图 4.2（b）所示。

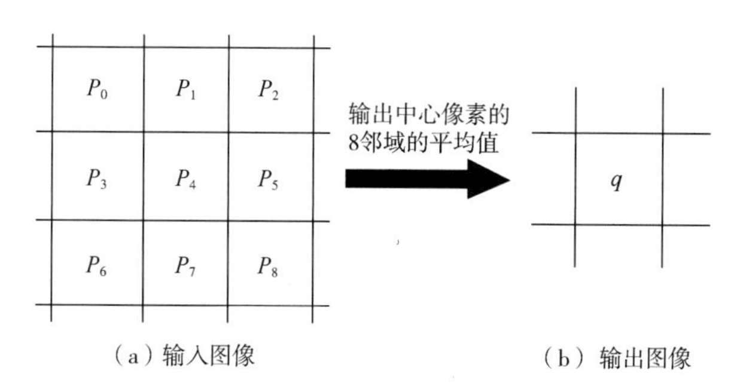


图4.2　移动平均法

$$q=\frac{P_0+P_1+P_2+P_3+P_4+P_5+P_6+P_7+P_8}{9} \tag{4.1}$$

移动平均法本身存在着固有的缺陷。由于该方法是通过使图像模糊，达到看不到细小噪声的目的，所以它不能很好地保护图像细节。由于这种方法是不管噪声还是边缘都一视同仁地模糊化，结果是噪声被消除的同时，目标图像也模糊了，在图像去噪的同时也破坏了图像的细节部分，从而使图像变得模糊，不能很好地去除噪声点。椒盐噪声去除的效果并不理想，所以该方法具有较大的局限性。

# 4.2 中值滤波

中值滤波（median filter）是一种非线性数字滤波器技术，经常用于去除图像或者其他信号中的噪声。其设计思想是检查输入信号中的采样并判断它是否代表了信号，使用奇数个采样组成的观察窗实现这项功能。将窗口中的数值进行排序，将位于观察窗中间的中值作为输出，代替本来属于该位置的像素值，将窗口从上到下，从左到右进行滑动，对于新取得的采样，重复上面的计算过程。中值滤波是图像处理中的一个经典的滤波算法，它对于斑点噪声和椒盐噪声来说尤其有用，可以很好地保存边缘的特性，边缘不会出现模糊。

例如灰度图像的数据图 4.3（a）所示，为了求由○所围的像素值，将 3×3 邻域内（框 1

所围的范围）的 9 个像素的灰度值，按照从小到大的顺序排列如下：

2　2　3　3　④　4　4　5　10

这时的中间值（也称 medium，中值）应该是排序后全部 9 个像素的第 5 个像素的灰度值 4。灰度值 10 的像素是作为噪声，通过中值处理被消除。因为噪声的像素值与周围像素相比，其灰度值有很大差异，当将这 9 个像素的值按大小排序时，它们将集中在左端或右端，不可能作为中间值被选中，从而被中间值 4 所取代，如图 4.3（b）所示。

那么，当窗口向右移动一个像素距离，在新窗口里，刚才去除的噪声右侧的像素（由□所围的像素）在滤波后又如何呢？按照同样的方法进一步计算，查看一下新窗口（框 2 所围的邻域内）的像素，按照从小到大的顺序排列如下：

2　3　3　4　④　4　4　5　10

在新窗口内，像素从小到大排列的中间值是 4，替换了之前这个位置所在的 3，如图 4.3（b）所示。虽然这个处理对图像的质量造成了损害，但是视觉上是看不出来的。

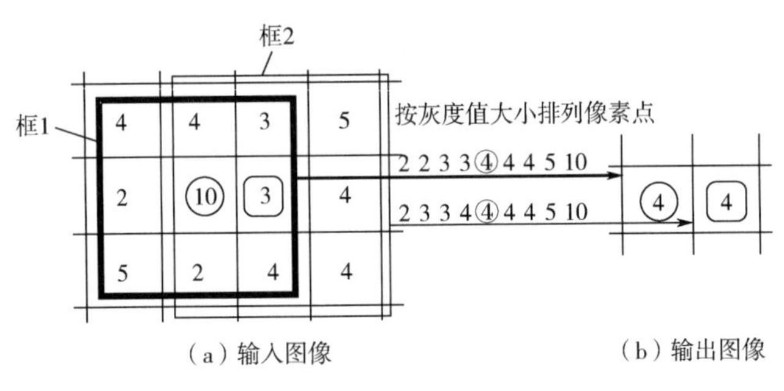


图4.3　中值滤波

问题是边缘部分是否被保存下来。图 4.4（a）是具有边缘的图像，求由○所围的像素，得到图 4.4（b）的结果，可见边缘被完整地保存下来了。

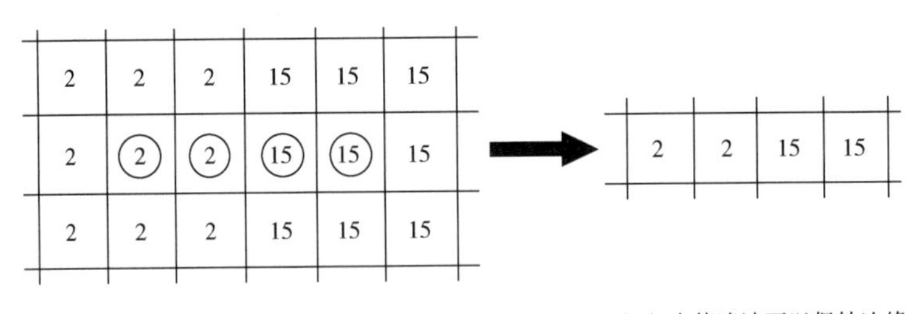


图4.4　对具有边缘的图像进行中值滤波

在移动平均法中，由于噪声成分被放入平均计算之中，所以输出受到了噪声的影响。但是在中值滤波中，由于噪声成分难以被选择，所以几乎不会影响到输出。因此，用同样的 3×3 区域进行比较的话，中值滤波的去噪声能力会更胜一筹。

图 4.5 展示了一块电脑芯片原图以及用中值滤波和移动平均法除去噪声的结果，很清楚地表明了中值滤波无论在消除噪声上还是在保存边缘上都是一个非常优秀的方法。但是，中值滤波花费的计算时间是移动平均法的许多倍。

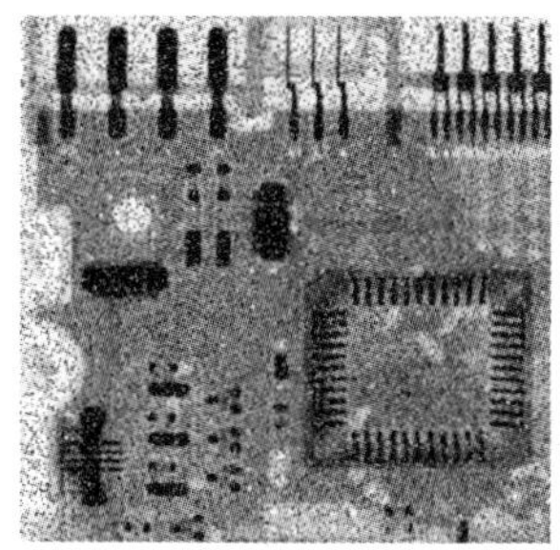
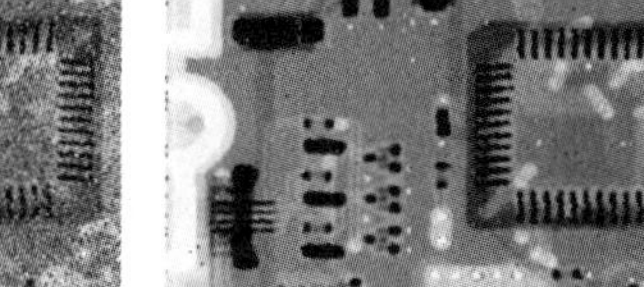
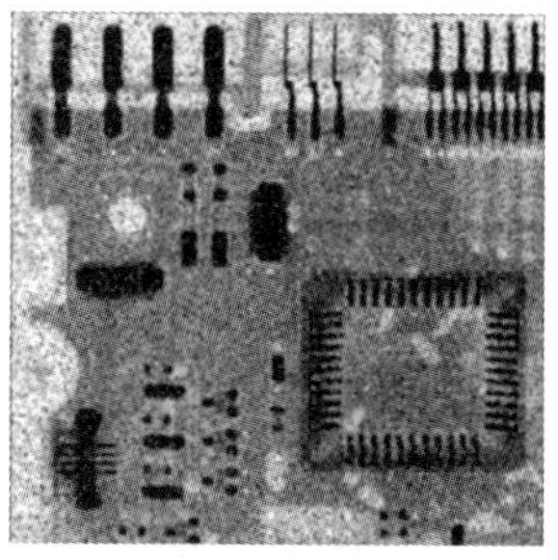

（a）原始图像　　（b）中值滤波　　（c）移动平均法

图4.5　中值滤波与移动平均法的比较

# 4.3 二值图像去噪声

二值图像的噪声，如图 4.6 所示，一般都是椒盐噪声。这种噪声能够用中值滤波消除，但是由于它只有二值，也可以采用膨胀与腐蚀处理消除。

图4.6　椒盐噪声

膨胀（dilation）是某像素的邻域内只要有一个像素是白像素，该像素就由黑变为白，其他保持不变的处理。腐蚀（erosion）是某像素的邻域内只要有一个像素是黑像素，该像素就由白变为黑，其他保持不变的处理。图 4.7 经过膨胀→腐蚀处理后，膨胀变粗，腐蚀变细，结果是图像几乎没有什么变化；相反，经过腐蚀→膨胀处理后，白色孤立点噪声在腐蚀时被消除。

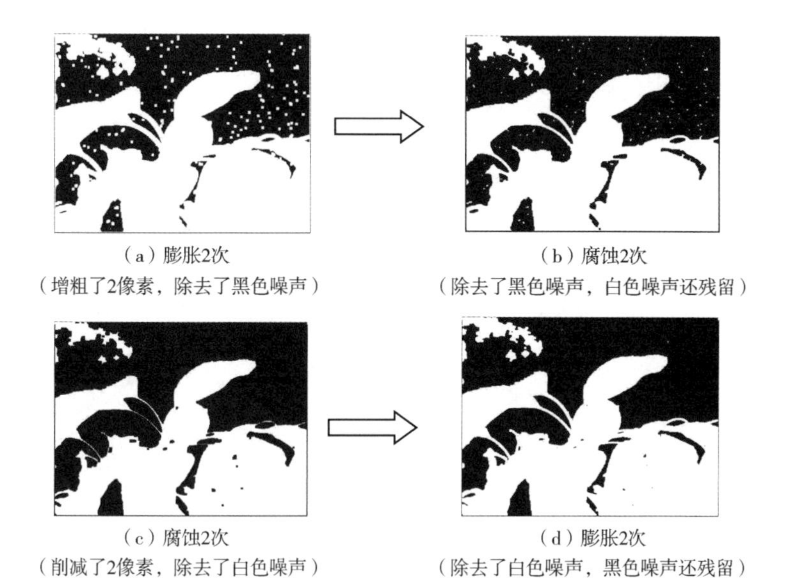

（a）膨胀2次（增粗了2像素，除去了黑色噪声）
（b）腐蚀2次（除去了黑色噪声，白色噪声还残留）
（c）腐蚀2次（削减了2像素，除去了白色噪声）
（d）膨胀2次（除去了白色噪声，黑色噪声还残留）

图4.7　对图4.6进行膨胀与腐蚀处理（膨胀与腐蚀的顺序不同，处理结果也不同）

除了膨胀与腐蚀之外，还可以用计算面积大小的方法去噪，即面积去噪。面积的大小，其实就是连接区域包含的像素个数，将在第 5 章几何参数检测中介绍。图 4.8 是水田苗列的二值图像及 50 像素白色区域去噪后的结果图像。面积去噪与膨胀、腐蚀相比，不会破坏区域间的连接性。

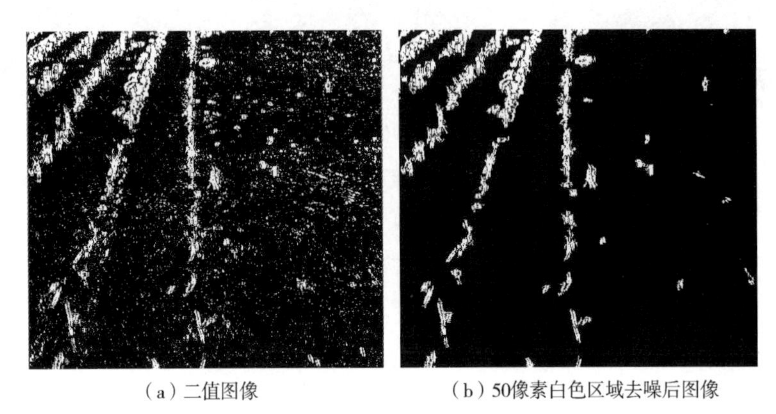

（a）二值图像　　（b）50像素白色区域去噪后图像

图4.8　二值图像的面积去噪声处理

# 4.4 C语言实现

## 4.4.1 移动平均法

```
#include "StdAfx.h"
#include <math.h>
/*--- Image_smooth --- 去噪声处理（移动平均）-------------------------------
	image_in：输入图像数据指针
	image_out：输出图像数据指针
	xsize：图像宽度
	ysize：图像高度

-----------------------------------------------------------------------------------------*/
void Image_smooth(BYTE *image_in，BYTE *image_out，int xsize，int ysize)
{
	int			i，j，buf;

	for(j=1; j < ysize-1; j++) {
		for(i=1; i < xsize-1; i++) {
			buf=(int) (*(image_in +(j-1) *xsize+i-1))
				+(int) (*(image_in +(j-1) *xsize+i))
				+(int) (*(image_in +(j-1) *xsize+i+1))
```

```
                    +(int)(*(image_in+j*xsize+i-1))
                    +(int)(*(image_in+j*xsize+i))
                    +(int)(*(image_in+j*xsize+i+1))
                    +(int)(*(image_in +(j+1)*xsize+i-1))
                    +(int)(*(image_in +(j+1)*xsize+i))
                    +(int)(*(image_in +(j+1)*xsize+i+1));
            *(image_out+j*xsize+i)=(BYTE)(buf / 9);
        }
    }
}
```

### 4.4.2 中值滤波

```
#include "StdAfx.h"
#include <math.h>
/*--- Median --- 去噪声处理(中值) -------------------------------------
    image_in：输入图像数据指针
    image_out：输出图像数据指针
    xsize：图像宽度
    ysize：图像高度

--------------------------------------------------------------------------*/
int median_value(BYTE c[9]);

void Median(BYTE *image_in，BYTE *image_out，int xsize，int ysize)
{
    int             i，j;
    unsigned char   c[9];

    for(i=1; i < ysize-1; i++) {
        for(j=1; j < xsize-1; j++) {
            c[0]=*(image_in +(i-1)*xsize+j-1);
            c[1]=*(image_in +(i-1)*xsize+j);
            c[2]=*(image_in +(i-1)*xsize+j+1);
            c[3]=*(image_in+i*xsize+j-1);
            c[4]=*(image_in+i*xsize+j);
            c[5]=*(image_in+i*xsize+j+1);
            c[6]=*(image_in +(i+1)*xsize+j-1);
            c[7]=*(image_in +(i+1)*xsize+j);
            c[8]=*(image_in +(i+1)*xsize+j+1);
```

```
                    *(image_out+i*xsize+j)=median_value(c);
            }
        }
}

/*--- median_value ---求 9 个像素的中央值 ---------------
        c：像素配列
----------------------------------------------------------------------------*/
int median_value(BYTE c[9])
{
        int         i，j，buf;

        for(j=0; j < 8; j++) {
                for(i=0; i < 8; i++) {
                        if(c[i+1] < c[i]) {
                                buf=c[i+1];
                                c[i+1]=c[i];
                                c[i]=buf;
                        }
                }
        }
        return c[4];
}
```

### 4.4.3 腐蚀处理

```
#include "StdAfx.h"
#define LOW 0
/*--- Erodible   --- 腐蚀 ------------------------------------------------
        image_in：输入图像数据指针
        image_out：输出图像数据指针
        xsize：图像宽度
        ysize：图像高度
----------------------------------------------------------------------------*/
void Erodible(BYTE *image_in，BYTE *image_out，int xsize，int ysize)
{
        int   i，j;

        for(j=1; j < ysize-1; j++) {
                for(i=1; i < xsize-1; i++) {
```

```
            *(image_out+j*xsize+i)=*(image_in+j*xsize+i);
            if(*(image_in+(j-1)*xsize+i-1) == LOW)
                *(image_out+j*xsize+i)=LOW;
            if(*(image_in+(j-1)*xsize+i) == LOW)
                *(image_out+j*xsize+i)=LOW;
            if(*(image_in+(j-1)*xsize+i+1) == LOW)
                *(image_out+j*xsize+i)=LOW;
            if(*(image_in+j*xsize+i-1) == LOW)
                *(image_out+j*xsize+i)=LOW;
            if(*(image_in+j*xsize+i+1) == LOW)
                *(image_out+j*xsize+i)=LOW;
            if(*(image_in+(j+1)*xsize+i-1) == LOW)
                *(image_out+j*xsize+i)=LOW;
            if(*(image_in+(j+1)*xsize+i) == LOW)
                *(image_out+j*xsize+i)=LOW;
            if(*(image_in+(j+1)*xsize+i+1) == LOW)
                *(image_out+j*xsize+i)=LOW;
        }
    }
}
```

### 4.4.4 膨胀处理

```
#include "StdAfx.h"
#define HIGH 255
/*--- Dilation --- 膨胀 ---------------------------------------------------
    image_in：输入图像数据指针
    image_out：输出图像数据指针
    xsize：图像宽度
    ysize：图像高度
-------------------------------------------------------------------------*/
void Dilation(BYTE *image_in, BYTE *image_out, int xsize, int ysize)
{
    int  i, j;

    for(j=1; j<ysize-1; j++) {
        for(i=1; i<xsize-1; i++) {
            *(image_out+j*xsize+i)=*(image_in+j*xsize+i);
            if(*(image_in+(j-1)*xsize+i-1) == HIGH)
                *(image_out+j*xsize+i)=HIGH;
```

```
            if(*(image_in+(j-1)*xsize+i) == HIGH)
                *(image_out+j*xsize+i)=HIGH;
            if(*(image_in+(j-1)*xsize+i+1) == HIGH)
                *(image_out+j*xsize+i)=HIGH;
            if(*(image_in+j*xsize+i-1) == HIGH)
                *(image_out+j*xsize+i)=HIGH;
            if(*(image_in+j*xsize+i+1) == HIGH)
                *(image_out+j*xsize+i)=HIGH;
            if(*(image_in+(j+1)*xsize+i-1) == HIGH)
                *(image_out+j*xsize+i)=HIGH;
            if(*(image_in+(j+1)*xsize+i) == HIGH)
                *(image_out+j*xsize+i)=HIGH;
            if(*(image_in+(j+1)*xsize+i+1) == HIGH)
                *(image_out+j*xsize+i)=HIGH;
        }
    }
}
```

# 第5章

# 几何参数检测

通过计算机调查图像特征，能够对物体进行自动判别，例如自动售货机的钱币判别、工厂内通过摄像机自动判别产品质量、通过判别邮政编码自动分拣信件、基于指纹识别的电子钥匙以及通过脸型识别防范恐怖分子等。其中，图像的特征（feature）很大程度上是由图像的几何参数决定的。本章以简单的二值图像为对象，通过调查物体的形状、大小等特征，介绍提取所需要的物体、除去不必要的噪声的方法。

图5.1　原始图像

所谓图像的特征（feature），换句话说就是图像中包括具有何种特征的物体。如果想从图 5.1 中提取香蕉，该怎么办？对于计算机来说，它并不知道人们讲的香蕉为何物。人们只能通过所要提取物体的特征指示计算机，例如，香蕉是细长的物体。也就是说，人们必须告诉计算机图像中物体的大小、形状等特征，指出诸如大的东西、圆的东西、有棱角的东西等。当然，这种指示依靠的是描述物体形状特征（shape representation and description）的参数。

## 5.1 图像的几何参数

每一幅图像都具有能够区别于其他类图像的自身特征，有些是可以直观地感受到的自然特征，如亮度、边缘、纹理和色彩等；有些则是需要通过变换或处理才能得到的，如矩、直方图以及主成分等。通常，目标区域的几何形状特征参数主要有：周长、面积、最长轴、方位角、边界矩阵和形状系数等。表 5.1 列出了几个图形以及相应的参数。下面介绍几个有代表性的特征参数及计算方法。

表 5.1　图形及其特征

| 种类 | 圆 | 正方形 | 正三角形 |
| --- | --- | --- | --- |
| 图像 | | | |
| 面积 | $\pi r^2$ | $r^2$ | $\frac{\sqrt{3}}{4}r^2$ |
| 周长 | $2\pi r$ | $4r$ | $3r$ |
| 圆形度 | 1.0 | $\frac{\pi}{4}\approx 0.79$ | $\frac{\pi\sqrt{3}}{9}\approx 0.60$ |

（1）面积（area）

计算物体（或区域）中包含的像素数。

（2）周长（perimeter）

物体（或区域）轮廓线的周长是指轮廓线上像素间距离之和。像素间距离有图 5.2（a）和图 5.2（b）两种情况。图 5.2（a）表示并列的像素，当然并列方式可以是上、下、左、右 4 个方向，这种并列像素间的距离是 1 个像素。图 5.2（b）表示的是倾斜方向连接的像素，倾斜方向也有左上角、左下角、右上角、右下角 4 个方向，这种倾斜方向像素间的距离是 $\sqrt{2}$ 像素。在进行周长测量时，需要根据像素间的连接方式，分别计算距离。图 5.2（c）是一个周长的测量例。

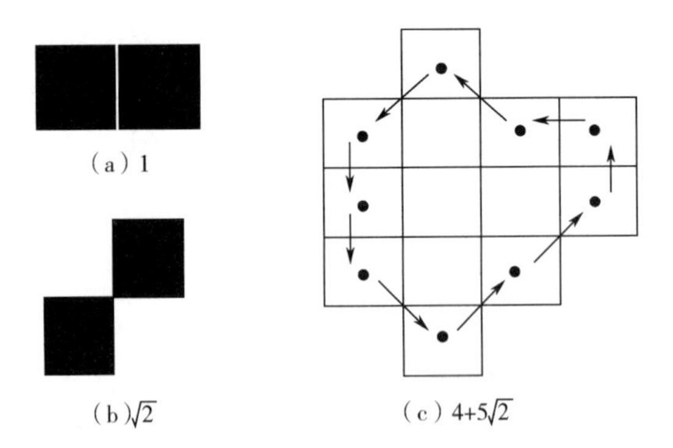
（a）1　（b）$\sqrt{2}$　（c）$4+5\sqrt{2}$

图5.2　像素间的距离（单位：像素）

如图 5.3 所示，提取轮廓线，需要按以下步骤，对轮廓线进行追踪。

① 扫描图像，顺序调查图像上各个像素的值，寻找没有扫描标志 $a_0$ 的边界点。

② 如果 $a_0$ 周围全为黑像素（0），说明 $a_0$ 是个孤立点，停止追踪。

③ 否则，按图 5.3 的顺序寻找下一个边界点。用同样的方法，追踪一个一个的边界点。

④ 到了下一个边界点 $a_0$，证明已经围绕物体一周，终止扫描。

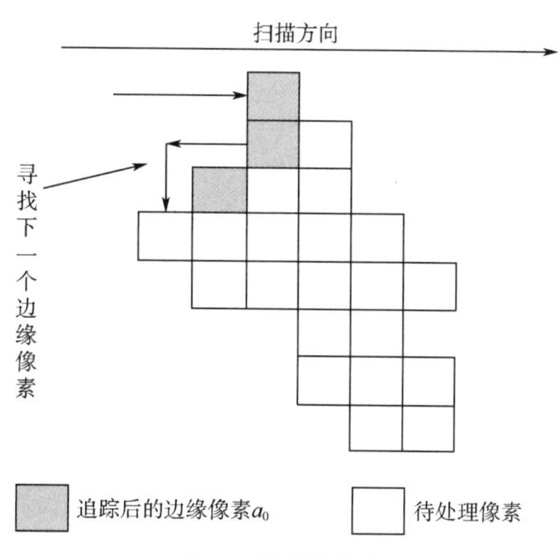


图5.3 轮廓线的追踪

（3）圆形度（compactness）

圆形度是基于面积和周长而计算物体（或区域）的形状复杂程度的特征量。例如，可以考察一下圆和五角星。如果五角星的面积和圆的面积相等，那么它的周长一定比圆长。因此，可以考虑以下参数，如式（5.1）所示。

$$e=\frac{4\pi\times\text{面积}}{(\text{周长})^2} \tag{5.1}$$

式中，$e$是圆形度。对于半径为$r$的圆来说，面积等于$\pi r^2$，周长等于$2\pi r$，所以圆形度$e$等于1。由表5.1可以看出，形状越接近于圆，$e$越大，最大为1；形状越复杂，$e$越小。$e$的值在0和1之间。

（4）重心（center of gravity 或 centroid）

重心就是求物体（或区域）中像素坐标的平均值。例如，某白色像素的坐标为（$x_i, y_i$）（i=0，1，2，…，$n$−1），其重心坐标（$x_0$，$y_0$）可由式（5.2）求得。

$$(x_0,y_0)=\left(\frac{1}{n}\sum_{i=0}^{n-1}x_i,\frac{1}{n}\sum_{i=0}^{n-1}y_i\right) \tag{5.2}$$

除了上面的参数以外，还有长度和宽度（length and breadth）、欧拉数（Euler's number）以及可查看物体的长度方向的矩（moment）等许多特征参数，这里就不一一介绍了。

利用上述参数，好像能把香蕉与其他水果区别开来。香蕉是那些水果中圆形度最小的。不过，首先需要把所有的东西从背景中提取出来，这可以利用二值化处理提取明亮部分得到。图5.4是图5.1的图像经过二值化处理（阈值为40以上），再通过2次中值滤波去噪声后的图像。

到此为止还不够，还必须将每一个物体区分开来。为了区分每个物体，必须调查像素是否连接在一起，这样的处理称为区域标记（labeling）。

图5.4 图5.1的二值图像

## 5.2 区域标记

区域标记（labeling）是指给连接在一起的像素（称为 connected component，连接成分）附上相同的标记，不同的连接成分附上不同的标记处理。区域标记在二值图像处理中占有非常重要的地位。图 5.5 表示区域标记后的图像，通过该处理将各个连接成分区分开来，然后就可以调查各个连接成分的形状特征了。

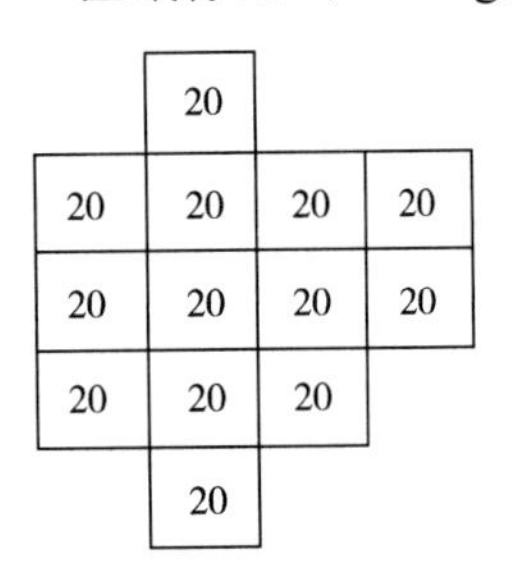

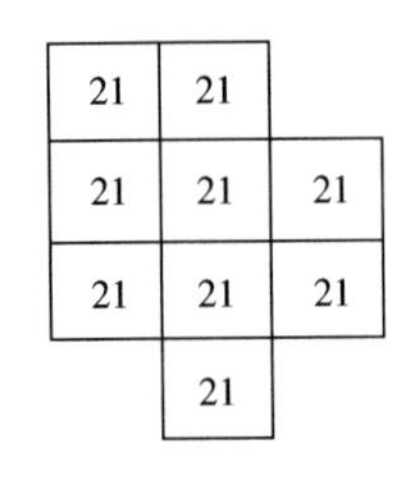

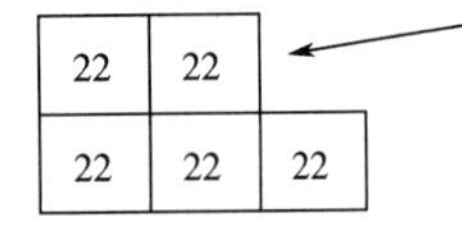


图5.5　区域标记后的图像

区域标记也有许多方法。下面介绍一个简单的方法，步骤如下（参考图 5.6）。

① 扫描图像，遇到没加标记的目标像素（白像素）P 时，附加一个新的标记（label）。

② 给与 P 连接在一起（即相同连接成分）的像素附加相同的标记。

③ 进一步，给所有与加标记像素连接在一起的像素附加相同的标记。

④ 直到连接在一起的像素全部被附加标记之前，继续步骤②。这样一个连接成分就被附加了相同的标记。

⑤ 返回到第①步，重新查找新的没加标记的像素，重复上述各个步骤。

⑥ 图像全部被扫描后，处理结束。

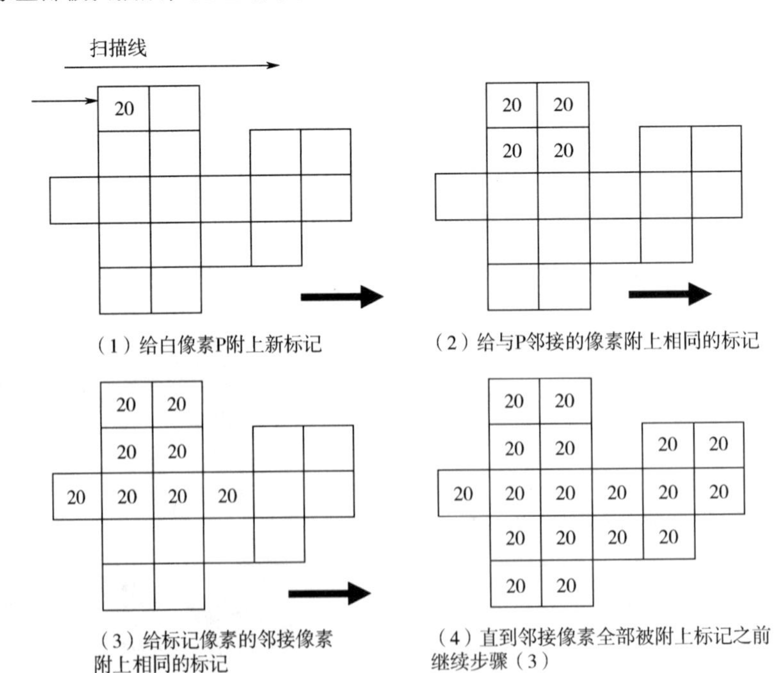


图5.6　给一个连接成分附加标记（标号20）

# 5.3 几何参数检测与提取

通过以上处理，完成了从图 5.1 中提取香蕉的准备工作。调查各个物体特征的步骤如图 5.7 所示，处理结果表示在表 5.2 中。

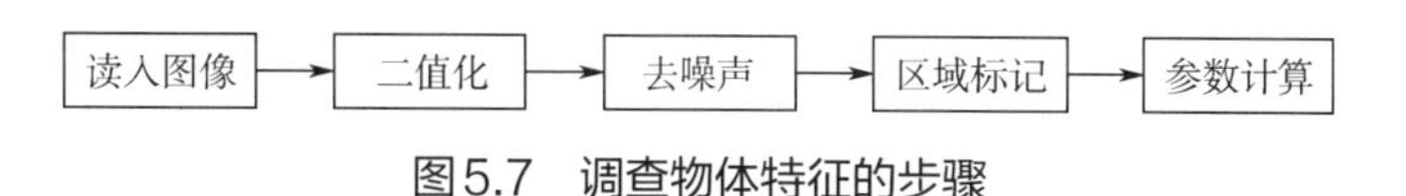


图5.7　调查物体特征的步骤

表5.2　各个物体的特征参数　　单位：像素

| 物体序号 | 面积 | 周长 | 圆形度 | 重心位置 |
|---|---|---|---|---|
| 0 | 21718 | 894.63 | 0.3410 | (307，209) |
| 1 | 22308 | 928.82 | 0.3249 | (154，188) |
| 2 | 9460 | 367.85 | 0.8785 | (401，136) |
| 3 | 14152 | 495.14 | 0.7454 | (470，274) |
| 4 | 8570 | 352.98 | 0.8644 | (206，260) |

由表 5.2 可知，圆形度小的物体有两个，可能就是香蕉。如果要提取香蕉，按照图 5.7 的步骤进行处理，得到如图 5.8 所示的图像，轮廓线和重心位置的像素表示得比较亮。然后再把图 5.8 中圆形度小于 0.5 的物体抽出，提取连接成分的图像如图 5.9 所示。这些处理获得了一个掩模图像（mask image），利用该掩模即可从原始图像（图 5.1）上把香蕉提取出来，提取结果如图 5.10 所示。

图5.8　表示追踪的轮廓线和重心的图像

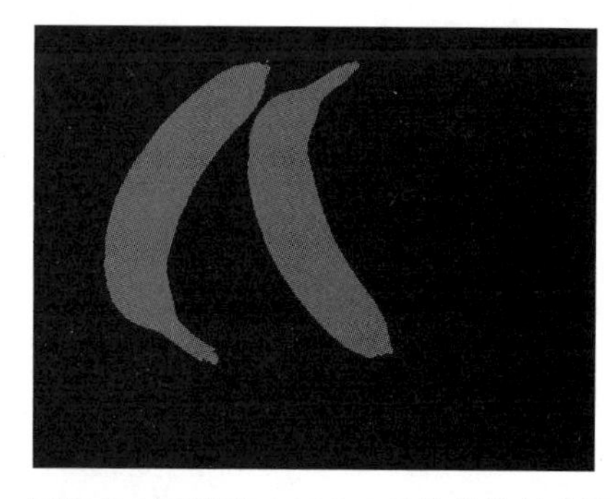

图5.9　图5.8中圆形度小于0.5的物体的抽出结果

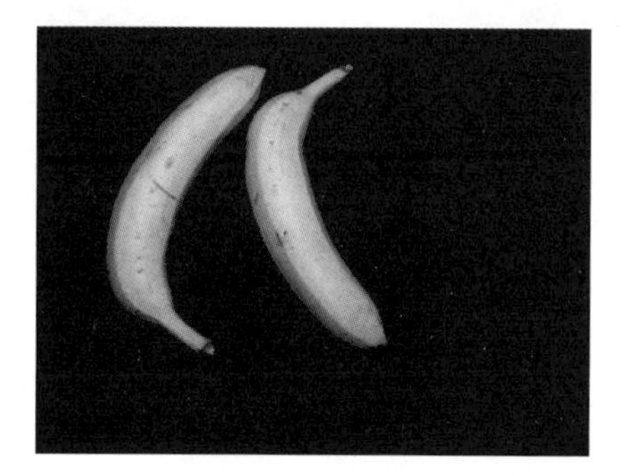

图5.10　利用图5.9从图5.1中提取香蕉

## 5.4 C语言实现

### 5.4.1 区域标记

```
#include "StdAfx.h"
#include <stdio.h>
#define L_BASE 100
#define HIGH 255

void labelset(BYTE *image, int xsize, int ysize, int xs, int ys, int label);

/*--- Labeling --- 加标记处理 ------------------------------------
    image_in：输入图像数据指针(二值图像)
    image_out：输出图像数据指针(标记图像)
    xsize：图像宽度
    ysize：图像高度
    cnt：标记个数
----------------------------------------------------------------------------*/
int Labeling(BYTE *image_in, BYTE *image_out, int xsize, int ysize, int *cnt)
{
    int   i, j, label;

    for(j=0; j < ysize; j++)
        for(i=0; i < xsize; i++)
            *(image_out+j*xsize+i)=*(image_in+j*xsize+i);
    label=L_BASE;
    for(j=0; j < ysize; j++)
        for(i=0; i < xsize; i++) {
            if(*(image_out+j*xsize+i) == HIGH) {
                if(label >= HIGH) {
                    AfxMessageBox("Error! too many labels.");
                    return -1;
                    }
                labelset(image_out, xsize, ysize, i, j, label);
                label++;
            }
        }
    *cnt=label-L_BASE;
```

```
    return 0;
}

/*--- labelset --- 给连接像素加标记 ---------------------
    image：图像数据指针
    xsize：图像宽度
    ysize：图像高度
    xs，ys：开始位置
    label：标记值
-----------------------------------------------------------------------*/
void labelset(BYTE *image, int xsize, int ysize, int xs, int ys, int label)
{
    int  i, j, cnt, im, ip, jm, jp;

    *(image+ys*xsize+xs)=label;
    for(;;) {
        cnt=0;
        for(j=0; j < ysize; j++)
            for(i=0; i < xsize; i++)
                if(*(image+j*xsize+i) == label) {
                    im=i-1; ip=i+1; jm=j-1; jp=j+1;
                    if(im < 0) im=0; if(ip >= xsize) ip=xsize-1;
                    if(jm < 0) jm=0; if(jp >= ysize) jp=ysize-1;
                    if(*(image+jm*xsize+im) == HIGH) {
                        *(image+jm*xsize+im)=label; cnt++;
                    }
                    if(*(image+jm*xsize+i ) == HIGH) {
                        *(image+jm*xsize+i )=label; cnt++;
                    }
                    if(*(image+jm*xsize+ip) == HIGH) {
                        *(image+jm*xsize+ip)=label; cnt++;
                    }
                    if(*(image+j*xsize+im) == HIGH) {
                        *(image+j*xsize+im)=label; cnt++;
                    }
                    if(*(image+j*xsize+ip) == HIGH) {
                        *(image+j*xsize+ip)=label; cnt++;
                    }
                    if(*(image+jp*xsize+im) == HIGH) {
                        *(image+jp*xsize+im)=label; cnt++;
```

```
                    }
                    if(*(image+jp*xsize+i ) == HIGH) {
                        *(image+jp*xsize+i )=label; cnt++;
                    }
                    if(*(image+jp*xsize+ip) == HIGH) {
                        *(image+jp*xsize+ip)=label; cnt++;
                    }
                }
            if(cnt == 0) break;
        }
}
```

## 5.4.2 计算图像特征参数

```
#include "StdAfx.h"
#include <stdio.h>
#define L_BASE 100
#define HIGH 255
#define PI 3.14159

float calc_size(BYTE *image_label, int xsize, int ysize,
    int label, int *cx, int *cy);
float calc_length(BYTE *image_label, int xsize, int ysize, int label);
float trace(BYTE *image_label, int xsize, int ysize, int xs, int ys);

/*--- Features --- 计算特征数据 -----------------------------------
    image_label_in：输入标记图像指针
    image_label_out：输出标记图像指针
    xsize：图像宽度
    ysize：图像高度
    cnt：对象物个数
    size：面积
    length：周长
    ratio：圆形度
    center_x：重心 x 坐标
    center_y：重心 y 坐标

------------------------------------------------------------------------*/
void Features(BYTE *image_label_in, BYTE *image_label_out, int xsize, int ysize,
    int cnt, float size[], float length[], float ratio[], int center_x[], int center_y[])
```

```
{
    int         i, j, cx, cy;
    float L;

    for(j=0; j < ysize; j++) {
        for(i=0; i < xsize; i++) {
            *(image_label_out+j*xsize+i) =*(image_label_in+j*xsize+i);
        }
    }

    for(i=0; i < cnt; i++) {

        size[i]=calc_size(image_label_out, xsize, ysize, i+L_BASE,
            &cx, &cy);
        center_x[i]=cx;
        center_y[i]=cy;

        L=calc_length(image_label_out, xsize, ysize, i+L_BASE);
        length[i]=L;

        ratio[i]=4*PI*size[i]/(L*L);
        *(image_label_out+cy*xsize+cx) =HIGH;      //重心

    }
}

/*--- calc_size --- 求面积和重心位置 -----------------------------------
    image_label: 标记图像指针
    xsize: 图像宽度
    ysize: 图像高度
    label: 标记号
    cx, cy: 重心位置
-------------------------------------------------------------------------*/
float calc_size(BYTE *image_label, int xsize, int ysize,
    int label, int *cx, int *cy)
{
    int         i, j;
    float tx, ty, total;

    tx=0; ty=0; total=0;
```

```
    for(j=0; j < ysize; j++)
        for(i=0; i < xsize; i++)
            if(*(image_label+j*xsize+i) == label) {
                tx += i; ty += j; total++;
            }
    if(total == 0.0) return 0.0;
    *cx=(int) (tx/total); *cy=(int) (ty/total);
    return total;
}

/*--- calc_length --- 求周长 ------------------------------------------
    image_label：标记图像指针
    xsize：图像宽度
    ysize：图像高度
    label：标记号
--------------------------------------------------------------------------*/
float calc_length(BYTE *image_label, int xsize, int ysize, int label)
{
    int         i, j;
    float leng=1;

    for(j=0; j < ysize; j++) {
        for(i=0; i < xsize; i++) {
            if(*(image_label+j*xsize+i) == label)
            {
                leng=trace(image_label, xsize, ysize, i-1, j);
                return leng;
            }
        }
    }
    return 0;
}

/*--- trace --- 追踪轮廓线 --------------------------------------------
    image_label：标记图像指针
    xsize：图像宽度
    ysize：图像高度
    xs, ys：开始位置
--------------------------------------------------------------------------*/
float trace(BYTE *image_label, int xsize, int ysize, int xs, int ys)
```

```
{
    int        x, y, no, vec;
    float l;

    l=0;  x=xs; y=ys; no=*(image_label+y*xsize+x+1); vec=5;
    for(;;) {
        if(x == xs && y == ys && l != 0) return l;

        *(image_label+y*xsize+x)=HIGH;


        switch(vec) {
            case 3:
                if(*(image_label+y*xsize+x+1) != no &&
                    *(image_label +(y-1)*xsize+x+1) == no)
                    {x=x+1; y=y   ; l++            ; vec=0; continue;}
            case 4:
                if(*(image_label +(y-1)*xsize+x+1) != no &&
                    *(image_label +(y-1)*xsize+x) == no)
                    {x=x+1; y=y-1; l += ROOT2; vec=1; continue;}
            case 5:
                if(*(image_label +(y-1)*xsize+x) != no &&
                    *(image_label +(y-1)*xsize+x-1) == no)
                    {x=x   ; y=y-1; l++            ; vec=2; continue;}
            case 6:
                if(*(image_label +(y-1)*xsize+x-1) != no &&
                    *(image_label+y*xsize+x-1) == no)
                    {x=x-1; y=y-1; l += ROOT2; vec=3; continue;}
            case 7:
                if(*(image_label+y*xsize+x-1) != no &&
                    *(image_label +(y+1)*xsize+x-1) == no)
                    {x=x-1; y=y   ; l++            ; vec=4; continue;}
            case 0:
                if(*(image_label +(y+1)*xsize+x-1) != no &&
                    *(image_label +(y+1)*xsize+x) == no)
                    {x=x-1; y=y+1; l += ROOT2; vec=5; continue;}
            case 1:
                if(*(image_label +(y+1)*xsize+x) != no &&
                    *(image_label +(y+1)*xsize+x+1) == no)
                    {x=x   ; y=y+1; l++            ; vec=6; continue;}
```

```
            case 2:
                if(*(image_label+(y+1)*xsize+x+1) != no &&
                    *(image_label+y*xsize+x+1) == no)
                    {x=x+1; y=y+1; l += ROOT2; vec=7; continue;}
                vec=3;
        }
    }
}
```

### 5.4.3 根据圆形度抽出物体

```
#include "StdAfx.h"
#include "BaseList.h"
#include <stdio.h>

/*--- Ratio_extract --- 抽出具有某圆形度的对象物 ------------------
    image_label_in：输入标记图像指针
    image_label_out：输出标记图像指针
    xsize：图像宽度
    ysize：图像高度
    cnt：对象物个数
    ratio：圆形度
    ratio_min，ratio_max：最小值，最大值
-------------------------------------------------------------------------*/
void Ratio_extract(BYTE *image_label_in，BYTE *image_label_out，int xsize，int ysize，int
cnt，float ratio[]，float ratio_min，float ratio_max)
{
    int  i，j，x，y;
    int  lno[256];

    for(i=0，j=0; i < cnt; i++)
    {
        if(ratio[i] >= ratio_min && ratio[i] <= ratio_max)
            lno[j++]=L_BASE+i;
    }
    for(y=0 ; y < ysize; y++) {
        for(x=0; x < xsize; x++) {
            *(image_label_out+y*xsize+x)=0;
            for(i=0; i < j; i++)
            {
```

```
                if(*(image_label_in+y*xsize+x) == lno[i])
                    *(image_label_out+y*xsize+x)=*(image_label_in+y*xsize+x);
            }
        }
    }
}
```

## 5.4.4 复制掩模领域的原始图像

```
#include "StdAfx.h"

/*---- Mask_copy --- 复制掩模领域的原始图像 -----------------------
    image_in：输入图像指针
    image_out：输出图像指针
    image_mask：输入模块图像(二值图像)
    xsize：图像宽度
    ysize：图像高度
---------------------------------------------------------------------------*/
void Mask_copy(BYTE *image_in, BYTE *image_out,
    BYTE *image_mask, int xsize, int ysize)
{
    int  i, j;

    for(j=0; j < ysize; j++) {
        for(i=0; i < xsize; i++) {
            if(*(image_mask+j*xsize +i) != LOW)
                *(image_out+j*xsize+i)=*(image_in+j*xsize+i);
            else *(image_out+j*xsize+i)=0;
        }
    }
}
```

## 5.4.5 根据面积提取对象物

```
#include "StdAfx.h"
#include  <stdio.h>

/*--- Size_extract --- 抽出某面积范围的对象物 ---------------------
    image_label_in：输入标记图像指针
    image_label_out：输出标记图像指针
    xsize：图像宽度
```

```
    ysize：图像高度
    cnt：对象物个数
    size：面积
    size_min，size_max：最小、最大值
---------------------------------------------------------------------------*/
void Size_extract(BYTE *image_label_in， BYTE *image_label_out， int xsize， int ysize， int
cnt，float size[]，float size_min，float size_max)
{
    int  i，j，x，y;
    int  lno[256];

    for(i=0，j=0; i < cnt; i++)
        if(size[i] >= size_min && size[i] <= size_max)    lno[j++]=L_BASE+i;
    for(y=0; y < ysize; y++) {
        for(x=0; x < xsize; x++) {
            *(image_label_out+y*xsize+x)=0;
        for(i=0 ; i<j ; i++)
            if(*(image_label_in+y*xsize+x) == lno[i])
                *(image_label_out+y*xsize+x)=*(image_label_in+y*xsize+x);
        }
    }
}
```

# 第 6 章

# 直线检测

直线是大多数物体边缘形状最常见的表现形式，直线检测是图像处理的一项重要内容。直线的识别和定位对图像处理有着重要意义。Hough 变换是实现直线检测的最经典方法，其基本思想是将测量空间的一点变换到参量空间的一条曲线或曲面，而具有同一参量特征的点变换后在参量空间中相交，通过判断交点处的积累程度完成特征曲线的检测。最小二乘法是直线拟合的有效方法，通过最小化误差的平方和寻求数据的最佳函数匹配。以下分别介绍传统 Hough 变换和最小二乘法进行直线检测的方法。

## 6.1 传统Hough变换的直线检测

保罗·哈夫（Paul Hough）于 1962 年提出了 Hough 变换法，并申请了专利。该方法将图像空间中的检测问题转换到参数空间，通过在参数空间里进行简单的累加统计完成检测任务，并用大多数边界点满足的某种参数形式描述图像的区域边界曲线。这种方法对于被噪声干扰或间断区域边界的图像具有良好的容错性。Hough 变换最初主要应用于检测图像空间中的直线，最早的直线变换是在两个笛卡儿坐标系之间进行的，这给检测斜率无穷大的直线带来了困难。1972 年，杜达（Duda）将变换形式进行了转化，将数据空间中的点变换为参数 $\rho-\theta$ 空间中的曲线，改善了其检测直线的性能。该方法被不断地研究和发展，在图像分析、计算机视觉、模式识别等领域得到了非常广泛的应用，已经成为模式识别的一种重要工具。

直线的方程可以用式（6.1）表示。

$$y = kx + b \tag{6.1}$$

式中，$k$ 和 $b$ 分别是斜率和截距。过 $x$-$y$ 平面上某一点 $(x_o, y_o)$ 的所有直线的参数都满足方程 $y_o = kx_o + b$。即过 $x$-$y$ 平面上点 $(x_o, y_o)$ 的一族直线在参数 $k$-$b$ 平面上对应于一条直线，如图 6.1（a）所示。

由于式（6.1）形式的直线方程无法表示 $x = c$（$c$ 为常数）形式的直线（这时候直线的斜率为无穷大），所以在实际应用中，一般采用式（6.2）的极坐标参数方程的形式。

$$\rho = x\cos\theta + y\sin\theta \tag{6.2}$$

式中，$\rho$为原点到直线的垂直距离；$\theta$为$\rho$与$x$轴的夹角，如图 6.1（b）所示。

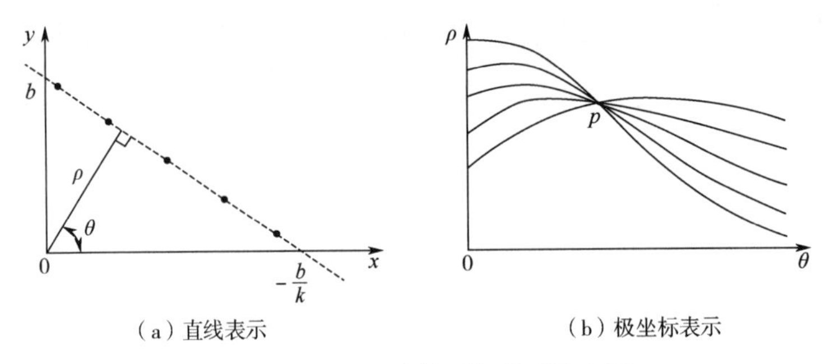


（a）直线表示　　（b）极坐标表示

图 6.1　Hough 变换对偶关系示意图

根据式（6.2），直线上不同的点在参数空间中被变换为一族相交于$p$点的正弦曲线，因此可以通过检测参数空间中的局部最大值$p$点，实现 $x$-$y$ 坐标系中直线的检测。

一般 Hough 变换的步骤如下：

① 将参数空间量化成$m \times n$（$m$为$\theta$的等份数，$n$为$\rho$的等份数）个单元，并设置累加器矩阵$\boldsymbol{Q}[m \times n]$；

② 给参数空间中的每个单元分配一个累加器$\boldsymbol{Q}(\theta_i, p_j)$ $(0 < i < m-1, 0 < j < n-1)$，并把累加器的初始值置为零；

③ 将直角坐标系中的各点$(x_k, y_k)$（$k = 1, 2, \cdots, s$，$s$为直角坐标系中的点数）代入式(6.2)，然后将$\theta_0$至$\theta_{m-1}$也都代入其中，分别计算出相应的值$p_j$；

④ 在参数空间中，找到每一个$(\theta_i, p_j)$所对应的单元，并将该单元的累加器加 1，即$\boldsymbol{Q}(\theta_i, p_j) = \boldsymbol{Q}(\theta_i, p_j) + 1$，对该单元进行一次投票；

⑤ 待 $x$-$y$ 坐标系中的所有点都进行运算之后，检查参数空间的累加器，必有一个出现最大值，这个累加器对应单元的参数值作为所求直线的参数输出。

由以上步骤看出，Hough 变换的具体实现是利用表决方法，即曲线上的每一点可以表决若干参数组合，赢得多数表决的参数就是胜者。累加器阵列的峰值就是表征一条直线的参数。Hough 变换的这种基本策略还可以推广到平面曲线的检测。

图6.2　二值图像经过传统Hough变换的处理结果

图 6.2 表示一个二值图像经过传统 Hough 变换的直线检测结果。图像大小为 512×480 像素，运算时间为 652ms（CPU 频率为 1GHz）。

Hough 变换是一种全局性的检测方法，具有极佳的抗干扰能力，可以很好地抑制数据点集中存在的干扰，同时还可以将数据点集拟合成多条直线。但是，Hough 变换的精度不容易控制，因此，不适合对拟合直线的精度要求较高的实际问题。同时，它所要求的巨大计算量使它的处理速度很慢，从而限制了它在实时性要求很高的领域的应用。

# 6.2 最小二乘法的直线检测

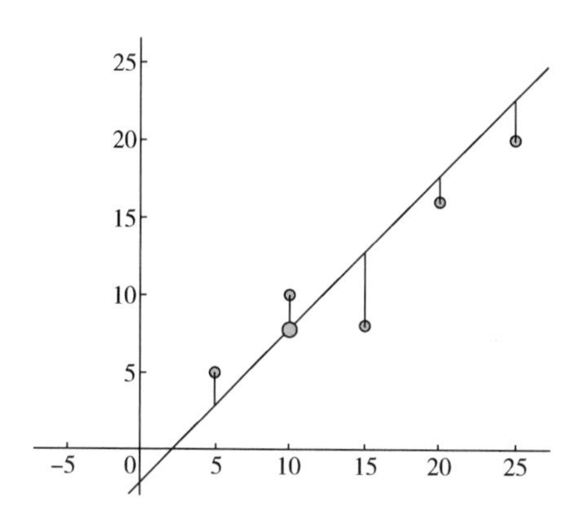

图6.3 最小二乘法直线检测原理图

最小二乘法（least squares method，LSE）又称最小平方法，是一种数学优化技术，它通过最小化误差的平方和寻找数据的最佳函数匹配。最小二乘法也是常见的直线检测、直线拟合的方法之一，利用最小二乘法可以简便地求得未知的数据，并使得这些求得的数据与实际数据之间误差的平方和为最小。最小二乘法还可用于曲线拟合。

以直线检测为例，最小二乘法就是对$n$个点进行拟合，使得所有点到这条拟合直线的欧氏距离和最小，如图6.3所示。

直线方程用式（6.1）表示，已知点集$(x_1,x_2),\cdots,(x_i,y_i)$，点集到拟合直线的误差平方和用式（6.3）表示。

$$f=\sum_{i=1}^{n}(y_i-k*x_i-b)^2 \tag{6.3}$$

由极值定理可知，误差方程一阶导数等于0处取得极值，因此分别对参数$k$和$b$求导，可得式（6.4）。

$$\begin{cases}\dfrac{\partial f}{\partial k}=\sum_{i=1}^{n}\left[\left(y_i-k*x_i-b\right)x_i\right]=\sum_{i=1}^{n}\left(x_iy_i\right)-k\sum_{i=1}^{n}\left(x_i^2\right)-b\sum_{i=1}^{n}\left(x_i\right)=0\\ \dfrac{\partial f}{\partial b}=\sum_{i=1}^{n}\left(y_i-k*x_i-b\right)=\sum_{i=1}^{n}\left(y_i\right)-k\sum_{i=1}^{n}\left(x_i\right)-nb=0\end{cases} \tag{6.4}$$

令$A=\sum_{i=1}^{n}\left(x_i^2\right),B=\sum_{i=1}^{n}\left(x_i\right),C=\sum_{i=1}^{n}\left(x_iy_i\right),D=\sum_{i=1}^{n}\left(y_i\right)$，整理后得到方程组，如式（6.5）所示。

$$\begin{cases}Ak+bB=C\\ Bk+nb=D\end{cases} \tag{6.5}$$

解方程组，求得直线参数$k$和$b$的最佳估计值，如式（6.6）所示。

$$\begin{cases}k=\dfrac{Cn-BD}{An-BB}\\ b=\dfrac{AD-CB}{An-BB}\end{cases} \tag{6.6}$$

从而得到利用最小二乘法获得的直线方程。

图6.4表示一个图像处理后给出特征点，经过最小二乘法直线检测的结果。图像大小为512×480像素，运算时间为94ms。

图6.4 最小二乘法直线检测结果

最小二乘法具有拟合准确和检测速度快的优点。通过该方法获得的关于斜率和截距的无偏估计，在一定条件下具有最佳的统计特性，并且由这两项参数估计值决定的直线是特征点集合在均方误差意义下的最佳拟合直线。但该方法在直线拟合过程中会用到所有的点，改变其中一个点的位置会对结果造成影响，也就是说对于所有数据点计算时都无差别对待，对噪声敏感，在处理噪声多的图像时会出现错误。因此，最小二乘法抗干扰能力差，直接用于拟合时易受干扰点或噪声点影响，从而限制了它在抗干扰要求很高的领域的应用。

# 6.3 C语言实现

## 6.3.1 传统Hough变换的直线检测

```
#include "StdAfx.h"
#include <math.h>
#define   ANGLE_MAX   180.0
#define   PI        3.14159265
#define    HIGH   255


/*---------Hough_general---一般 Hough 变换---------
      image_in：输入图像指针
      image_out：输出图像指针
      xsize：图像宽度
      ysize：图像高度
-----------------------------------------------*/
void Hough_general(BYTE *image_in，BYTE *image_out，int xsize，int ysize)
{
      int   i，j;
      int   r，r_max，angle;
      double   angle2;
      int *num;
      double cosa，sina，re_angle;
      int   re_maxnow，re_r;

      //复制图像
      for(j=0; j < ysize; j++) {
            for(i=0; i < xsize; i++) {
                  *(image_out+j*xsize+i)=*(image_in+j*xsize+i);
            }
      }
```

```
//设定最大半径
r_max=xsize+ysize;

// 建立数组
int maxNum=r_max * ANGLE_MAX;
num=new int[maxNum];

for(r=0; r < maxNum; r++ )
        num[r]=0;

// 计算斜率并投票
for(j=0; j < ysize; j++)
{
        for( i=0; i < xsize; i++)
        {
                if(*(image_in+j*xsize+i) == HIGH)
                {
                        for(angle=0; angle < ANGLE_MAX ;angle++)
                        {
                                angle2=(double)angle   * PI/180.0;
                                r=(int)fabs((double)i * cos(angle2) +(double)j * sin(angle2));

                                *(num+angle * r_max+r)=*(num+angle * r_max+r)+1;
                        }
                }
        }
}

re_maxnow=0;
re_angle=0.0;
re_r=0;

//获取最大值
for( r=0; r < r_max;r ++)
{
        for(angle=0; angle < ANGLE_MAX ; angle++)
        {
                if( *(num+angle * r_max+r) > re_maxnow   )
                {
```

```
                re_maxnow=*(num+angle * r_max+r);
                re_angle=(double) angle;
                re_r=r;
            }
        }
    }

    // 计算并描画直线点
    cosa=cos(re_angle * PI/180.0);
    sina=sin(re_angle * PI/180.0);

    for( j=0; j < ysize; j++)
    {
        for(i=0; i < xsize; i++ )
        {
            r=(int) fabs((double) i * cosa +(double) j * sina);
            if(r == re_r )
            {
                *(image_out+j*xsize+i)=128;

            }
        }
    }
    delete [] num;
}
```

## 6.3.2 最小二乘法的直线检测

```
#include<opencv2/highgui.hpp>
#include<opencv2/imgproc.hpp>
#include<iostream>
#include <math.h>
using namespace std;
using namespace cv;
//基于 Open CV
void main()
{
    //图像预处理
    Mat img，imgHSV，mask，imgGray，imgBlur，imgCanny，imgDil，imgErode;
    string path="C:/Users/l/ 示例.jpg";
```

```
    Mat imgDst=imread(path);
    resize(imgDst, img, Size(512, 480), 0, 0);
    cout << "宽度: " << img.size().width << endl;
    cout << "高度: " << img.size().height << endl;
    cvtColor(img, imgHSV, COLOR_BGR2HSV);
    int hmin=30, smin=30, vmin=16;
    int hmax=179, smax=255, vmax=255;
    Scalar lower(hmin, smin, vmin);
    Scalar upper(hmax, smax, vmax);
    inRange(imgHSV, lower, upper, mask);
    Mat kernel=getStructuringElement(MORPH_RECT, Size(2, 2));
    Mat kerne2=getStructuringElement(MORPH_RECT, Size(5, 5));
    erode(mask, imgDil, kernel);
    dilate(imgDil, imgErode, kerne2);
    Canny(imgErode, imgCanny, 25, 75);
    vector<vector<Point> > contours;
    vector<Vec4i> hierarchy;
    findContours(imgErode, contours, hierarchy, CV_RETR_LIST, CV_CHAIN_APPROX_
NONE);
    vector<Moments> mu(contours.size());
    for(int i=0; i < contours.size(); i++)
    {
        mu[i]=moments(contours[i], false);
    }
    vector<Point2f> mc(contours.size());
    for(int i=0; i < contours.size(); i++)
    {
        mc[i]=Point2d(mu[i].m10 / mu[i].m00, mu[i].m01 / mu[i].m00);
    }
    //最小二乘法直线检测
    int N=2;
    Mat A=Mat::zeros(N, N, CV_64FC1);
    for(int row=0; row < A.rows; row++)
    {
        for(int col=0; col < A.cols; col++)
        {
            for(int k=0; k < contours.size(); k++)
            {
                A.at<double>(row, col)=A.at<double>(row, col)+pow(mc[k].x, row+col);
            }
```

```
        }
    }
    Mat B=Mat::zeros(N, 1, CV_64FC1);
    for(int row=0; row < B.rows; row++)
    {
        for(int k=0; k < contours.size(); k++)
        {
            B.at<double>(row, 0)=B.at<double>(row, 0)+pow(mc[k].x, row)*mc[k].y;
        }
    }
    Mat X;
    solve(A, B, X, DECOMP_LU);
    vector<Point>lines;
    for(int x=0; x < img.size().width; x++)
    {                       // y=b+ax;
        double y=X.at<double>(0, 0)+X.at<double>(1, 0)*x;
        lines.push_back(Point(x, y));
    }
    polylines(imgErode, lines, false, Scalar(255, 0, 0), 1, 8);
    imshow("Image1", imgErode);
    waitKey(0);
}
```

# 第 7 章 深度学习框架介绍

机器学习和人工智能的发展使企业能够为客户提供个性化的智能解决方案，为了改进业务流程并在竞争中保持领先地位，越来越多的组织正转向深度学习（ML）和人工智能（AI）。然而，由于规模和资源的限制，并不是所有的组织都能为自己的业务和产品开发整套的人工智能深度学习系统。因此，本着“不重复造轮子”的原则，一些有实力的大公司开发并开源了深度学习框架，提供进行深度学习模型开发所必需的接口、库及工具，大幅度降低了个人和小规模企业开发智能产品的门槛。表 7.1 列举了部分常用深度学习框架的基本情况。

表 7.1 部分常用深度学习框架

| 框架 | 发布时间 | 维护组织 | 底层语言 | 接口语言 |
| --- | --- | --- | --- | --- |
| Caffe | 2013/9 | BVLC | C++ | C++/Python/Matlab |
| TensorFlow | 2015/9 | Google | C++/Python | C++/Python/Java 等 |
| PyTorch | 2017/1 | Facebook | C/C++/Python | Python |
| mxnet | 2015/5 | DMLC | C++ | C++/Python/Julia/R 等 |
| Keras | 2015/3 | Google | Python | Python |
| Paddlepaddle | 2016/8 | Baidu | C++/Python | C++/Python |
| CNTK | 2014/7 | Microsoft | C++ | C++/Python/C#/.NET/Java |
| Matconvnet | 2014/2 | VLFeat | C/Matlab | Matlab |
| Deeplearning4j | 2013/9 | Eclipse | C/C++/Cuda | Java/Scalar 等 |
| Chainer | 2015/4 | Preferred networks | Python/Cython | Python |
| Lasagne/Theano | 2014/9 | Lasagne | C/Python | Python |

为了方便读者选择一款适合自己工程项目的深度学习框架，本章将对一些流行的深度学习框架的来龙去脉及功能特点进行集中介绍，包括：TensorFlow、PyTorch、Keras、Caffe、mxnet、CNTK 及 Theano 等，各框架图标如图 7.1 所示。

Caffe

图7.1　深度学习框架图标

# 7.1 TensorFlow

TensorFlow 是由谷歌公司 Google's Brain（谷歌大脑）团队开发的深度学习框架，于 2015 年底开源（Apache 2.0 许可），并迅速成为最流行的开源深度学习框架之一（根据 Github 上基于 TensorFlow 的项目数量统计结果）。

TensorFlow 的前身是谷歌大脑团队开发的闭源深度学习系统 DistBelief。为了适应分布式计算并优化其在谷歌的张量处理单元（TPU）上的运行效率，谷歌重新设计了 TensorFlow，在设计之初就已经充分考虑了分布式计算及基于 ASIC 芯片的运行需求，因此 TensorFlow 具有较高的深度学习运行效率。TensorFlow 名字中的 Tensor 为张量，即多维的矢量或矩阵，Flow 是“流”，因此 TensorFlow 表示张量的流图，充分体现了深度学习中人工神经网络模型是由一系列矩阵（或称为张量）按照特定的流程运算实现这一特征。同时，也体现了 TensorFlow1.x 版本时代使用计算流图（compute graph）的特征（计算流图的思想也被其他深度学习框架广泛采用）。Tensorboard 工具包提供了计算流图可视化功能，为模型的调试和优化提供了便利。

TensorFlow 可以运行在 CPU、GPU 及 TPU 等处理器上，包括服务器、个人 PC、手机等移动设备上。开发者可以将模型灵活的布置在多种不同的操作及硬件平台上，可以本地运行也可以在云端实施。TensorFlow 提供主流的编程语言接口，包括：Python、C++、Java、Go，及社区支持的 C#、Haskell、Julia、Rust、Ruby、Scala、R、JavaScript 和 PHP 等。同时，谷歌提供了一套轻量化的面向移动设备优化的 TensorFlow-Lite 库及相关转换工具，可将服务器或高性能 PC 训练好的模型轻松移植到基于移动处理器及 Android 和 Linux 系统的移动设备上，完成从理论验证到产品定型的全流程支持。与类似的深度学习框架（如 Torch 和 Theano）相比，TensorFlow 对分布式处理有更好的支持，对商业应用有更大的灵活性和性能。支持 GPU、TPU、NPU 等硬件加速，在学术界也得到了广泛应用。

## 7.1.1 TensorFlow的优势

① Eager 模式。从 2.0 版本开始，TensorFlow 支持即时运行的 Eager 模式，计算节点的具体值可立即运算并返回，无需构建完成的计算流图并在 session 中运行，降低了开发者入门难度，同时降低了模型构建和调试的难度（Eager 模式由于需要在 CPU 和 GPU 之间频繁传递数据，运行效率会受到一定的影响）。

② 计算图模型。TensorFlow 使用被称为有向图的数据流图表示计算模型。开发人员可以

通过使用内置工具（Tensorboard）轻松地可视化神经网络层结构，交互式地调整参数和配置完善神经网络模型。

③ 简单易用的编程接口（API）。对于使用 Python 语言的开发人员，既可以使用 TensorFlow 的底层 API 或核心 API 开发自己的模型，也可以使用高级 API 库开发内置模型。TensorFlow 提供多种内置成熟人工神经网络模型库，可以使用更高级别的深度学习框架（如 Keras）作为高级 API（目前 TensorFlow 已默认集成 Keras，可作为模块使用）。

④ 架构灵活。TensorFlow 具有模块化、灵活可扩展的架构设计。使用配套的转换工具，开发人员只需修改少量代码就能轻松地实现跨 CPU、GPU 或 TPU 等异构处理器的模型部署。虽然最初设计用于大规模分布式训练和推理，但开发人员也可以使用 TensorFlow 对其他机器学习模型进行实验，并对现有模型进行系统优化。

⑤ 分布式处理。TensorFlow 在设计之初便充分考虑了分布式运算的需求。不仅可以在谷歌自主研发的 ASIC 处理器 TPU 运行，TensorFlow 还可以在多个 NVIDIA GPU 核心上运行，同时可以在 Intel Xeon 和 Xeon Phi 的 x64 CPU 体系结构或 ARM64 CPU 体系结构上运行。TensorFlow 可以运行在多体系结构和多核系统上，也可以运行在将计算密集型处理作为辅助任务的分布式进程上。开发人员可以创建 TensorFlow 服务器集群，并将计算图分布到这些集群上进行训练。TensorFlow 可以在图形内部和图形之间同步或异步执行分布式训练，并且可以共享内存中或跨网络计算节点的公共数据。

⑥ 高性能。性能通常是一个比较有争议的话题，任何深度学习框架都依赖于软硬件优化实现低能耗成本的高性能。通常，本机开发平台都可实现最佳性能优化。TensorFlow 在谷歌的 TPU 上表现最好，同时在各种平台上实现了高性能，包括服务器和台式机，还有嵌入式系统和移动设备。TensorFlow 还支持数量惊人的编程语言。此外，TensorFlow 产生的模型文件也被大多数硬件加速平台支持。

### 7.1.2 TensorFlow 应用场景

Google 使用专有版本的 TensorFlow 进行文本和语音搜索、语言翻译和图像搜索等任务，即 TensorFlow 的主要优势在于分类和推理。例如，Google 搜索结果排名引擎 RankBrain 就是基于 TensorFlow 实现的。TensorFlow 可用于改进语音识别和语音合成，区分多个语音或在高噪声环境中过滤语音，模仿语音模式以获得更自然的语音文本转换。此外，它可用于处理不同语言的句子结构，以产生更好的翻译；识别及分类图像和视频中的地标、人、情感或活动，大幅度提高图像和视频搜索的准确性。

由于其灵活、可扩展和模块化的设计，TensorFlow 不会将开发人员局限于特定的模型或应用程序。其不仅实现了机器学习和深度学习算法，还实现了统计和通用计算模型。有关应用程序和贡献模型的更多信息，参见 TensorFlow 官方网站。

### 7.1.3 TensorFlow 开发环境安装

TensorFlow 开发环境的安装比较简单，在满足软件依赖的前提下，只需要一条指令即可完成安装。下面以 Windows 系统中 TensorFlow2 的安装进行说明。

系统要求：

① Python：系统安装有 3.5 ~ 3.8 版本的 Python（可使用 python3 –version 指令查看

Python 版本）。如未安装 Python，请参考前述章节安装 Python。此外，Python3.8 仅支持 TensorFlow2.2 及以上版本。

② pip：19.0 或更高版本（可使用 pip3 –version 查看 pip 版本，如果版本不符合要求，可以使用 pip install--upgrade pip 更新到最新版本）。

③ Windows7 或更高版本，需安装有适用于 Visual Studio 2015、2017 和 2019 的 Microsoft Visual C++ 可再发行软件包。

④ GPU 支持（仅限 NVIDIA GPU）：如果系统安装有支持 CUDA 的 GPU（显卡），可通过 GPU 加速深度学习模型的训练，大幅度缩短训练时间。GPU 支持需安装以下软件包：

- NVIDIA® GPU 驱动程序：CUDA® 11.0 需要 450.x 或更高版本。
- CUDA®工具包：TensorFlow 支持 CUDA® 11（TensorFlow 2.4.0 及更高版本）。
- CUDA®工具包附带的 CUPTI。
- cuDNN SDK 8.0.4。

确保安装的 NVIDIA 软件包与上面列出的版本一致。特别地，如果没有 cuDNN64_8.dll 文件，TensorFlow 将无法加载。

将 CUDA®、CUPTI 和 cuDNN 安装目录添加到系统%PATH%环境变量中。例如，如果 CUDA®工具包安装到 C:\Program Files\NVIDIA GPU Computing Toolkit\CUDA\v11.0，并且 cuDNN 安装到 C:\tools\cuda，请使用以下指令更新%PATH%以匹配路径：

```
SET PATH=C:\Program Files\NVIDIA GPU Computing Toolkit\CUDA\v11.0\bin;%PATH%
SET PATH=C:\Program Files\NVIDIA GPU Computing Toolkit\CUDA\v11.0\extras\CUPTI
\lib64;%PATH%
SET PATH=C:\Program Files\NVIDIA GPU Computing Toolkit\CUDA\v11.0\include;
%PATH%
SET PATH=C:\tools\cuda\bin;%PATH%
```

亦可使用 Windows 系统图形化界面添加环境变量。

在满足以上要求的基础上在命令行中输入指令：

```
pip3 install --user --upgrade tensorflow
```

即可完成 TensorFlow 的安装。安装后输入如下指令：

```
python3 -c "import tensorflow as tf; print (tf.reduce_sum (tf.random.normal ([1000,
1000])))"
```

如果返回 tf.Tensor（-938.69073，shape=（），dtype=float32），表示安装成功。

除上述安装方式外，TensorFlow 可使用虚拟环境或容器进行安装，并且支持 Linux，MAC OS 等平台。

## 7.2 Keras

Keras 是 MIT 许可下发布的一个开源 Python 包，Keras 作为深度学习库与其他的深度学习框架不同。Keras 是神经网络的高级 API 规范，它可以作为深度学习框架的前端，但无法独立运行，需要其他的深度学习框架（TensorFlow、Theano 等）作为后端服务。

Keras 最初是作为学术上流行的 Theano 框架的简化前端，同时支持作为 TensorFlow 的前端。目前 Keras 已正式支持微软认知工具包（CNTK）、Deeplearning4j 和 Apache mxnet。由于这种广泛的支持，Keras 成为了模型在不同框架间迁移的有力工具。开发人员不仅可以移植深度学习的神经网络算法和模型，还可以移植预训练的网络和权重。Keras 前端支持在研究中快速建立神经网络模型。该 API 易于学习和使用，并具有易于在框架之间移植模型的附加优势。

因为 Keras 本身是自我完备的，所以不必与后端框架交互。Keras 有用于定义计算图的图数据结构，不依赖于底层后端框架的图数据结构，开发者不必学习编写后端框架。因此，Google 选择将 Keras 添加到 TensorFlow 核心，作为默认的高级 API 前端。在 Keras2.4.0 版本中，Keras 已经停止使用多后端，专注于针对 TensorFlow 的优化。

## 7.2.1 Keras 的优势

Keras 作为高级 API，大幅度简化了人工神经网络模型构建过程，提高了研发效率，支持多后端间的迁移，降低了研发成本。Keras 的优势总结如下:

① 更好的用户体验。Keras API 是用户友好的。API 设计良好、面向对象且灵活，有助于用户获得更好的体验。研究人员可以定义新的深度学习模型，无需处理后端具体实现，从而生成更简单、更精简的代码。

② 与 Python 无缝衔接。Keras 完全由本地 Python 编写，允许开发人员访问使用所有 Python 数据科学生态系统中的丰富工具包。例如，Python Scikit 学习 API 也可以用于 Keras 模型。熟悉后端（如 TensorFlow）的开发人员也可以使用 Python 扩展 Keras 的功能。

③ 强大的可移植性和庞大的基础知识支持。使用一种后端构建的模型，几乎无需改动便可移植到另外一种后端框架。训练完成的模型权重亦可在不同的后端之间转换，经过预训练的模型只需稍加调整就可以轻松地交换后端。此外，Keras 还免费提供许多学习资源、文档和代码示例以及活跃的社区支持。

## 7.2.2 Keras 应用

Keras 的 Fit 生成器、数据预处理和实时数据扩充等功能，允许开发人员使用较小的训练数据集训练强大的图像分类器。Keras 提供了大量的内置预训练图像分类器模型，包括: Inception-ResNet-v2、Inception-v3、MobileNet、ResNet-50、VGG16、VGG19 和 Xception 等。由于这些模型来源不同，所使用的开源许可协议也不同。

使用 Keras 可以用几行代码定义复杂的模型。Keras 特别适用于使用较小的训练数据集训练卷积神经网络。尽管 Keras 在图像分类应用中应用较多，但也对文本和语音的自然语言处理（NLP）应用有完善的支持。

## 7.2.3 Keras 与 TensorFlow2 的关系

Keras 和 TensorFlow 通常被错误地认为是竞争框架。Keras 是一个用于开发神经网络模型的高级 API，不处理底层运算任务。对于这些底层运算，Keras 依赖于其他后端引擎，如 Theano、TensorFlow 和 CNTK 等。然而，根据 Keras 的最新版本（2.4.0），Keras 将主要关注与 TensorFlow API 的集成，同时继续支持 Theano/CNTK。

Keras 本质上是 TensorFlow 的一部分。Keras 子模块/包用于 TensorFlow 的 Keras API 的实现。TensorFlow 具有灵活优化底层算子的能力，Keras 可以快速构架上层模型，因此，使用 Keras 做前端、TensorFlow 做后端的组合，已经成为目前最流行的深度学习模型开发策略。

### 7.2.4 Keras 的安装

目前版本的 TensorFlow 已默认集成 Keras，无需单独安装，只需引用 tf.keras 包，便可使用 Keras。当使用其他框架做后端引擎时，请参考 Keras 中文文档的说明。

## 7.3 PyTorch

PyTorch 是一个开源的 Python 包，遵循改进的 Berkeley 软件发行许可。Facebook、IdiAP 研究所、纽约大学（NYU）和 NEC 美国实验室共同持有 PyTorch 版权。虽然 Python 是数据科学的首选语言，但 PyTorch 的前身 Torch 使用的却不是 Python，而是另外一种脚本语言 Lua。

神经网络算法通常通过最小化或最大化损失函数完成模型训练，大多数算法使用梯度下降函数。在 PyTorch 的前身 Torch 中，使用 Torch Autograd 包计算梯度函数。PyTorch Autograd 是实现此功能最快的工具之一。PyTorch 用户可以任意调整他们的神经网络，而不会产生过大的开销和延迟。因此，与大多数知名框架不同，PyTorch 用户可以动态构建图形，框架的速度和灵活性有助于研究和开发新的深度学习算法。

PyTorch 核心中使用了模块化设计。PyTorch 将 CPU 和 GPU 的大部分张量和神经网络后端作为独立的、基于精简 C 的模块实现，并带有集成的数学加速库提高速度。PyTorch 与 Python 无缝集成，并保留了 Torch 基于 Lua 的可扩展性。用户也可以使用 C/C++扩展 API。

### 7.3.1 PyTorch 的优势

① 动态计算图。大多数使用计算图的深度学习框架在运行前生成计算图，运行过程中计算图无法改变。PyTorch 在运行时通过使用反向模式自动微分构建计算图。因此，对模型的更改无需重建，避免了不必要的计算开销和延时，有利于开发人员进行模型的动态调试。除了易于调试之外，动态图还允许 PyTorch 处理可变长度的输入和输出，使其对文本和语音的自然语言处理比其他框架更具有优势。

② 后端优化。PyTorch 没有使用单一的后端，而是针对 CPU 和 GPU 以及不同的功能特性使用单独的后端。例如，CPU 的张量后端是 TH，而 GPU 的张量后端是 THC。类似地，神经网络的后端分别是 THNN 和 THCUNN。单独的后端可以精简代码，使内存高效紧密地集中运行在特定处理器上。使用独立的后端可以更容易地将 PyTorch 部署到资源有限的系统上，例如嵌入式系统。

③ 与 Python 无缝衔接。尽管 PyTorch 是 Torch 的一个派生版本，但它不仅仅与 Python 语言绑定。PyTorch 将其所有函数构建为 Python 类。因此，PyTorch 代码可以与 Python 函数

和其他 Python 包无缝集成。

④ 命令式编程风格。因为对程序状态的直接更改会触发计算，所以代码执行不会延迟，从而避免了许多可能影响代码执行方式的异步执行。生成代码简单，执行效率高。在操作数据结构时，更加直观且易于调试。

⑤ 高度可扩展。开发者可以使用 C/C++基于扩展 API CFFI 编程，可以被编译为 CPU 或者支持 CUDA 的 GPU 代码。这一特性使 PyTorch 能够扩展到新的和实验性的应用。例如，PyTorch 音频扩展允许加载音频文件。

### 7.3.2 PyTorch 的典型应用

Torch 和 PyTorch 共享相同的后端代码，基于 Lua 的 Torch 和 PyTorch 之间经常被混淆。例如，Google Deep Mind 人工智能项目在切换到 TensorFlow 之前使用了 Torch。因为切换发生在 PyTorch 出现之前，所以不能将其视为 PyTorch 应用的示例。Twitter 曾是 Torch 的贡献者，现在它使用 TensorFlow 和 PyTorch 调整自己的排名算法。

Torch 和 PyTorch 在 Facebook 上都被大量用于研究文本和语音的 NLP。Facebook 发布了许多开源的 PyTorch 项目，其中包括聊天机器人、机器翻译、文本搜索、文本到语音转换、图像和视频分类等。

PyTorch-Torchvision 模块允许用户访问流行的图像分类模型（如 AlexNet、VGG 和 ResNet）的架构和预训练权重。

由于其灵活、可扩展和模块化的设计，PyTorch 并不局限于特定的模型或应用程序。其也可以代替 NumPy，完成普通的科学计算。

### 7.3.3 PyTorch 和 TensorFlow 的比较

本小节将从不同方面比较目前最流行的两大深度学习框架 TensorFlow 和 PyTorch 的优缺点。

① 易用性。TensorFlow 经常因其不全面和难以使用的 API 而受到批评，但从 TensorFlow2.0 将 Keras 纳入核心项目后，情况发生了重大改变。它消除了处理冗余和不一致的情况，提供了一个稳定和干净的工作环境。PyTorch 提供了一个相对较低级别的环境，开发者可以更自由地编写自定义层，并充分利用 Python 的强大功能。总的来说，PyTorch 框架与 Python 语言的集成更加紧密自然。而 TensorFlow 则将模型与用户进行了隔离，而通过 Keras 的集成实现用户与模型之间的交流。

② 计算图。TensorFlow 使用静态图概念。用户必须首先定义模型的计算图，然后才能运行机器学习模型。PyTorch 使用动态计算图，模型在运行时自动构建，并可以随时被修改。这意味着在 TensorFlow 中，与外部实体的所有通信都是通过 tf.Session 对象和 tf.Placeholder 执行的，它们是张量。在 PyTorch 中，一切都是动态的，可以在运行时定义、更改和执行节点，而不需要特殊的会话接口或占位符。TensorFlow 静态计算图效率更高，PyTorch 动态计算图更易于调试。

③ 调试。PyTorch 中的计算图是在运行时定义的，可以使用任何 Python 调试方法，使 Python 开发人员的调试体验更加轻松。TensorFlow 调试依赖于专有的调试器 tfdbg，增加了一定的学习和成本，但有助于在运行时评估 TensorFlow 表达式。

④ 数据可视化。TensorFlow 提供 TensorBoard 作为可视化工具，能够可视化机器学习模型，快速发现错误。对于调试和比较不同的训练运行非常有用。PyTorch 使用了一个名为 visdom 的工具，但功能较为单一。

⑤ 数据并行性。这是 PyTorch 与 TensorFlow 最大的区别之一。可以使用 torch.nn. DataParallel 包装任何模块，在批处理维度上并行化，轻松地使用多个 GPU。相比之下，TensorFlow 中定义数据并行需要手动操作，工作量大，更加困难。

⑥ 部署。TensorFlow 提供了完整的模型转换、优化、量化工具链，可以无缝地部署模型，还可以管理不同版本的模型。可以在移动和物联网设备上部署 TensorFlow Lite（TensorFlow 专为移动设备开发的轻量化版）。TensorFlow 模型也可以在带有 TensorFlow.js 的浏览器上运行。PyTorch 唯一的移动支持是 PyTorch mobile。PyTorch 在 2020 年 6 月发布了一个叫作 PyTorch-Serve 的新模块。

⑦ 社区支持。在社区支持方面，这两个框架都有大量的活跃用户和开发人员。然而，从生产方面来看，TensorFlow 社区更大、更活跃；而在研究行业，PyTorch 更有优势。在课程、学习资源和教程方面，TensorFlow 有更多的资源。虽然 PyTorch 是一个相对较新的框架，但它在深度学习行业的发展势头非常迅猛。

### 7.3.4 PyTorch 的安装

PyTorch 目前支持 Windows、Linux 和 Mac OS。本小节将以 Windows 为平台，介绍 PyTorch 的安装方法及相关的注意事项。

安装 PyTorch 的系统要求如下。

① 系统平台。Windows7、Windows10（推荐）和 Windows Server 2008 r2 及以上版本。

② Python。目前只支持 Python3.x 版本，不支持 Python2.x 版本。Python 安装可通过 Anaconda、官网下载及 Chocolatey 方式。这里推荐使用 Anaconda，可以建立沙盒式隔离环境，从而避免不同软件对 Python 版本要求的冲突。

③ pip。如果按照上述推荐方式安装了 Python，那 pip 已经安装成功。

在满足以上系统要求的基础上，在 CMD 命令行中运行以下指令安装 CPU 版本的 PyTorch:

```
pip3 install torch==1.8.1+cpu torchvision==0.9.1+cpu torchaudio===0.8.1-f https://download.pytorch.org/whl/torch_stable.html
```

如果计算机系统中装有 NVIDIA 显卡，建议安装 GPU 版本的 PyTorch，可大幅提高模型训练效率。安装支持 GPU 加速版本的 PyTorch 请运行如下指令:

```
pip3 install torch==1.8.1+cu102 torchvision==0.9.1+cu102 torchaudio===0.8.1-f https://download.pytorch.org/whl/torch_stable.html
```

其中，cu102 为本机 CUDA 版本号，需根据安装的 CUDA 版本修改。CUDA 安装方法请参考 7.1.3 小节。

以上为通过 pip 安装 PyTorch 的方法，如果系统内有多个版本的 PyTorch 或已安装其他的深度学习框架（如 TensorFlow），推荐使用 Anaconda 建立虚拟环境安装，具体方法请参考 PyTorch 官网说明。

# 7.4 其他深度学习框架

TensorFlow 和 PyTorch 是最流行的深度学习框架，另外还有一些深度学习框架，虽然使用人数较少，甚至已经停止更新，但都有各自的特点，在特定的应用场合仍有很好的效果。

## 7.4.1 Caffe

Caffe 的全称是 Conventional Architrture for Fast Feature Embedding，是加利福尼亚大学伯克利分校的贾扬清主导开发，在伯克利许可下开源，以 C++/CUDA 代码为主，是最早的深度学习框架之一，比 TensorFlow、mxnet、PyTorch 等都更早，需要进行编译安装。它支持命令行、Python 和 Matlab 接口，在 CPU 和 GPU 之间切换方便，单机多卡、多机多卡等都可以很方便地训练。目前，项目托管于 GitHub，master 分支已经停止更新，intel 分支等还在维护，Caffe 框架已经很成熟，比较稳定。Caffe 应用于学术研究项目、初创原型甚至视觉、语音和多媒体领域的工业应用，曾经大规模占据深度学习领域，但现在已经被其他新型框架超越。

Caffe 有很明显的优点和缺点:

优点：以 C++/CUDA/Python 代码为主，速度快，性能高；使用工厂设计模式，代码结构清晰，可读性和拓展性强；支持命令行、Python 和 Matlab 接口，使用方便；在 CPU 和 GPU 之间切换方便，多 GPU 训练方便；工具丰富，社区活跃。

缺点：源代码修改门槛较高，需要实现前向反向传播以及 CUDA 代码；不支持自动求导；不支持模型级并行，只支持数据级并行；不适合非图像任务。

## 7.4.2 MXNet

MXNet 是目前的主流学习框架之一，在 2016 年底 Amazon 的 AWS 将其选为自己的官方深度学习框架，目前也是由 Amazon 官方维护。2017 年 1 月，MXNet 成为 Apache 孵化器项目，因此也在某些地方被命名为 Apache MXNet 框架。MXNet 的初衷是结合 cxxnet 和 Minerva，其前期的开发者主要来自于 cxxnet，Minerva 和 purine2 项目，其开发者之一李沐以 MXNet 框架为基础，发布了相关的深度学习视频和著作，有利于国内初学者学习。MXNet 非常灵活，扩展性很强。在命令式编程方面，MXNet 提供张量运算，进行模型的迭代训练和更新中的控制逻辑；在声明式编程中，MXNet 支持符号表达式，用来描述神经网络，并利用系统提供的自动求导训练模型。MXNet 性能非常高，适用于资源受限的场合。

MXNet 框架在其官网最显眼的地方有这样一句话：A flexible and efficient library for deep learning。该框架采用了将命令式编程和符号式编程混合的方式，相比于其他主流框架的一般命令式编程或符号声名式编程，具有省显存、运行速度快等特点，训练效率非常高，且该框架支持多种语言的 API 接口，包括 Python、C++（支持在 Android 和 iOS 上编译）、R、Scala、Julia、Matlab 和 JavaScript。2017 年下半年推出的 Gluon API 接口使得 MXNet 在命令式编程上更进一步，可以更加灵活地构建网络结构。2018 年 5 月，MXNet 正式推出了专门为计算机视觉任务打造的深度学习工具库 GluonCV，该工具库提供了包括图像分类、目标检测、图像分割等领域的前沿算法复现模型和详细的复现代码，同时还提供了常用的公开数据集、模型的调用接口，既方便学术界研究创新，也能加快工业界落地算法。

### 7.4.3 CNTK

微软认知工具集（microsoft cognitive toolkit，CNTK）是微软出品的一个开源的深度学习框架。CNTK 最初是封闭的且仅可用于非商业目的，主要为微软 Cortana 个人助理和 Skype Translator 等提供服务，2016 年，微软在 GitHub 上将该框架开源。CNTK 同样可以用来执行其他任务，如 ImageNet 分类和深层结构化语义模型。

CNTK 拥有高度优化的内建模型，以及有着良好的多 GPU 支持，而 CNTK 在自家的 Azure GPU 实验室中表现出了最高效的分布式计算性能。自 CNTK 的首次亮相以来，针对 CNTK 的开发已大大提高了微软内部实验室的机器学习效率，可以运行在 CPU 上，也可以运行在 GPU 上。CNTK 提供了基于 C++、C#和 Python 的接口，应用非常方便。

由于 CNTK 是微软开发的，它的另一特点是高度兼容 Windows 操作系统，前面介绍其他框架更倾向于 Linux 操作系统。自从 2016 年 1 月微软公司在 GitHub 上开源自家的认知工具集 CNTK 之后，经过开发者和开源社区的不断努力，在开始阶段取得了巨大的进步：从支持 C#/.NET 语言接口、通用 Windows 平台，到发布的 CNTK2.7 版本兼容 64 位 Linux 系统。根据 CNTK 官网介绍，CNTK 框架“is no longer actively developed”（不再积极发展）。

CNTK 的有向图中，叶节点表示输入值或网络参数，而其他节点表示其输入值的矩阵运算。CNTK 允许用户非常轻松地实现及组合流行的模型，包括前馈 DNN、卷积网络（CNN）和循环网络（RNN/LSTM）。与目前大部分框架一样，它实现了自动求导，利用随机梯度下降方法进行优化。CNTK 性能较高。CNTK 由微软语音团队开发并开源，更合适做语音任务，使用 RNN 等模型，在时空尺度进行卷积。

### 7.4.4 Theano

Theano 最早始于 2007 年，以一个希腊数学家的名字命名，早期开发者是蒙特利尔大学的 Yoshua Bengio 和 Ian Goodfellow。Theano 是最老牌和最稳定的库之一，是第一个有较大影响力的 Python 深度学习框架。早期使用的深度学习库不是 Caffe 就是 Theano。

Theano 是一个比较底层的 Python 库，这一点和 TensorFlow 类似，专门用于定义、优化和求值数学表达式，效率高，非常适用于多维数组，所以特别适合做机器学习。Theano 可以被理解为一个数学表达式的编译器，Theano 框架会对用符号式语言定义的程序进行编译，高效运行于 GPU 或 CPU 上。但是 Theano 不支持分布式计算，这使其更适用于在实验室的学习入门，而不适用于大型的工业项目。

Theano 来自学界，它最初是为学术研究而设计，这使得深度学习领域的许多学者至今仍在使用 Theano。但 Theano 在工程设计上有较大的缺陷，有难调试、建图慢的缺点。开发人员在它的基础之上，开发了 Lasagne、Blocks、PyLearn2 和 Keras 等上层接口封装框架。随着 TensorFlow 在谷歌的大力支持下强势崛起，使用 Theano 的人已经越来越少了。标志性的事件就是创始者之一的 Ian Goodfellow 放弃 Theano 转去谷歌开发 TensorFlow 了，而另一位创始人 Yoshua Bengio 于 2017 年 9 月宣布不再维护 Theano，Theano 事实上已经宣告死亡。基于 Theano 的前端轻量级的神经网络库，如 Lasagne 和 Blocks 也同样没落了。Theano 作为第一个主要的 Python 深度学习框架，为早期的研究人员提供了强大的工具和很大的帮助，为后来的深度学习框架奠定了以计算图为框架核心、采用 GPU 加速计算的基本设计理念。

### 7.4.5 Darknet

Darknet 最初是 Joseph Redmon 为了 Yolo 系列开发的框架。基于 Darknet 框架，Joseph Redmon 提出了著名的 Yolo 系列目标识别模型，该系列模型凭借优越的性能被各个领域的研究人员及商业公司广泛采用（第 18 章将详细介绍基于 Darknet 构建的 YoloV4 模型）。Darknet 几乎没有依赖库，是从 C 和 CUDA 开始撰写的深度学习开源框架，支持 CPU 和 GPU 加速。Darknet 跟 Caffe 有众多相似之处，却更加轻量，适合作为深度学习框架构建的参考。

### 7.4.6 PaddlePaddle

PaddlePaddle 又名飞桨，是由百度开发并开源的深度学习框架。其以百度多年的深度学习技术研究和业务应用为基础，是我国首个开源开放、技术领先、功能完备的产业级深度学习平台，集深度学习核心训练和推理框架、基础模型库、端到端开发套件和丰富的工具组件于一体。飞桨助力开发者快速实现 AI 想法，快速上线 AI 业务，帮助越来越多的行业完成 AI 赋能，实现产业智能化升级。

下 篇

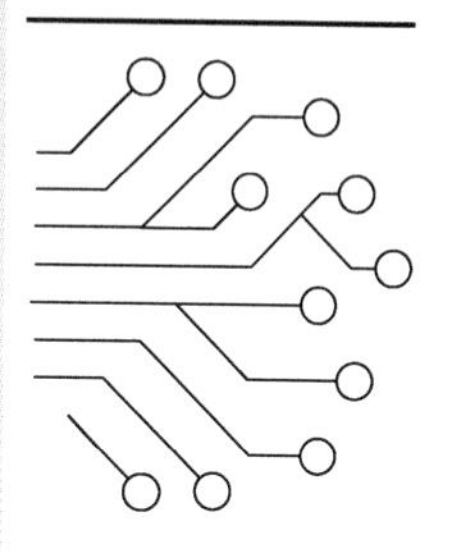

# 编移环境及系统搭建

# 第 8 章 平台软件

## 8.1 OpenCV

### 8.1.1 基本功能介绍

OpenCV 是一个基于 BSD（berkeley software distribution，Unix 的衍生系统）许可发行的跨平台计算机视觉和机器学习软件库，可以运行在 Linux、Windows、Android 和 MacOS 操作系统上。OpenCV 轻量且高效，由一系列 C 函数和少量 C++类构成，同时提供了 Python、Ruby、Matlab 等语言的接口，实现了图像处理和计算机视觉方面的很多通用算法。

OpenCV 具有开源性、跨平台、功能全面等优势。OpenCV 经过几十年的发展，已经得到广泛的应用。从最初的 OpenCV-1.0.0 到 2020 年 10 月 12 日发布了 OpenCV-4.5.0 版本。OpenCV 一开始通过 C 语言设计，如今已支持 C++、Python、Ruby、Matlab 等多种语言。

借助 OpenCV 中的模块可以完成图像处理的基本工作，包括图像从硬件的读取与存储，图像的阈值分割、边缘检测、腐蚀膨胀，还包括机器学习，等等。OpenCV 主要的功能模块如表 8.1 所示。

表 8.1 OpenCV 主要模块介绍

| 模块 | 功能 | 模块 | 功能 |
|---|---|---|---|
| Core | 核心组件模块 | Feature2d | 二维特征框架 |
| Imgproc | 图像处理模块 | Objdetect | 目标检测 |
| Highgui | 顶层 GUI 及视频 I/O | Ml | 机器学习 |
| Video | 视频分析 | Flann | 聚类及多维空间搜索 |
| Calib3d | 摄像机标定及三维重建 | Photo | 图像修复及去噪 |

## 8.1.2 获取与安装

OpenCV 版本众多，OpenCV-2.x 版本已经可以满足基本的图像处理操作。下面以 OpenCV-2.4.10 为例，对 OpenCV 的获取与安装进行介绍。

（1）下载 OpenCV-2.4.10

OpenCV 作为计算机视觉开源库，在 OpenCV 官网便可以进行 OpenCV-2.4.10 安装文件的下载。进入 OpenCV 官网，单击 Library 菜单下的 release 选项。此时下方会显示 OpenCV 的众多版本，如图 8.1 所示。

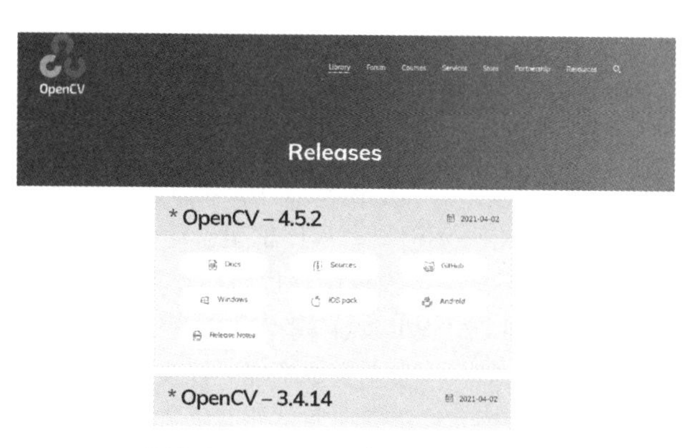


图8.1 OpenCV官网及下载界面

找到 OpenCV-2.4.10，单击并选择 Windows 版本即可开始对其进行下载，如图 8.2 所示。

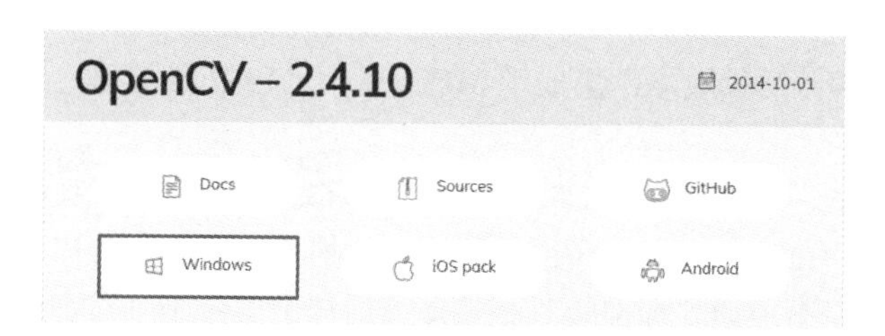


图8.2 OpenCV-2.4.10文件下载

（2）解压 OpenCV-2.4.10

双击获取的“opencv-2.4.10.exe”文件图标，弹出“7-Zip self-extracting archive”窗口，如图 8.3 所示。单击□按钮选择解压位置（自主选择），最后单击“Extract”按钮等待解压完成。

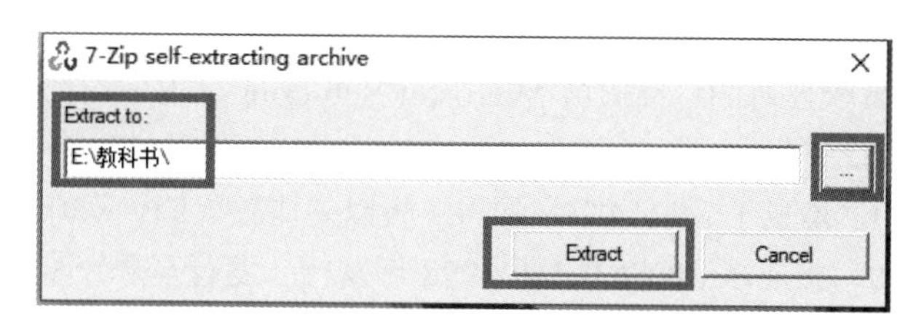


图8.3 “opencv-2.4.10.exe”文件解压

定位到解压位置，此时存在一个“opencv”文件夹，其文件结构如图 8.4 所示。

| 名称 | 修改日期 | 类型 |
| --- | --- | --- |
| build | 2014/10/1 17:43 | 文件夹 |
| sources | 2014/10/1 17:43 | 文件夹 |

图8.4 “opencv”文件结构

# 8.2 VC++

## 8.2.1 基本功能介绍

（1）基本介绍

Microsoft Visual C++（简称 VC++），是 Microsoft 公司推出的 Win32 环境开发程序，是面向对象的可视化集成编程系统。VC++不但具有程序框架自动生成、灵活方便的类管理、代码编写和界面设计集成交互操作、可开发多种程序等优点，还可以通过简单的设置就可使其生成的程序框架支持数据库接口、OLE2、WinSock 网络、3D 控制界面等。

VC++以拥有语法高亮、IntelliSense（自动完成功能）以及高级除错功能而闻名。它允许用户进行远程调试、单步执行等。它还允许用户在调试期间重新编译被修改的代码，而不必重新启动正在调试的程序。其编译及建置系统以预编译头文件、最小重建功能及累加连结著称。这些特征明显缩短程序编辑、编译及连结花费的时间，这在大型软件项目上尤其显著。

（2）发展历史

Visual C++最初叫作 Microsoft C/C++。下面介绍其发展历史。

① Visual C++ 1.0。初代版本，集成了 MFC2.0，于 1992 年推出。它同时支持 16 位处理器与 32 位处理器。

② Visual C++ 1.5。集成了 MFC2.5，增加了目标文件链接嵌入（OLE）2.0 和支持 MFC 的开放式数据库链接（ODBC）。这个版本只有 16 位的，也是第一个以 CD-ROM 为软件载体的版本。这个版本也没有所谓“标准版”。它是最后一个支持 16 位软件编程的软件，也是第一个支持基于 x86 机器的 32 位编程软件。

③ Visual C++ 2.0。集成了 MFC 3.0，是第一个只发行 32 位的版本。微软公司在这个版本中集成并升级了 Visual C++1.5。Visual C++ 2.x 附带了 16 位和 32 位版本的 CDK，同时支持 Win32 环境的开发。Visual C++ 2.2 及其后续版本不再升级 Visual C++1.5（它一直被集成至 Visual C++ 4.x）。

④ Visual C++ 4.0。集成了 MFC4.0，这个版本是专门为 Windows 95 以及 Windows NT 设计的。用户可以通过微软公司的订阅服务 Microsoft Subscription Service 升级至 4.1 和 4.2 版本（此版本不再支持 Win32 开发）。

⑤ Visual C++ 5.0。集成了 MFC 4.21，是 4.2 版以来比较大的一次升级。

⑥ Visual C++ 6.0。集成了 MFC6.0，于 1998 年发行。发行至今一直被广泛地用于大大小小的项目开发。但是，这个版本在 WindowsXP 下运行会出现问题，尤其是在调试模式的情况下。这个调试问题可以通过打一个叫“Visual C++ 6.0Processor Pack”的补丁解决。

本书选择较为稳定的版本 Microsoft Visual Studio 2010（简称 VS2010），并对其获取与安装过程进行介绍。

## 8.2.2 获取与安装

（1）下载安装包

安装包可在微软官网进行下载。

（2）安装 Visual Studio 2010

① 解压安装包文件，在解压文件中找到“setup.exe”文件。如图 8.5 所示，双击“setup”，弹出如图 8.6 所示的软件安装对话框。

htmllite.dll
locdata
readme
setup
setup
vc++2010库文件 32位
vc++2010库文件 64位
vs_setup

图8.5 双击setup.exe

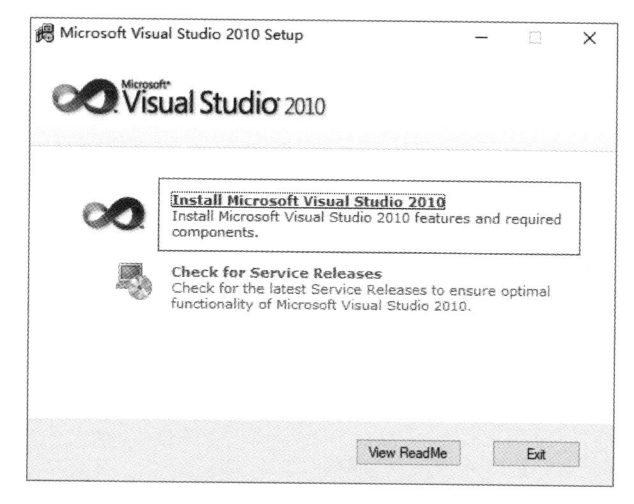


图8.6 VS2010软件安装

② 单击“Install Microsoft Visual Studio 2010”，弹出对话框如图 8.7 所示。单击“Next”，进入软件接受安装许可对话框，如图 8.8 所示，勾选“I have read and accept the license terms.”选项。

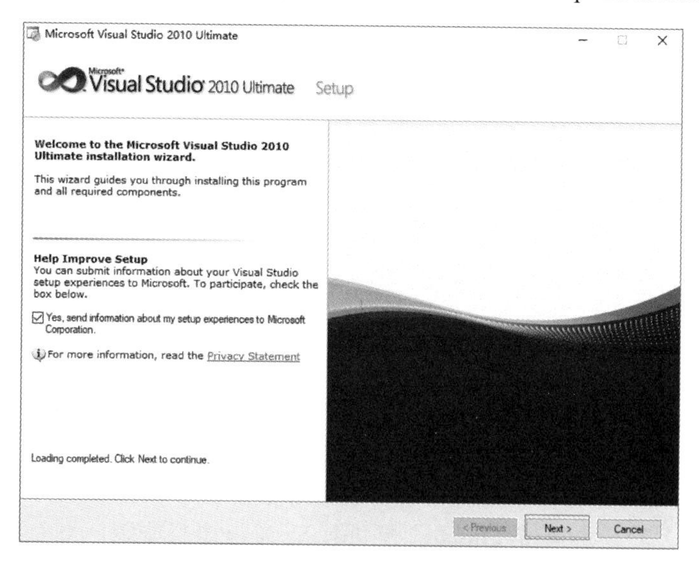


图8.7 VS2010安装初始化

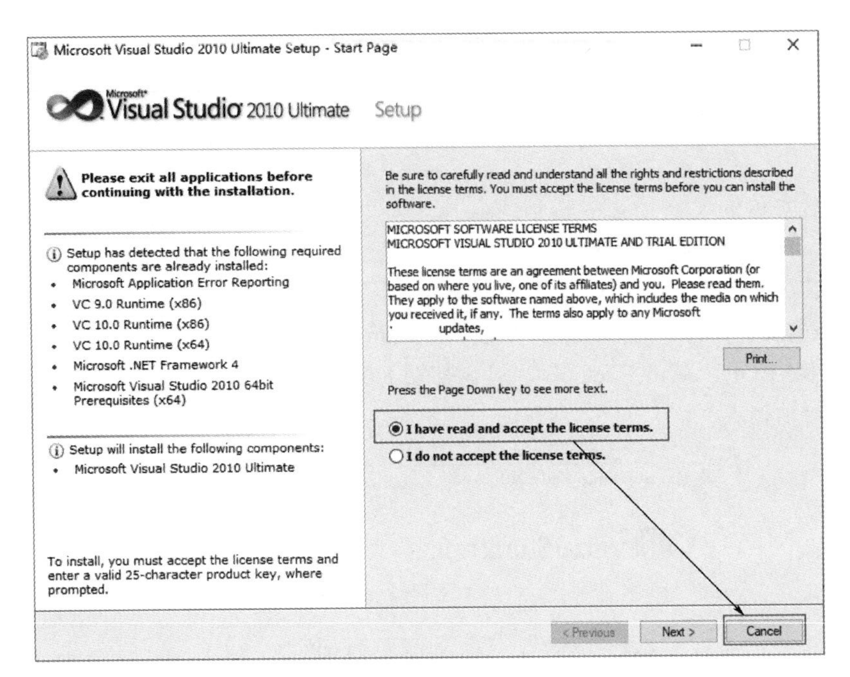


图8.8 安装许可对话框

③ 继续单击“Next”按钮，进入安装类型与路径选择对话框，如图 8.9 所示。首先在安装类型选项中选择“Full”选项，然后对安装路径进行设置。默认路径在 C 盘，也可以单击“Browse…”按钮设置自己的安装路径，建议修改安装路径到 D 盘。

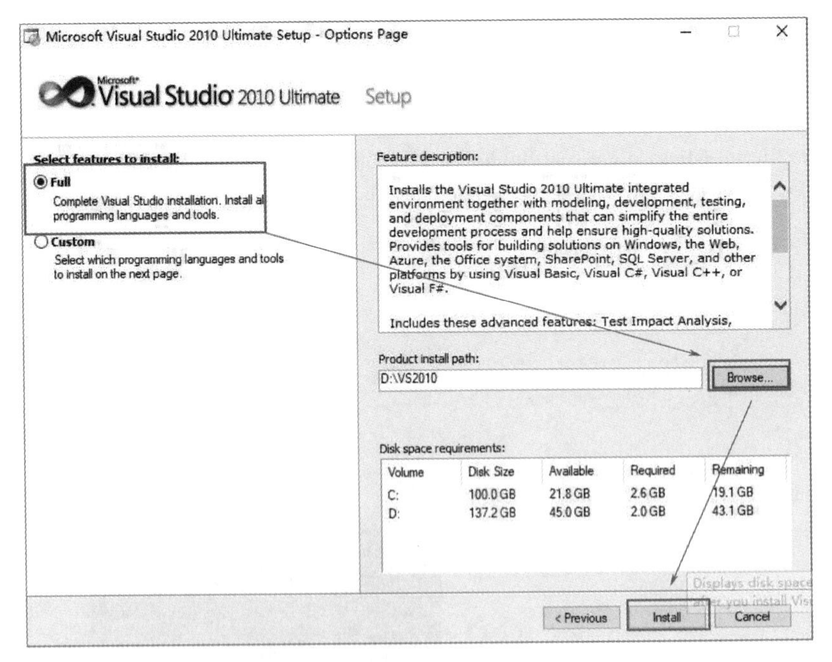


图8.9 安装类型与路径选项对话框

④ 选择了安装路径后单击“Install”便可对 VS2010 进行安装，整个安装过程在 30min 左右，安装完成后点击“Finish”按钮即结束对 VS2010 的安装。

# 8.3 Python

## 8.3.1 基本功能介绍

Python 由荷兰数学和计算机科学研究学会的 Guido van Rossum 于 20 世纪 90 年代初设计，作为 ABC 语言的替代品。Python 提供了高效的高级数据结构，还能简单有效地面向对象编程。Python 的语法和动态类型以及解释型语言的本质，使它成为多数平台上写脚本和快速开发应用的编程语言。随着版本的不断更新和语言新功能的添加，其逐渐被用于独立的、大型项目的开发。主要可以应用于以下领域：Web 和 Internet 开发、科学计算和统计、人工智能、桌面界面开发和后端开发等。

Python 解释器易于扩展，可以使用 C 或 C++（或者其他可以通过 C 调用的语言）扩展新的功能和数据类型。Python 也可用于可定制化软件中的扩展程序语言。Python 丰富的标准库提供了适用于各个主要系统平台的源码或机器码。

在 Python 的学习过程中，必然不可缺少 IDE（integrated drive electronics）或者代码编辑器，或者集成的开发编辑器。实用的 Python 开发工具能帮助开发者加快使用 Python 开发的速度，提高编程效率。高效的代码编辑器或者 IDE 能提供插件、工具等，具备帮助开发者高效开发的特性。常用的开发工具有 PyCharm、VSCode 和 Spyder 等。PyCharm 作为一款针对 Python 的编辑器，配置简单、功能强大、使用起来省时省心，对初学者友好，因此本书使用的开发工具为 PyCharm。

## 8.3.2 获取与安装

PyCharm 是一个用于计算机编程的集成开发环境，主要用于 Python 语言开发，由捷克公司 JetBrains 开发，提供代码分析、图形化调试器，集成测试器、集成版本控制系统，并支持使用 Django 进行网页开发。

PyCharm 是一个跨平台开发环境，拥有 Microsoft Windows、MacOS 和 Linux 版本。社区版在 Apache 许可证下发布，另外还有专业版在专用许可证下发布，其拥有许多额外功能。社区版免费使用且可以满足正常使用的需求，因此本书选择安装社区版。

在 jetbrains 官网找到 PyCharm 软件下载链接，选择 Windows 下的 Community 版本下载，如图 8.10 所示。

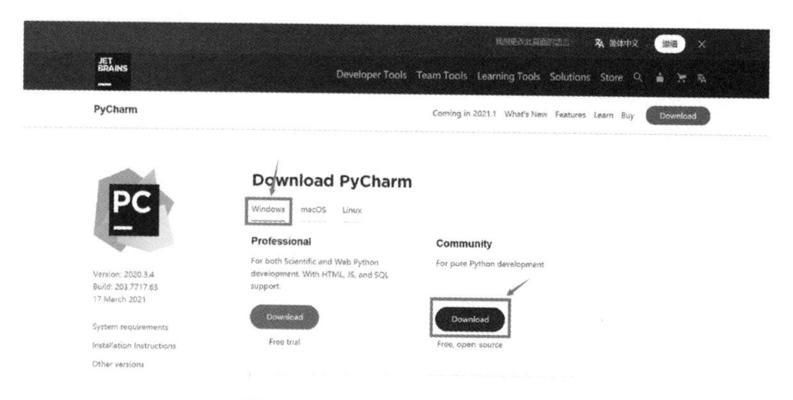


图8.10 Pycharm下载界面

安装步骤如下。

（1）软件开始安装

双击下载好的 exe 文件，开始安装，出现如图 8.11 所示界面，点击“Next”。

图8.11 PyCharm安装

（2）选择安装路径

选择安装路径，建议安装在 D 盘，选好后点击“Next”，如图 8.12 所示。

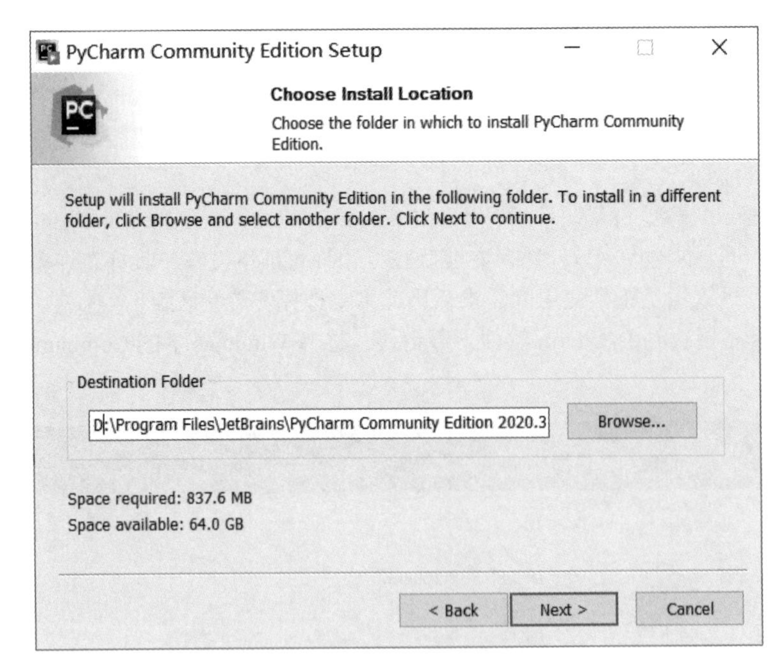


图8.12 Pycharm安装路径选择

（3）创建桌面快捷方式

勾选“Create Desktop Shortcut”创建桌面快捷方式，勾选“Create Associations”创建 py

文件关联，点击“Next”，如图 8.13 所示。

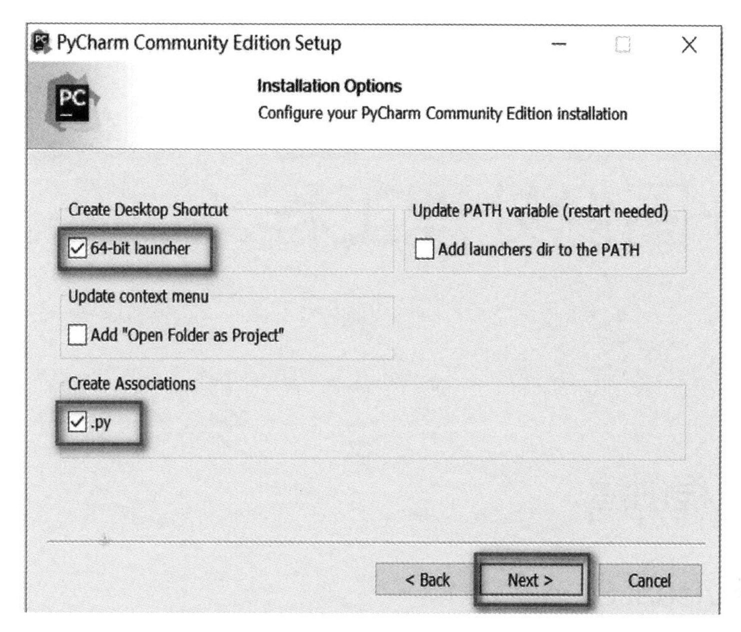

图8.13　Pycharm创建快捷方式

（4）软件安装

默认选择“JetBrain”，然后点击“Install”开始安装，如图 8.14 所示。

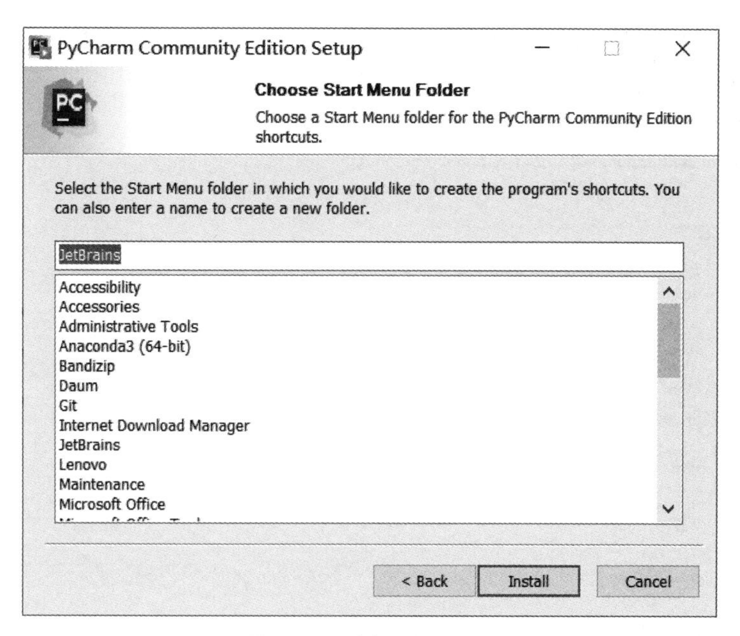

图8.14　选择JetBrain

（5）安装结束

安装成功！点击“Finish”。

# 第9章 VC++图像处理工程

## 9.1 工程创建

### 9.1.1 启动 Visual Studio 2010

双击桌面软件图标启动软件，或者单击计算机桌面左下角图标（Window10 系统），并在如图 9.1 所示的搜索栏中输“Microsoft Visual Studio 2010”，最后单击搜索结果中的“Microsoft Visual Studio 2010”。

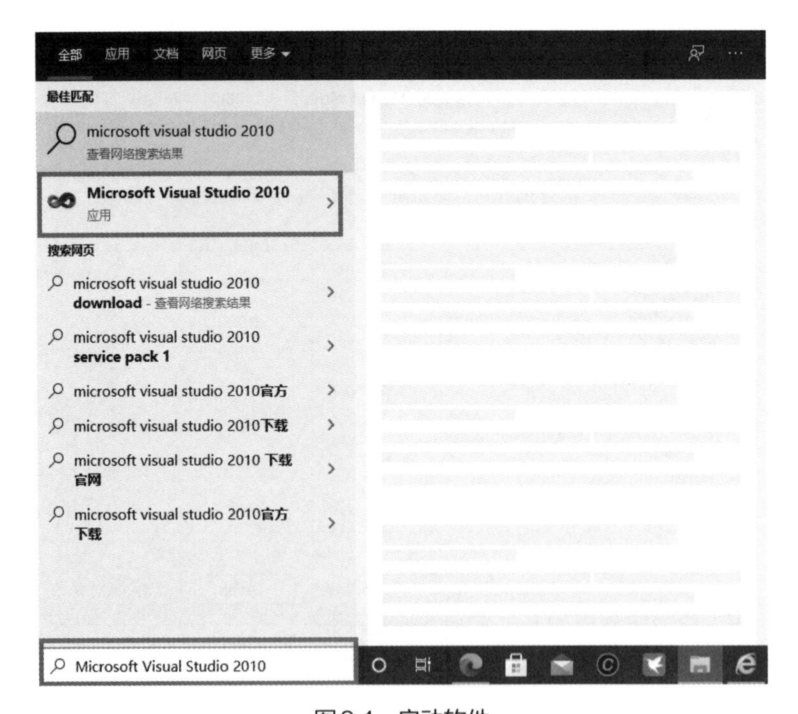

图9.1　启动软件

弹出如图 9.2 所示的软件初始界面。

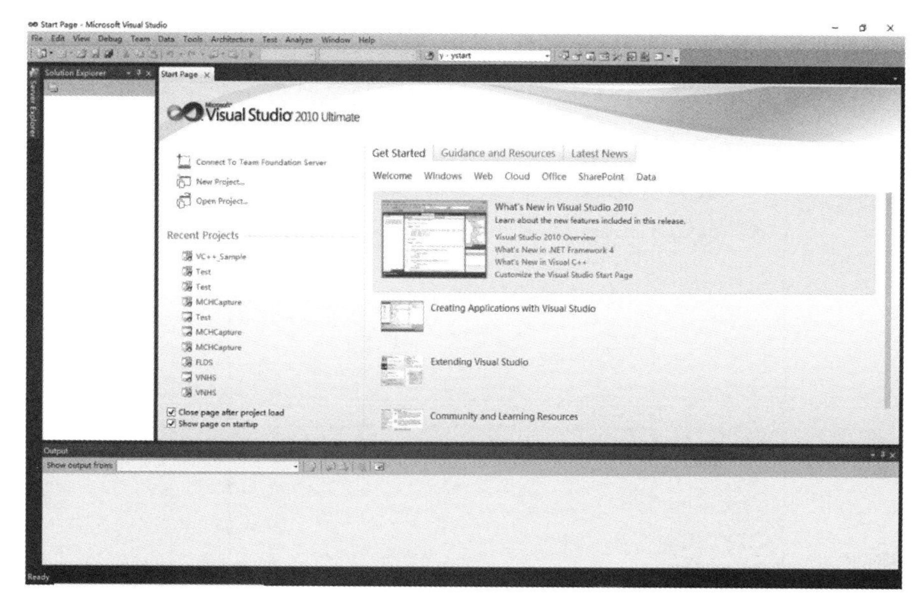


图9.2 软件初始界面

## 9.1.2 创建新建工程

（1）新建工程

1）新建项目

在软件初始界面单击“New Project”按钮，弹出如图9.3所示的新建项目对话框。

图9.3 新建项目对话框

2）新建项目选项

如图9.3所示，在新建项目对话框中选择“MFC Appliation”，并在下方“Name”处填写工程名称“VC++_Sample”，在“Location”位置单击“Browse”按钮选择项目存储位置，本书的存储位置为 E:\2010Project\，其中“Solution Name”位置处一般与“Name”处名称一致，最后单击“OK”按钮，弹出 MFC 应用程序向导对话框，如图 9.4 所示。

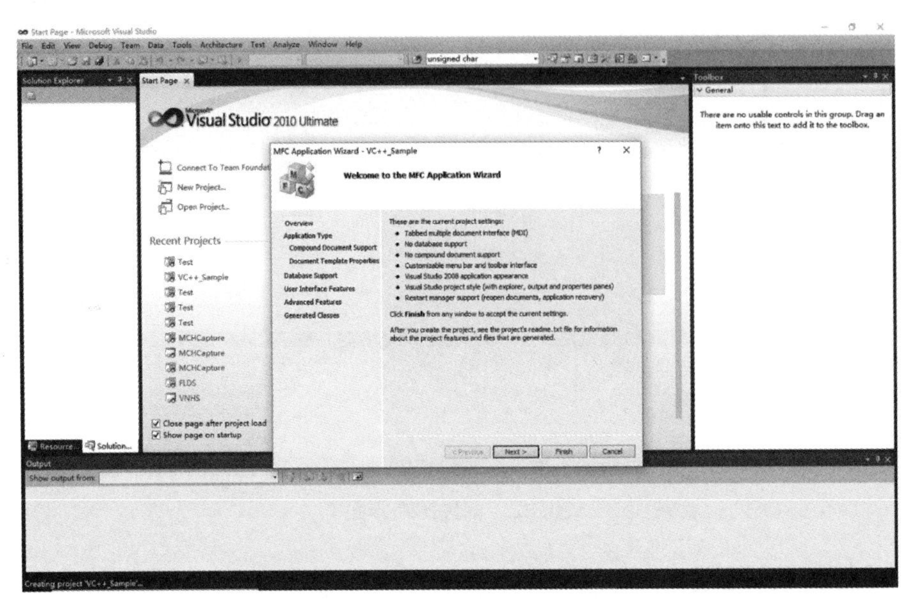


图9.4　MFC应用程序向导对话框

3）应用类型选项

在图 9.4 中，单击“Next”按钮，弹出如图 9.5 所示的“Application Type”对话框。

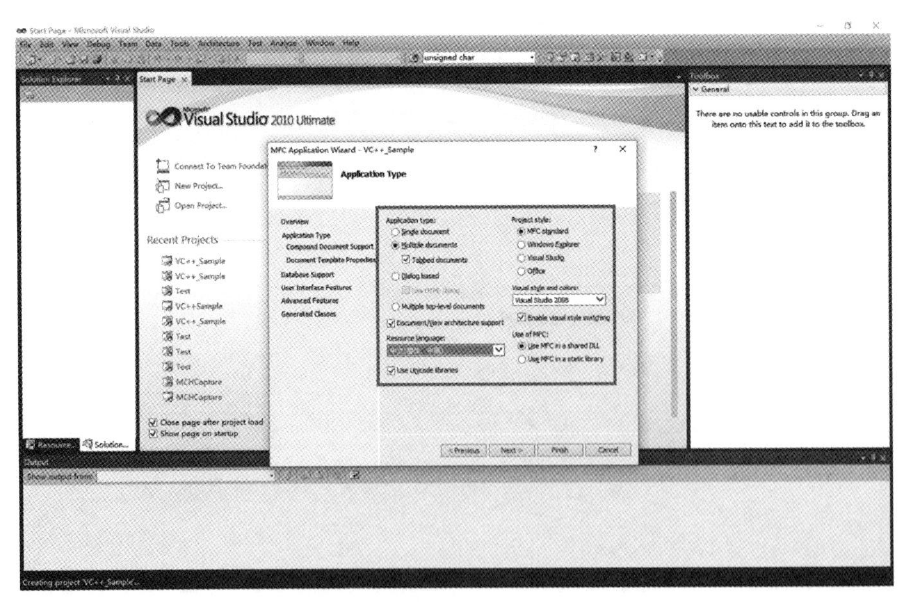


图9.5　应用类型选择对话框

选择图 9.5 所示设定选项，并单击“Next”按钮直到出现如图 9.6 所示窗口。

选择图 9.6 所示设定选项，然后点击“Next”，直到出现如图 9.7 所示窗口。

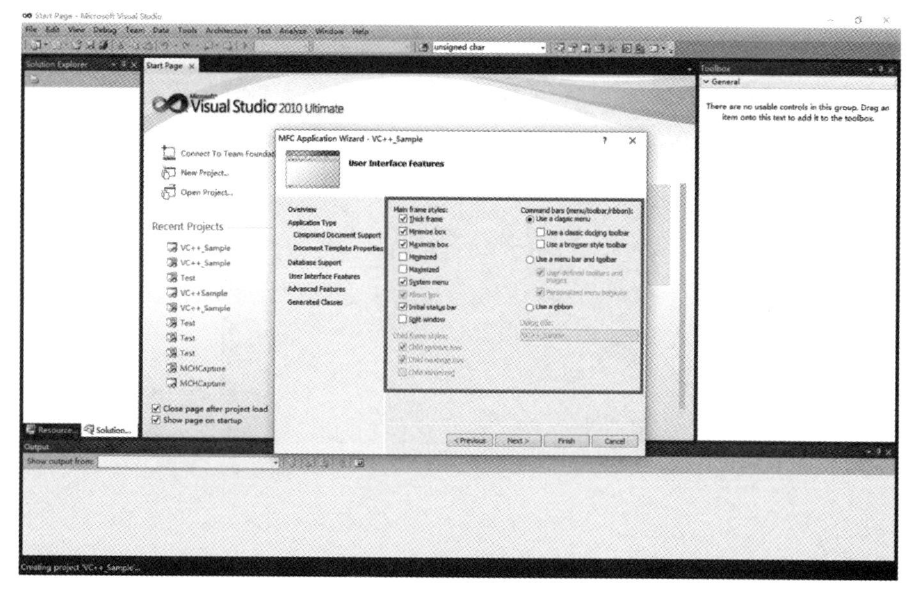


图9.6　新建工程设置

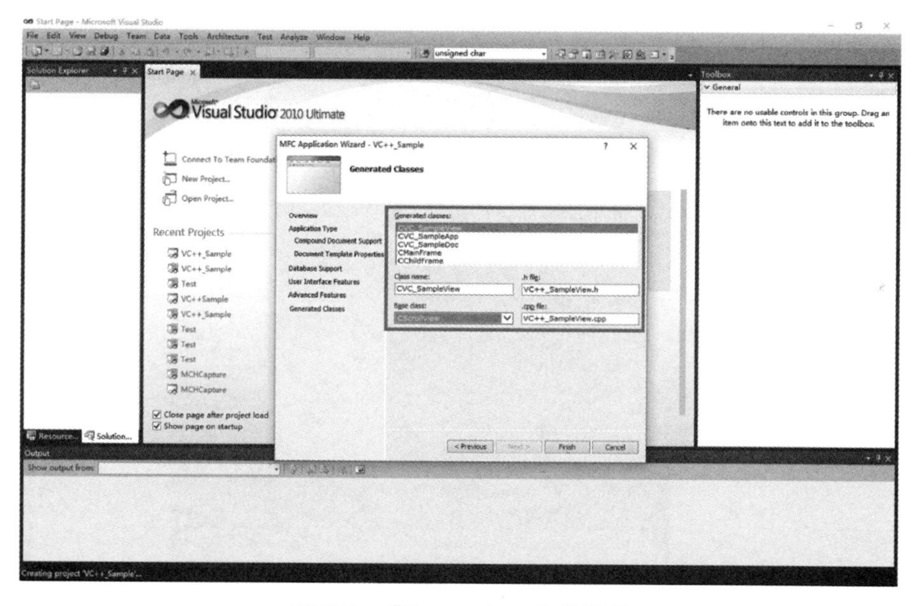


图 9.7　“Base class”的设置

在图 9.7 所示界面上修改“Base class”为“CScrollView”，点击“Finish”，完成新工程创建，出现如图 9.8 所示的新工程界面。

（2）添加菜单

1）Resource View 选择

如果窗口左侧下方没有“Resource View”一栏，单击工具栏中“View”菜单，选择“Resource View”，如图 9.9 所示，即可添加“Resource View”。

在左侧“Resource View”选项卡中打开“Menu”文件，双击“IDR_VC_SampleTYPE”出现“VC++_Sample.rc- IDR_VC_SampleTYPE”添加菜单窗口页面，如图 9.10 所示。

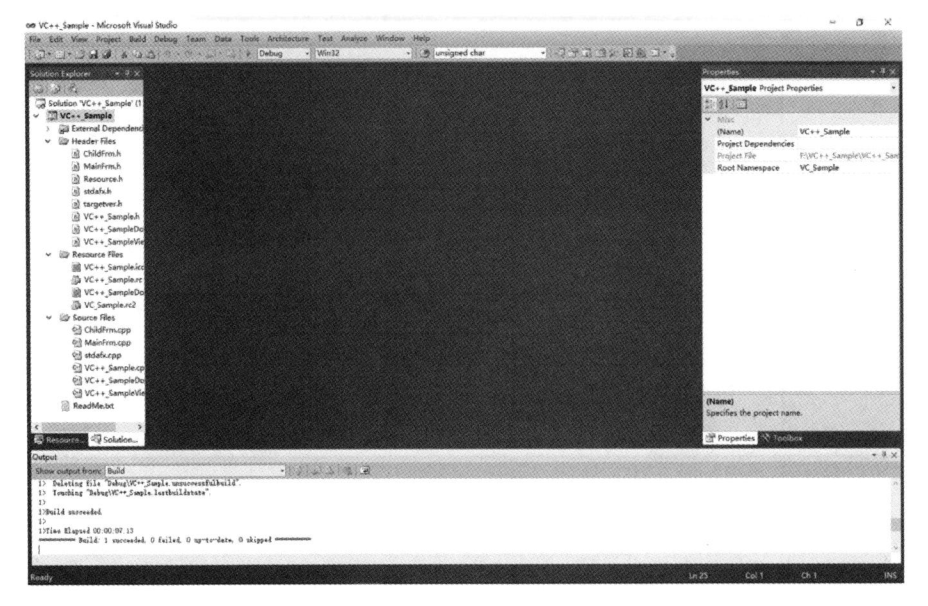


图 9.8　新工程界面

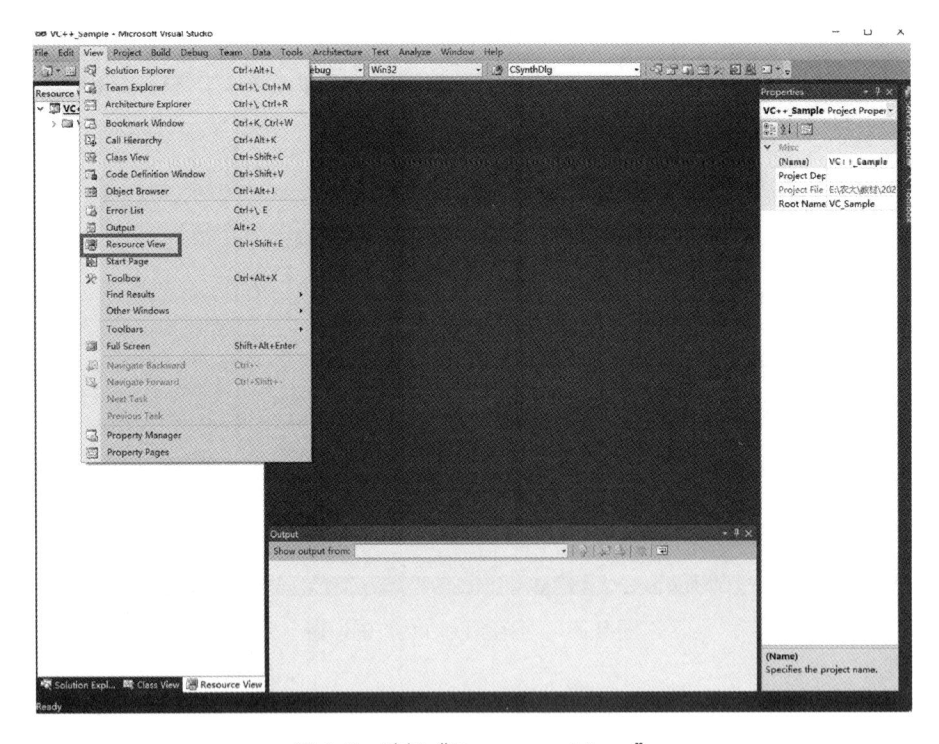


图 9.9　选择“Resource View”

2）Type Here 选项选择

单击“Type Here”并输入“二值化（&B）”，输入完成后单击“Enter”键，如图 9.10 所示。

3）Menu Editor 选项选择

单击刚才添加的菜单“二值化（B）”按钮，右侧显示该菜单的设置选项卡“Menu Editor”。将

“Popup”选项卡设置为“False”，将“ID”设置为“ID_BINARY”，在“Prompt”中填写“将灰度图像变为黑白图像”。

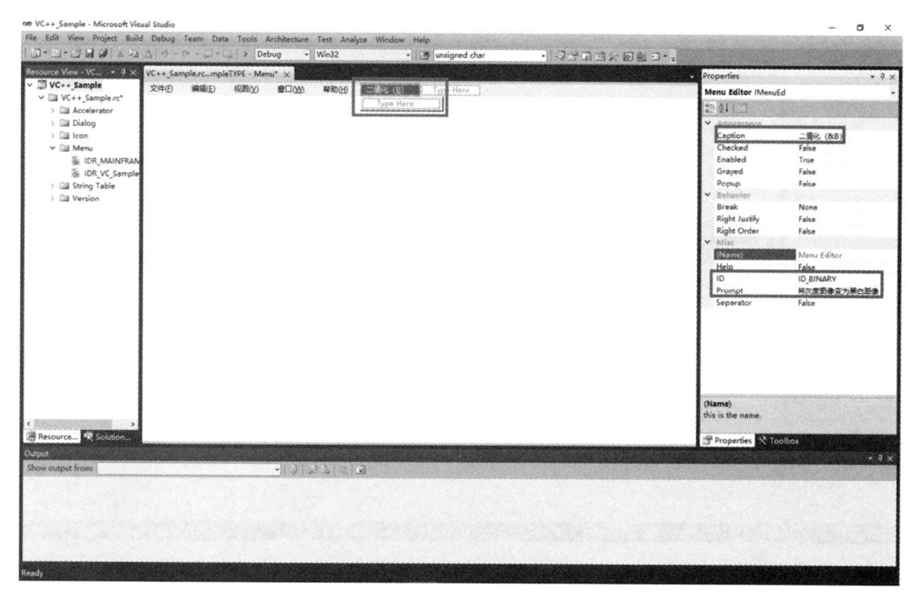


图 9.10　添加菜单窗口

(3) 增设菜单函数

右键单击添加的“二值化（B）”菜单，在选项卡中选择“Add Event Handler”，此时弹出“Event Handler Wizard”对话框，在“Class list”选项卡中选中“CVC_SampleView”并单击“Add and Edit”按钮，完成函数添加，如图 9.11 所示。

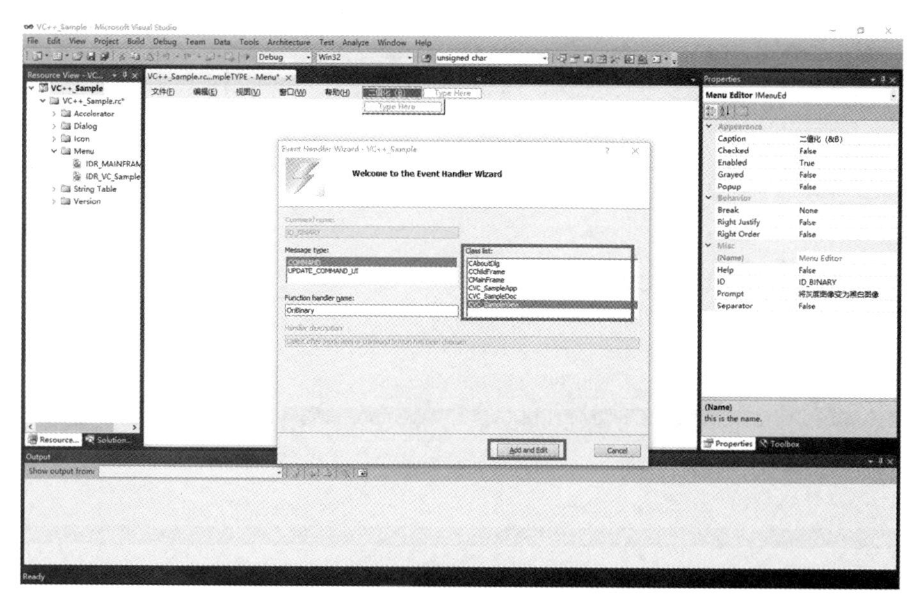


图9.11　添加函数界面

此时出现“VC++_SampleView.cpp”文件窗口，并定位到添加的“OnBinary”函数，在函数中可以根据自己的需要编写代码，如图 9.12 所示。

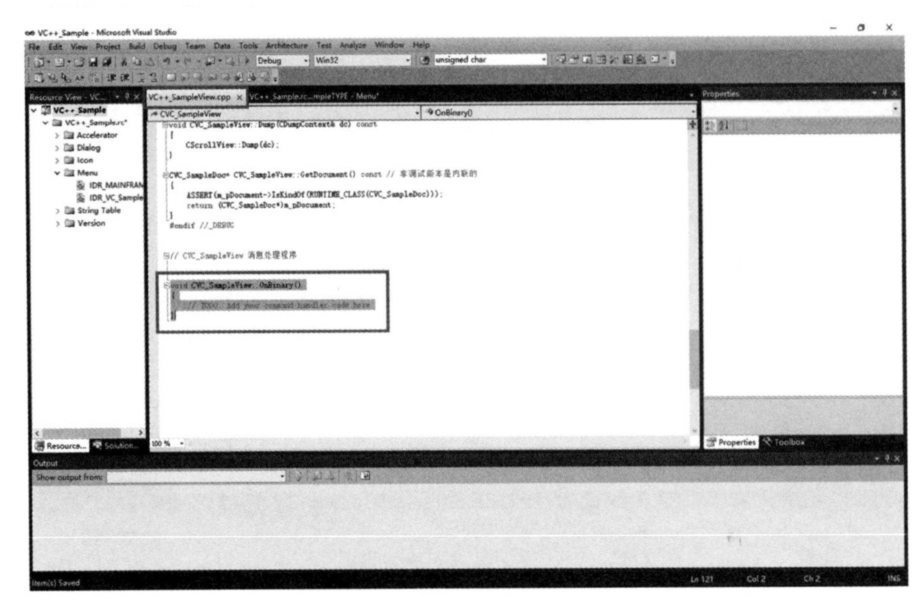

图9.12 完成函数添加界面

（4）添加对话框

1）打开 Dialog

打开工程界面左侧的“Resource View”窗口，右击“Dialog”后，在出现的菜单中选择“Insert Dialog”，此时出现新添加的对话框，如图 9.13 所示。

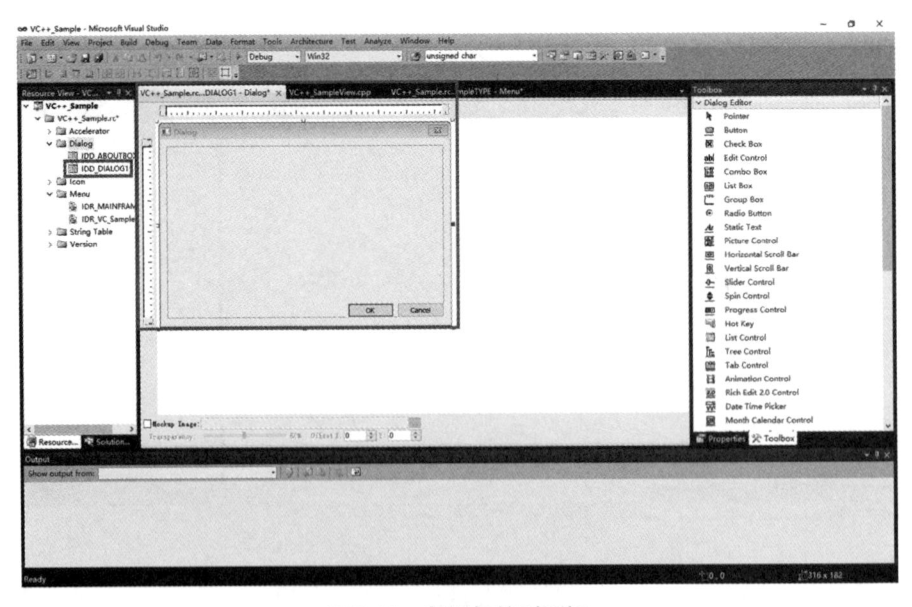

图9.13 新添加的对话框

2）新增对话框

右击新增对话框，在弹出的菜单中选中“Properties”，此时在工程窗口右侧出现“Properties”

对话框。在“Appearance”选项卡中的“Caption”中输入“二值化处理”，将选项卡“Behavior”中的“Visible”选项改为“True”，在“Misc”选卡中的“ID”选项中输入“IDD_BINARY_DIALOG”，如图 9.14 所示。

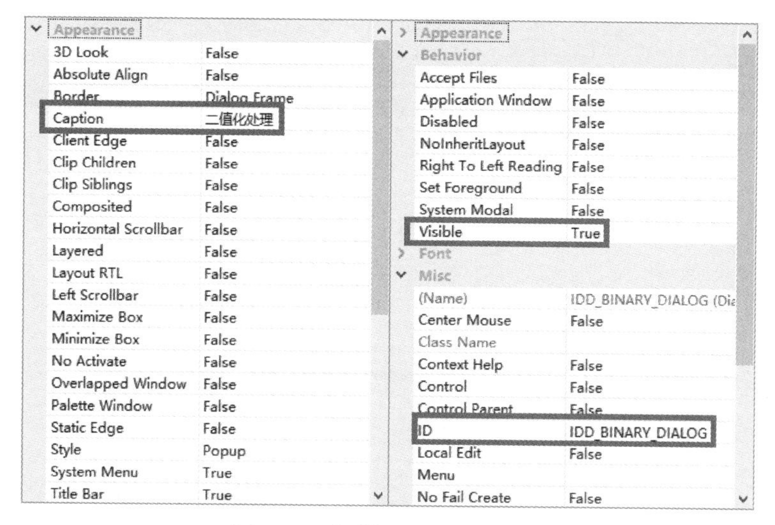


图9.14　新增对话框属性设置

（5）添加对话框类

右击对话框，在弹出的对话框中选择“Add Class”后，弹出“MFC　Add Class Wizard-VC++_Sample”对话框，如图 9.15 所示。

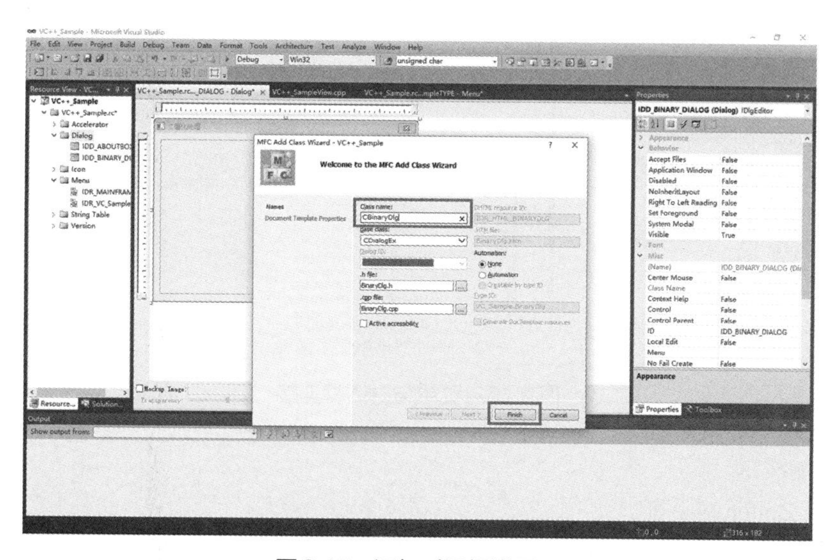


图9.15　添加对话框类界面

在“Class name”中输入新类的名称“CBinaryDlg”，并单击“Finish”按钮。完成后会自动生成 h 和 cpp 文件。

（6）菜单与对话框连接

在 VC++_SampleView.cpp 文件的上方加入对话框的头文件 BinaryDlg.h，如图 9.16（a）

所示。在程序文件“VC++_SampleView.cpp”文件中的 OnBinary（）函数里面加入调用对话框的内容，如图 9.16（b）所示。

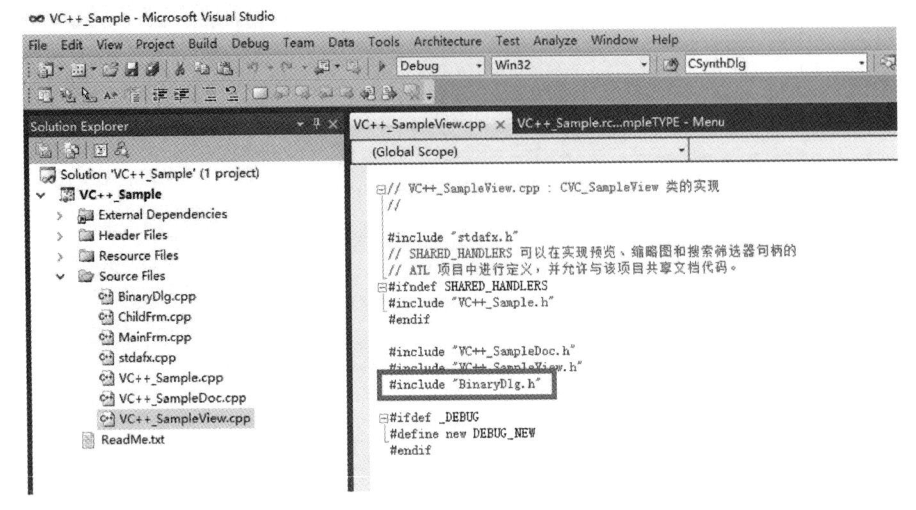


（a）添加对话框头文件

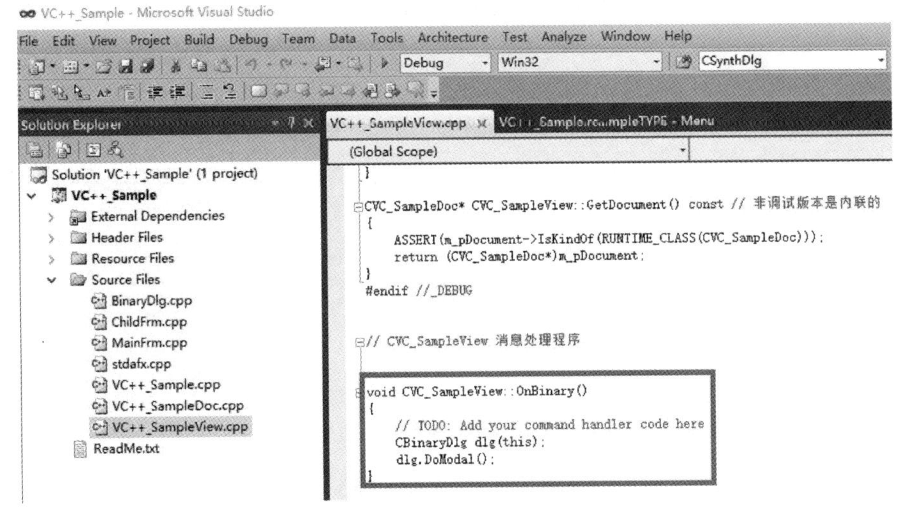


（b）添加对话框调用函数

图9.16　菜单与对话框连接

（7）添加按钮

1）打开 Button 对话框

打开对话框，将对话窗口上自动生成的“OK”键与“Cancel”键改造后使用，也可以单击工具窗口的“Button”按钮后，单击对话框上的适当位置创建按钮。如图 9.17 所示，在“View”菜单中选择“Toolbox”打开工具窗口，或选择工程界面右上边的“Toolbox”，也可打开工具窗口。

2）按钮选择

在本例中，“Cancel”作为关闭对话框的按钮不变，将“OK”按钮改造为二值化的执行按钮。改造方法如下：右击原来的“OK”按钮，选择“Properties”后，在右侧出现“Properties”窗口，将“Misc”选项卡中的“ID”项改为“ID_BINARY_EXECUTE”，“Appearance”选项卡中的“Caption”项改为“执行”，改造结果如图 9.18 所示。

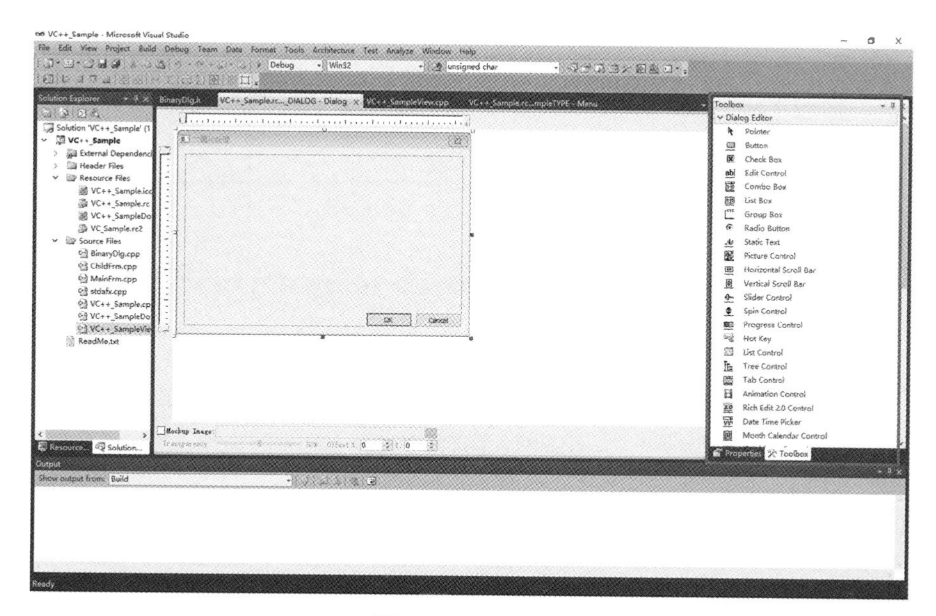


图9.17　添加按钮

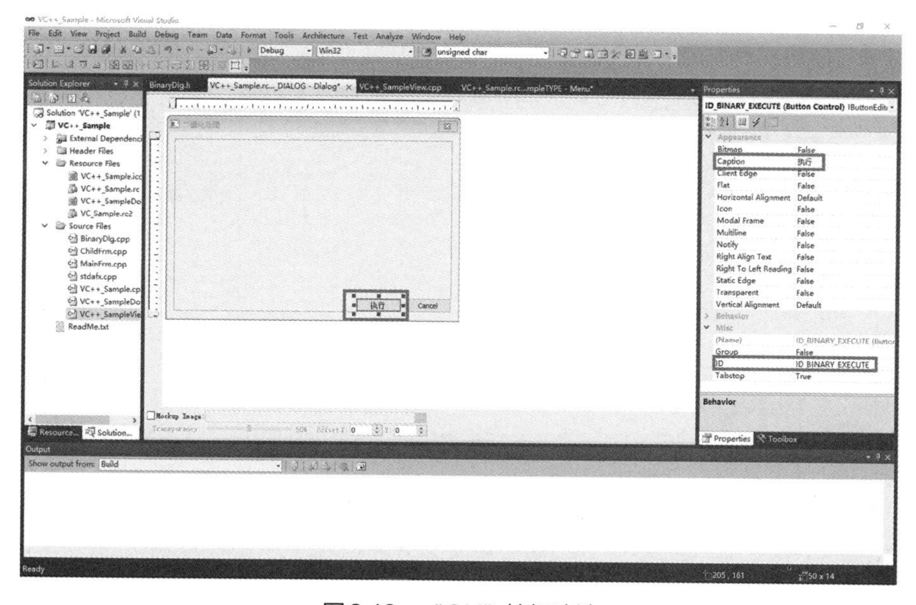


图9.18　“OK”按钮改造

（8）对话框上的参数设置

1）静态文字

单击“Toolbox”中的“Static Text”按钮后，再单击对话框上适当的位置放置该按钮。然后右击该按钮选择“Properties”，并在右侧“Properties”窗口中设定“Appearance”的“Caption”为“阈值”，静态文字的“ID”默认“IDC_STATIC”，不需要修改，如图 9.19 所示。

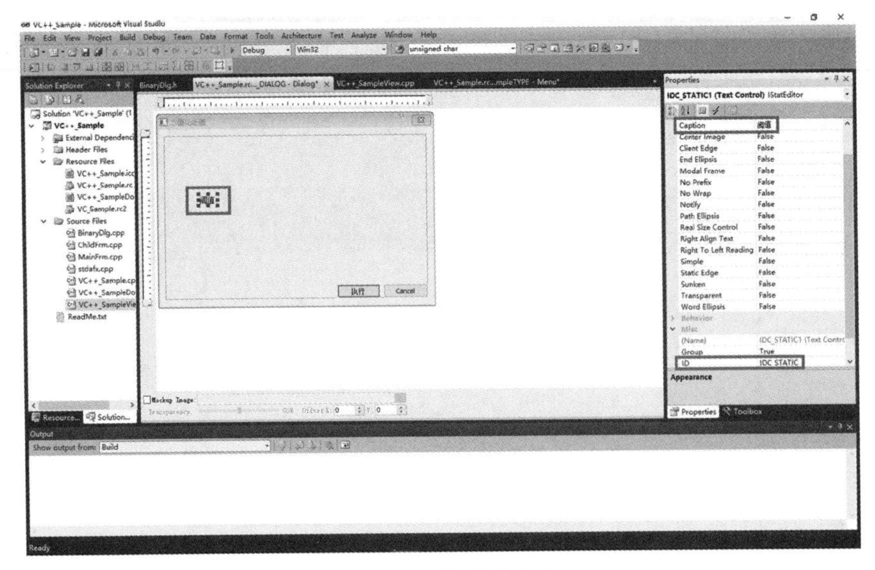


图9.19　添加静态文字

2）添加参数输入框

单击“Toolbox”中的“Edit Control”后，再单击对话框中“阈值”的右侧放置该输入框。放置后，选择“Properties”，在右侧“Properties”窗口中，设定“Misc”的“ID”为“IDC_THRESHOLD_EDIT”，如图9.20所示。

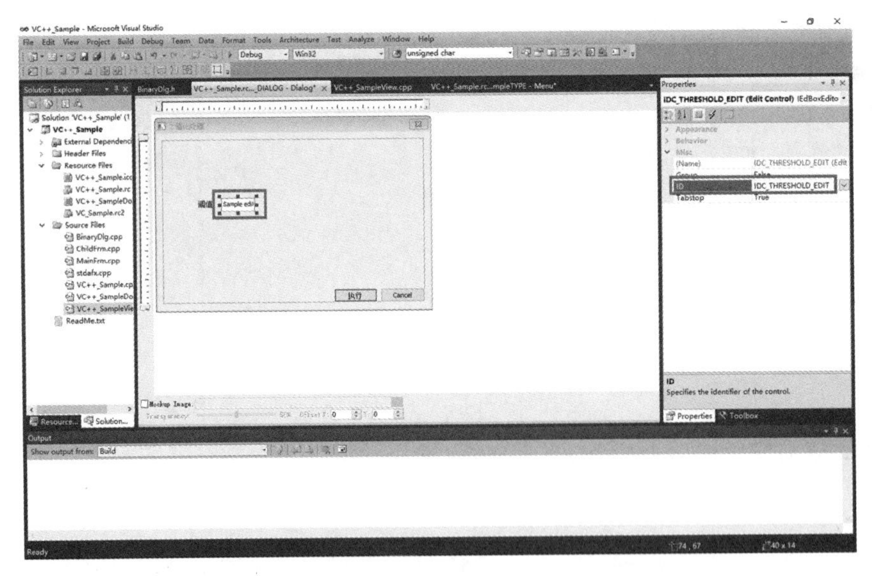


图9.20　添加参数输入框

3）添加单选按钮

单击“Toolbox”中的“Radio Button”后，再单击对话框上的适当位置放置该按钮。放置后，右击该按钮，选择“Properties”，在如图9.21所示的“Properties”窗口中，设定“Appearance”的“Caption”为“以上”，设定“Misc”的“Group”为“True”，设定“ID”为“IDC_BINARY_RADIO1”。

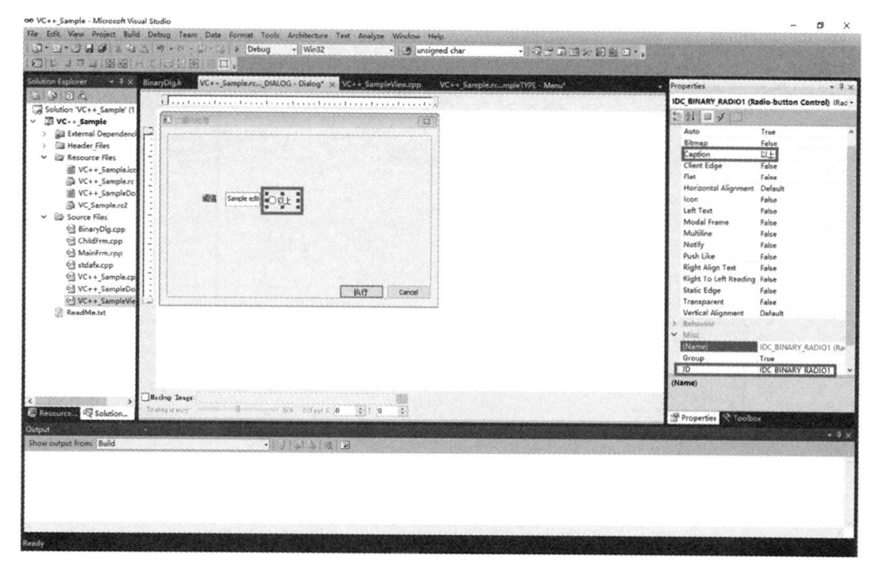

图9.21　设置单选按钮1

用同样方的方法在该按钮的右侧再建立一个名字为“以下”的单选按钮，“ID”设置为“IDC_BINARY_RADIO2”，如图 9.22 所示。

注意：此时的“Group”采用默认的“False”，这样“以上”和“以下”即为同一组，只能选一个。

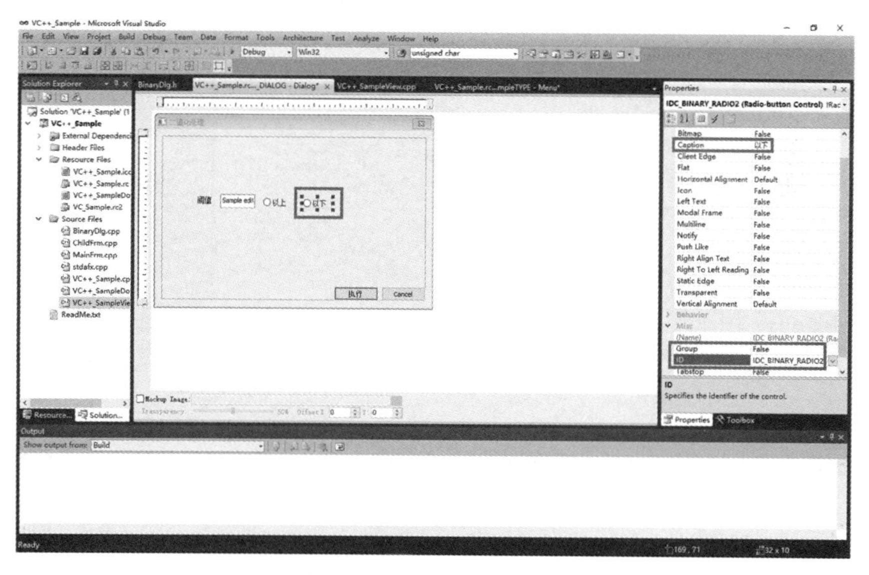

图9.22　设置单选按钮2

4）定义参数

右击编辑窗口“IDC_THRESHOLD_EDIT”，在弹出的快捷菜单里选择“Add Variable”后，弹出“Add Member Variable Wizard-VC++_Sample”对话框，如图 9.23 所示。首先在“Category”中选择“Value”，然后在“Variable type”中选择“BYTE”，同时在“Variable name”中输入“m_nTh”。设定后单击“Finsh”关闭窗口。

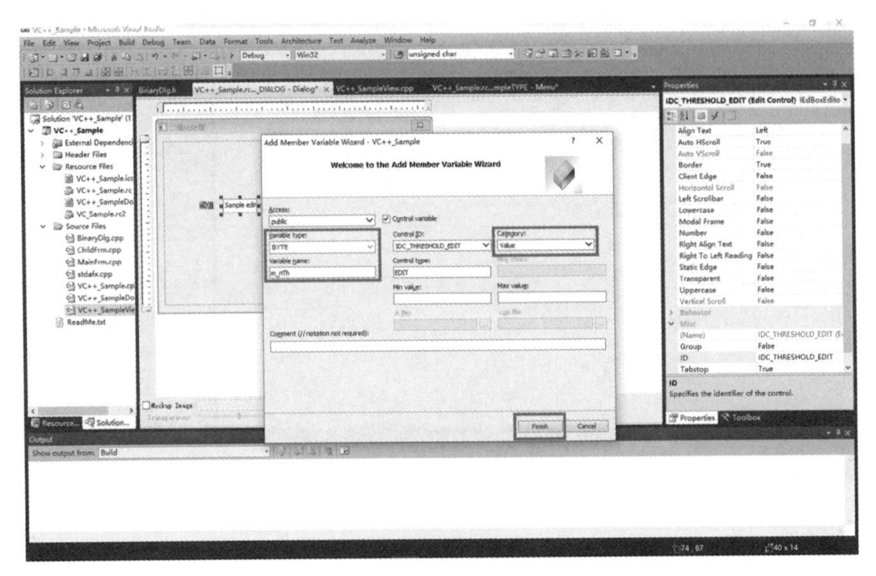


图9.23　定义阈值参数

以同样的步骤，给单选按钮“以上”定义参数，名字为“m_nModel”，值型为“int”，如图 9.24 所示。

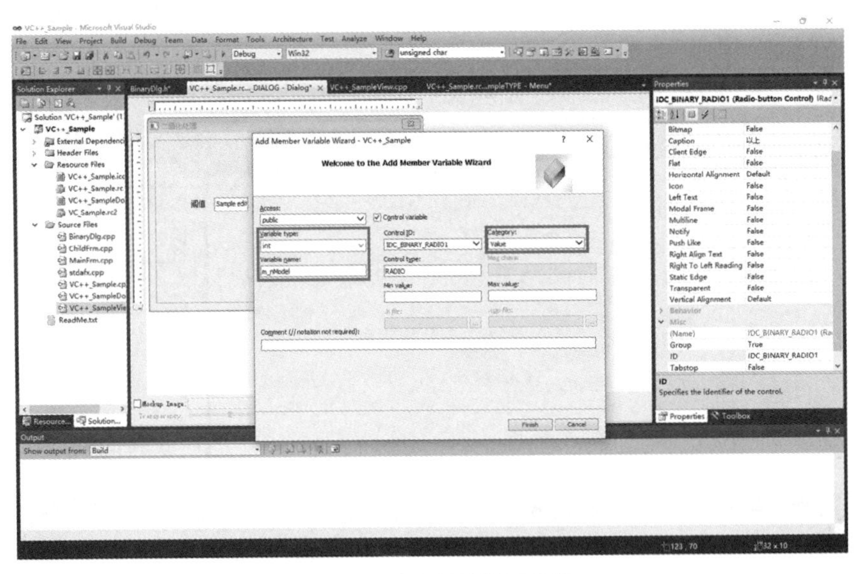


图9.24　定义单选按钮参数

（9）添加函数

1）添加对话框的初始化函数

初始化函数在对话框打开时自动执行，可以在初始化函数里对参数等进行初始设定。右击对话框上的空白位置，在弹出的快捷菜单中选择“Class Wizard”，打开“MFC Class Wizard”窗口，如图 9.25 所示。在“Virtual Function”一栏中选择“OnInitDialog”，单击对话框右侧的“Add Function”。然后，单击对话框下方的“OK”按钮关闭对话框，或者单击“Edit Code”按钮进入函数编辑对话框。

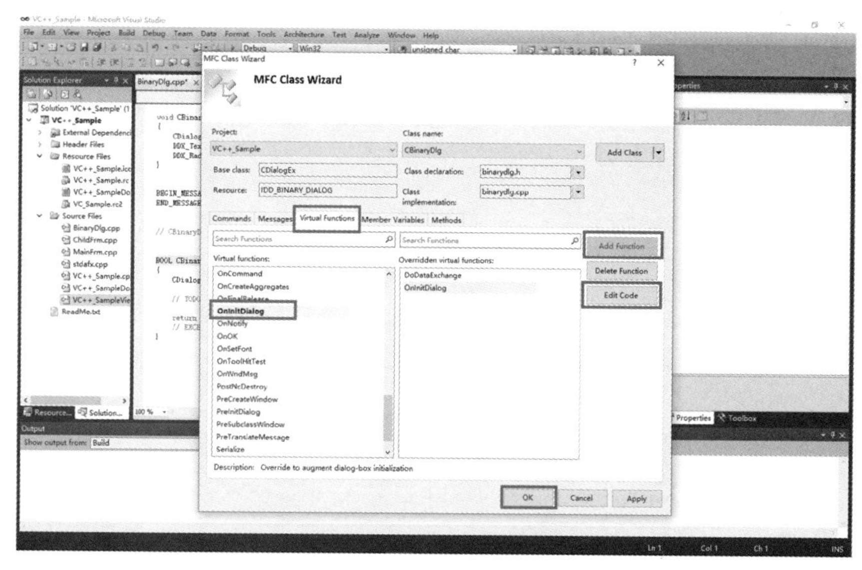


图9.25 添加对话框的初始化函数

2）添加命令函数

右击对话框上的“执行”按钮，在弹出的快捷菜单中选择“Class Wizard”，弹出“MFC Class Wizard”对话框，如图 9.26 所示。在“ID_BINARY_EXECUTE”对应的“Messages”栏中选择“BN_CLICKED”，然后单击对话框右侧的“Add Handler”，弹出填有默认函数名称的对话框，默认函数名称与“ID”名称关联，一般不需要修改。单击“OK”按钮关闭添加函数对话框，再单击“OK”按钮关闭“MFC Class Wizard”对话框。这里的“Cancel”按钮使用默认关闭，不添加函数。

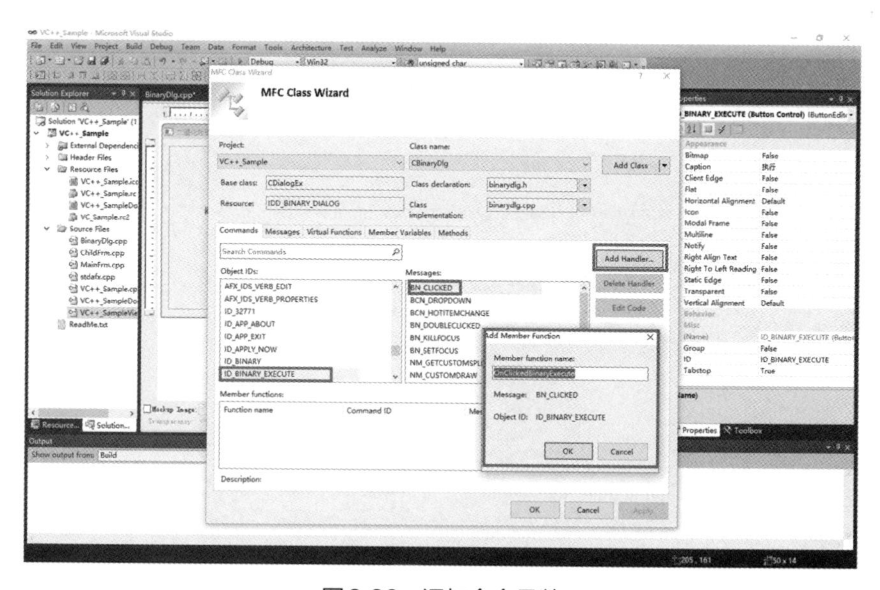


图9.26 添加命令函数

3）添加函数代码

① 在 BinaryDlg.h 文件中添加如图 9.27 所示代码。

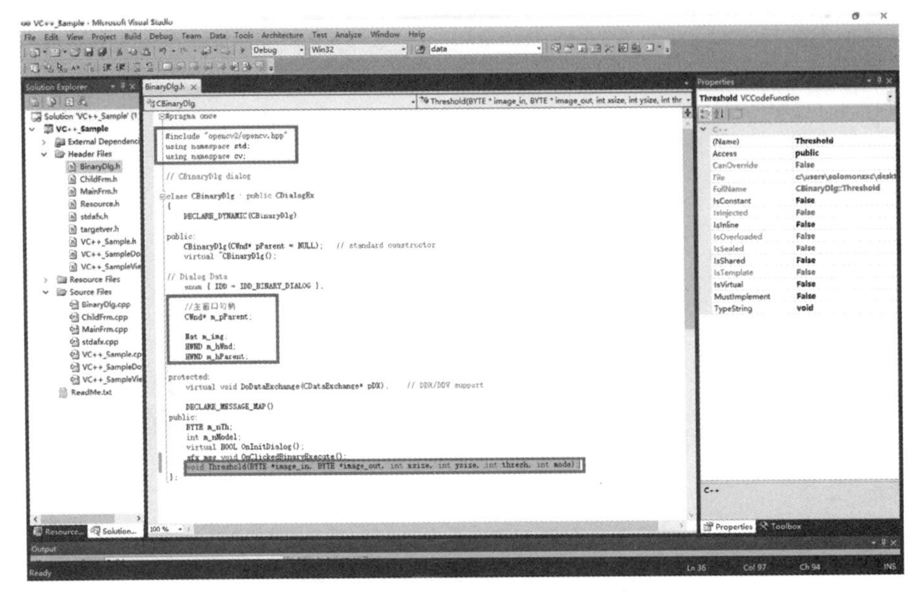


图9.27　头文件添加变量与函数的声明

② BinaryDlg.cpp 文件代码如下。

```
#include "stdafx.h"
#include "VC++_Sample.h"
#include "BinaryDlg.h"
#include "afxdialogex.h"
//////////////////////////
#include "VC++_SampleDoc.h"
#include "VC++_SampleView.h"
//////////////////////////
//CBinaryDlg dialog

IMPLEMENT_DYNAMIC((CBinaryDlg，CDialogEx)

    CBinaryDlg::CBinaryDlg(CWnd* pParent /*=NULL*/)
    : CDialogEx(CBinaryDlg::IDD，pParent)
    ，m_nTh(0)
    ，m_nModel(0)
{
    m_nTh=100;
    m_nModel=0;

    //保存表示画面句柄
    m_pParent=pParent;
}
```

```
CBinaryDlg::~CBinaryDlg()
{
}

void CBinaryDlg::DoDataExchange(CDataExchange* pDX)
{
    CDialogEx::DoDataExchange(pDX);
    DDX_Text(pDX, IDC_THRESHOLD_EDIT, m_nTh);
    DDX_Radio(pDX, IDC_BINARY_RADIO1, m_nModel);
}

BEGIN_MESSAGE_MAP(CBinaryDlg, CDialogEx)
    ON_BN_CLICKED(ID_BINARY_EXECUTE, &CBinaryDlg::OnClickedBinaryExecute)
END_MESSAGE_MAP()

// CBinaryDlg message handlers
BOOL CBinaryDlg::OnInitDialog()
{
    CDialogEx::OnInitDialog();
    //读入图像
    m_img=imread("Sample.bmp", CV_LOAD_IMAGE_UNCHANGED);
    Size size=m_img.size();
    //设定图像窗口大小
    ((CVC_SampleView*)m_pParent)->SetWindowSize(size.width, size.height);
    //更新画面
    m_pParent->Invalidate();
     //显示图像
    imshow("Origin", m_img);
//获得创建的窗口句柄
    m_hWnd=(HWND)cvGetWindowHandle("Origin");
//获得其父句柄
    m_hParent=::GetParent(m_hWnd);
//设置创建窗口的父窗口为View
    ::SetParent(m_hWnd, ((CVC_SampleView*)m_pParent)->m_hWnd);
//将父窗口及其子窗口进行隐藏
    ::ShowWindow(m_hParent, SW_HIDE);
    return TRUE;
}
void CBinaryDlg::OnClickedBinaryExecute()
```

```
{
    // TODO：Add your control notification handler code here
    UpdateData(TRUE);
    int channel=m_img.channels();
    if(channel != 1)
        return;
    //二值化处理
    Threshold(m_img.data, m_img.data, m_img.cols, m_img.rows, m_nTh, m_nModel);
    //显示图像
    imshow("Origin", m_img);
    waitKey(0);
}

void CBinaryDlg::Threshold(BYTE *image_in, BYTE *image_out, int xsize, int ysize, int
thresh, int mode)
{
    int  i, j;

    for(j=0; j < ysize; j++)
    {
        for(i=0; i < xsize; i++)
        {
            switch(mode)
            {
                case 0:
                    if(*(image_in +j*xsize+i) <= thresh)
                            *(image_out +j*xsize+i)=255;
                    else      *(image_out +j*xsize+i) = 0;
                    break;
                default:
                    if(*(image_in +j*xsize+i) >= thresh)
                            *(image_out +j*xsize+i)=255;
                    else      *(image_out +j*xsize+i) = 0;
                    break;
            }
        }
    }
}
```

③在 VC++_SampleView.h 里定义如下函数。

```
void SetWindowSize(int xsize, int ysize);
```

④在 VC++_SampleView.cpp 加入如下函数代码。

```
void CVC_SampleView::SetWindowSize(int xsize, int ysize)
{
    //设定滚动轴的大小
    SetScrollSizes(MM_TEXT, CSize(xsize-1, ysize-1));
    //初始化表示帧的大小
    CRect cRect;
    CMDIChildWnd* pChildFrm=(CMDIChildWnd*)GetParentFrame();
    //改变表示的大小
    cRect.SetRect(0, 0, xsize, ysize);
    CalcWindowRect((LPRECT)cRect, CWnd::adjustOutside);
    SetWindowPos(&wndTopMost, cRect.left, cRect.top, cRect.Width(), cRect.Height(),
SWP_NOZORDER|SWP_NOMOVE);
    // 改变帧的大小
    pChildFrm->CalcWindowRect((LPRECT)cRect);
    pChildFrm->SetWindowPos(NULL, cRect.left, cRect.top, cRect.Width(), cRect.Height(),
SWP_NOZORDER|SWP_NOMOVE);
    ////////////////////////////////////////
}
```

# 9.2 系统设置

定位到解压位置（参考本书第 8 章关于 OpenCV 部分），将“opencv”文件夹中的“include”文件夹（...\opencv\build\include）与“lib”文件夹（...\opencv\build\x86\vc10\ lib）拷贝到新建“VC++_Sample”工程文件中，路径为“...\VC++_Sample\VC++_ Sample”。将“bin”文件夹（...\opencv\build\x86\vc10\bin）中的所有 dll 文件拷贝到电脑系统文件中，路径为“C:\Windows\SysWOW64”。

右键单击“Solution Explorer”界面中的工程名称，选择“Properties”，此时弹出工程的属性窗口，如图 9.28 所示。接下来进行 OpenCV 环境配置属性设置。

（1）添加包含目录

选择“C/C++”中的“General”选项，单击“Additional Include Directories”编辑框尾部的小三角号并选择“Edit”选项，此时弹出“Additional Include Directories”窗口，在编辑框中添加“include”，如图 9.29 所示，单击“OK”按钮完成添加。

（2）添加库目录

选择“Linker”中的“General”选项，单击“Additional Library Directories”编辑框尾部的小三角号并选择“Edit”选项，此时弹出“Additional Library Directories”窗口，在编辑框中添加“lib”，如图 9.30 所示，单击“OK”按钮完成添加。

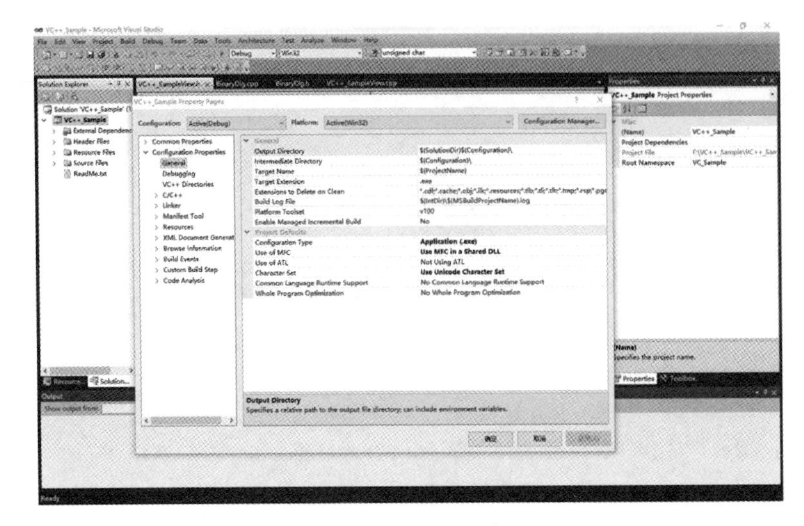

图9.28　工程属性窗口

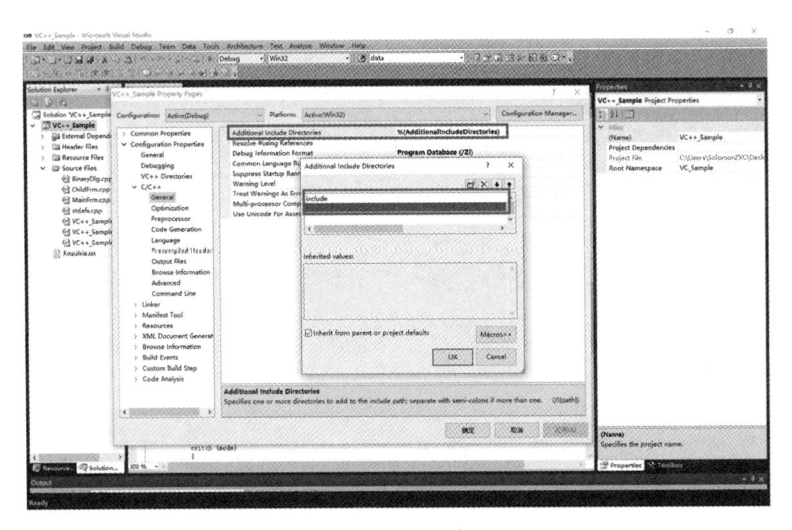

图9.29　添加包含目录

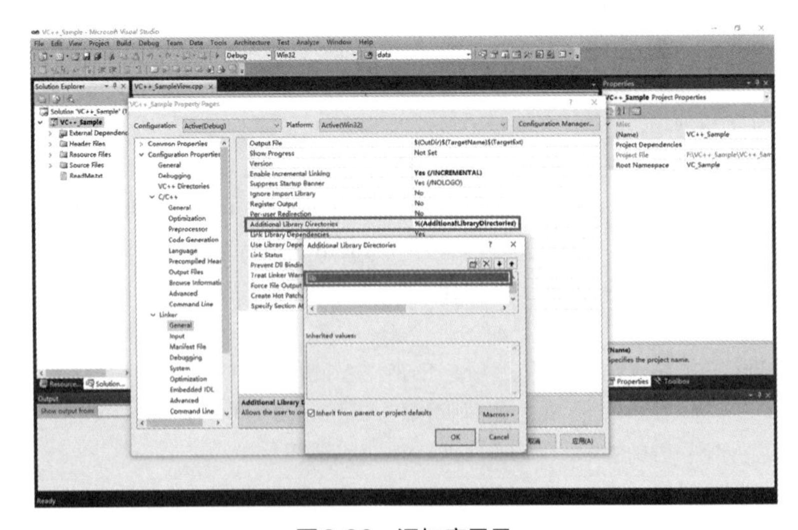

图9.30　添加库目录

（3）添加连接函数库

选择“Linker”中的“Input”选项，单击“Additional Dependencies”编辑框尾部的小三角号⌄并选择“Edit”选项，此时弹出“Additional Dependencies”窗口，在编辑框中添加如下“.lib”。

opencv_calib3d2410d.lib
opencv_contrib2410d.lib
opencv_core2410d.lib
opencv_features2d2410d.lib
opencv_flann2410d.lib
opencv_gpu2410d.lib
opencv_highgui2410d.lib
opencv_imgproc2410d.lib
opencv_legacy2410d.lib
opencv_ml2410d.lib
opencv_nonfree2410d.lib
opencv_objdetect2410d.lib
opencv_ocl2410d.lib
opencv_photo2410d.lib
opencv_stitching2410d.lib
opencv_superres2410d.lib
opencv_video2410d.lib
opencv_videostab2410d.lib

单击“OK”按钮完成添加，如图9.31所示。

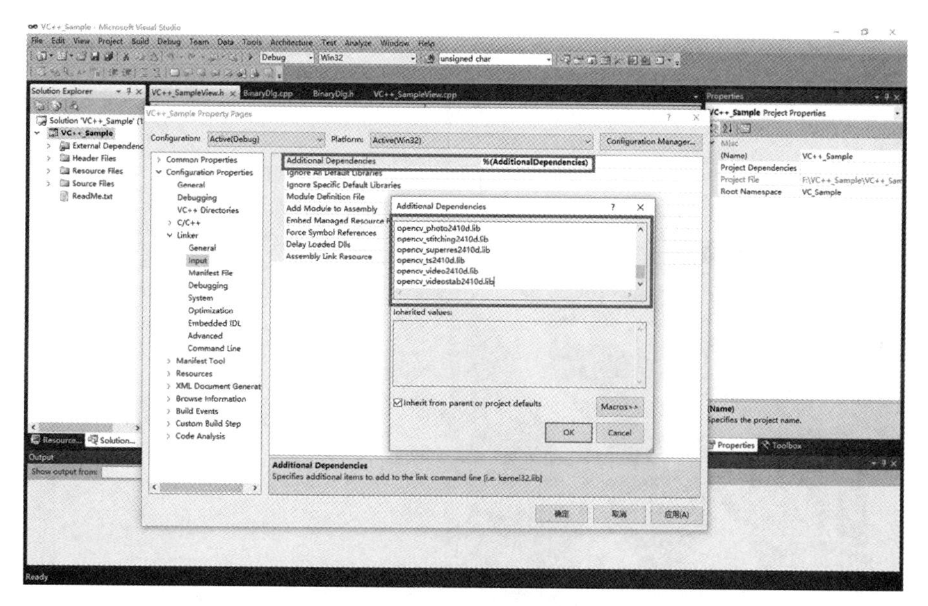


图9.31　添加连接函数库

最后依次单击“VC++_Sample Property Pages”窗口中的“应用”与“确定”按钮，完成环境配置。

# 9.3 编译执行

单击菜单栏中的“Build”按钮，在选项中单击选择“Rebuild Solution”按钮，完成项目生成，然后单击菜单栏中的“Debug”按钮，在选项中单击选择“Start Without Debugging”按钮运行程序。

运行程序后单击菜单中的“二值化”按钮，显示原图像，如图 9.32 所示。点击对话框上的“执行”按钮，显示二值图像，如图 9.33 所示。

图9.32 程序运行结果

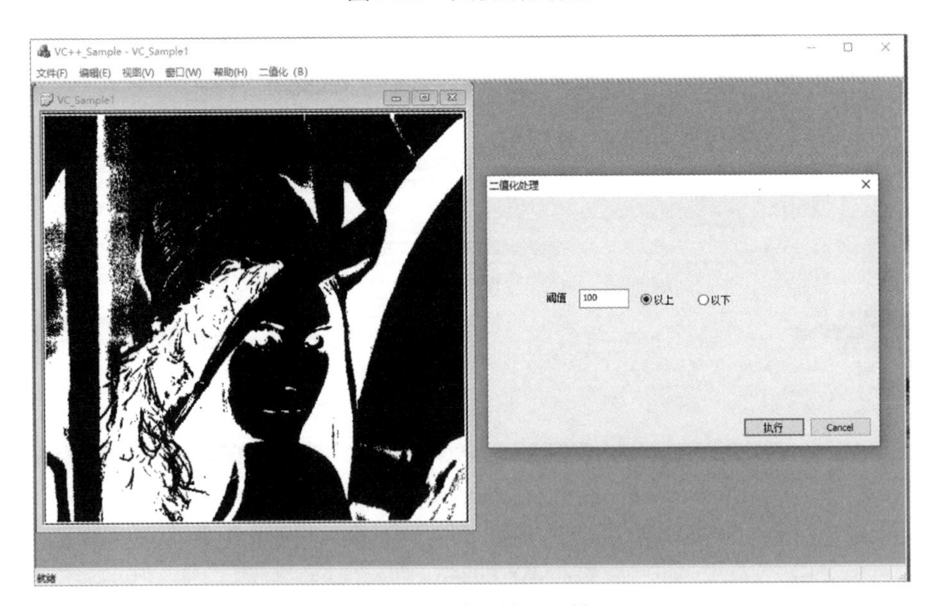


图9.33 二值化处理后结果

以上 VC++_Sample 工程的源代码可以在 http://www.fubo-tech.com/下载。

# 第10章 Python图像处理系统

## 10.1 工程创建

如果电脑桌面上有快捷图标，双击该图标打开软件，也可以使用桌面左下角的搜索框搜索 PyCharm，在最佳匹配中双击应用 PyCharm，即可打开软件，如图 10.1 所示。

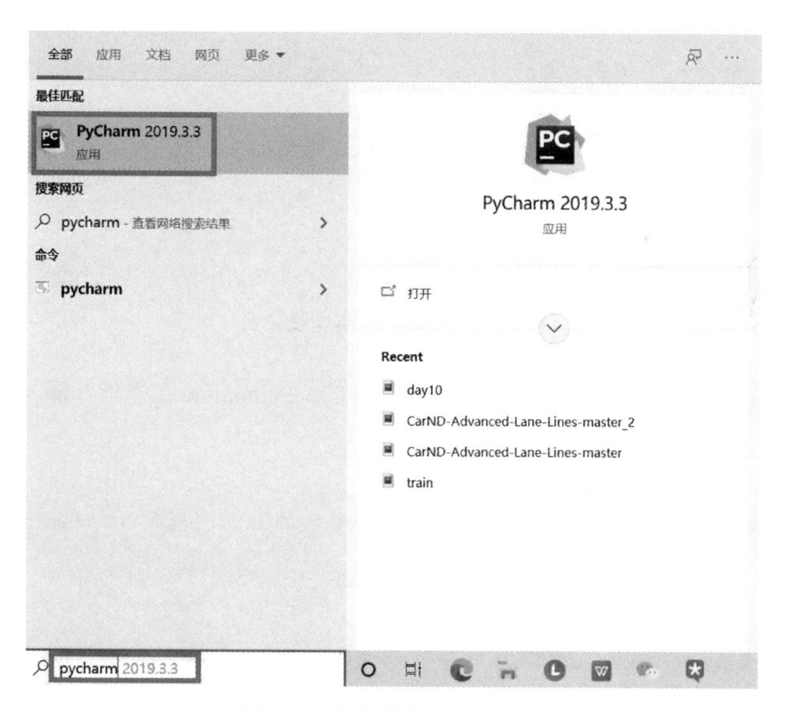


图10.1 打开软件PyCharm

PyCharm 软件启动后，选择新建工程“Create New Project”，如图 10.2 所示。

选择新建工程类型为“Pure Python”，选择新建工程的位置，读者可以使用默认路径或者自行选择，这里以路径 D:\pyproject\为例，将项目名称命名为“Python_Sample”，最后点击右下方的“Create”按钮，完成工程的创建，如图 10.3 所示。

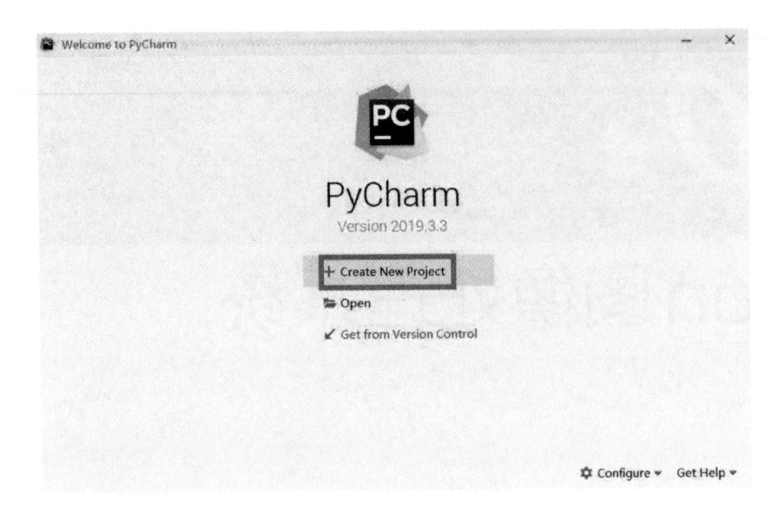


图10.2　创建新项目

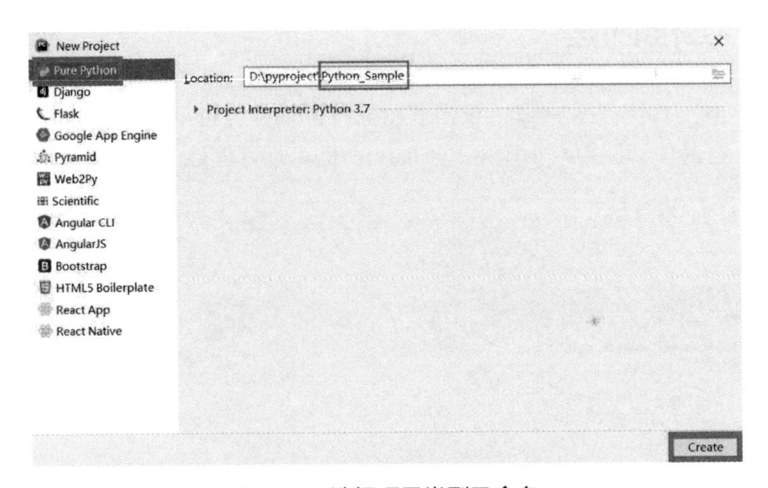


图10.3　选择项目类型及命名

右键单击“Python_Sample”，选择“New”下的“Python File”选项，输入文件名称，选择文件类型为“Python File”，如图 10.4 所示。

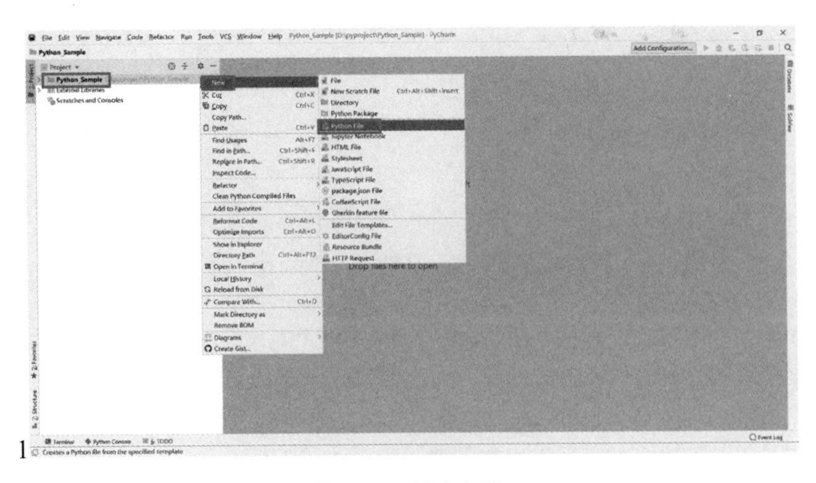

图10.4　创建文件

在弹出的窗口中，选择文件类型为“Python file”，这里选择将新建文件命名为“GUI”，最后点击回车键即完成新文件的创建，如图10.5所示。

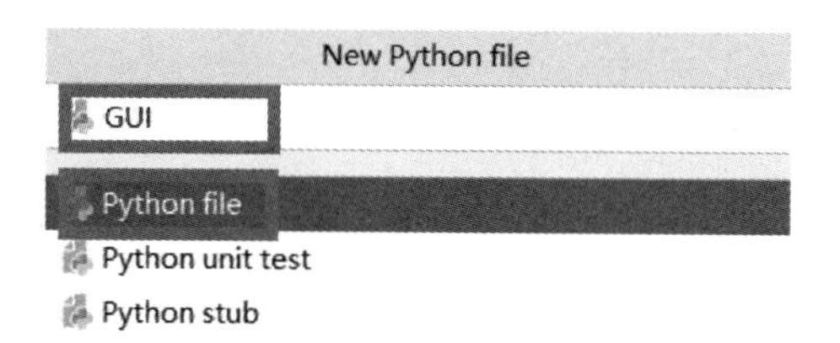


图10.5　新建文件类型选择及命名

# 10.2 系统设置

在实际项目开发中，通常会根据需要下载各种相应的扩展库，如Scrapy、Beautiful Soup等，但是可能每个项目使用的扩展库并不一样，或者使用框架的版本不一样，这就需要根据需求不断地更新或卸载相应的库。直接改变Python环境操作，会给我们的开发环境和项目造成很多不必要的麻烦，管理不方便。因此，可以为当前工程创建新的环境解决上述问题，依次点击“File”→“Settings”，如图10.6所示。

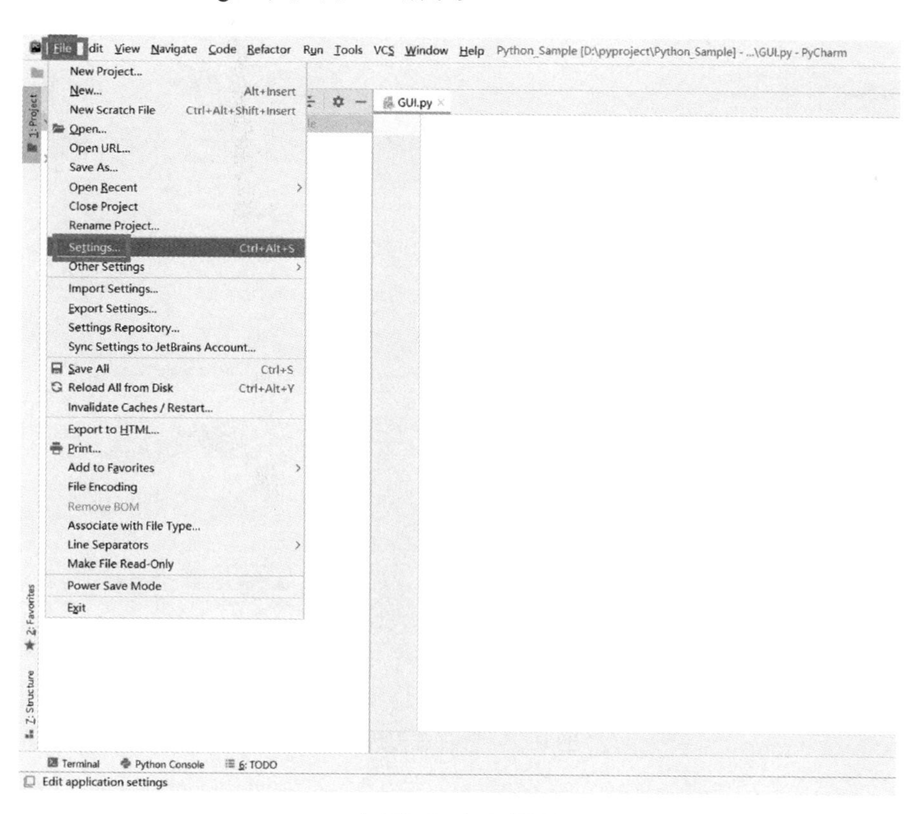


图10.6　打开设置

在弹出的窗口中单击“Project:Python_Sample”下的“Project interpreter”，如图10.7所示。

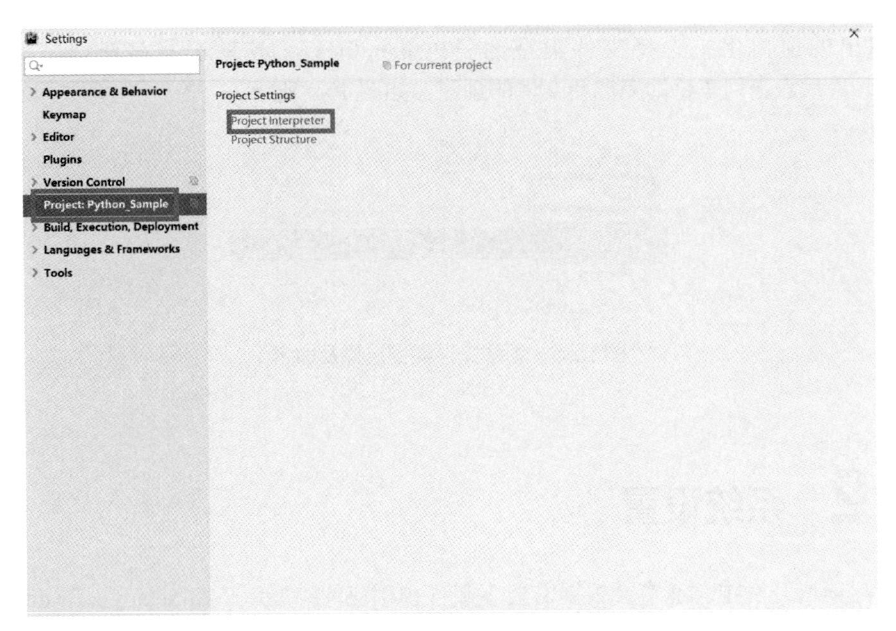


图10.7 选择“Project interpreter”

在弹出的窗口中单击“Add”添加新的虚拟环境，并选择虚拟环境添加的位置，一般不需要修改，选择默认选项即可，最后点击窗口右下角的“OK”按钮，完成环境的创建。操作步骤如图 10.8 和图 10.9 所示。

Settings

Project: Python_Sample › Project Interpreter　For current project

Project Interpreter: Python 3.7 D:\Software\Anaconda3\python.exe　Add...　Show All...

| Package | Version | Latest version |
|---|---|---|
| _anaconda_depends | 2020.07 | 2020.07 |
| _ipyw_jlab_nb_ext_conf | 0.1.0 | 0.1.0 |
| alabaster | 0.7.12 | 0.7.12 |
| anaconda | custom | ▲ 2021.05 |
| anaconda-client | 1.7.2 | 1.7.2 |
| anaconda-navigator | 1.9.12 | ▲ 2.0.3 |
| anaconda-project | 0.8.4 | ▲ 0.10.0 |
| argh | 0.26.2 | 0.26.2 |
| asn1crypto | 1.3.0 | ▲ 1.4.0 |
| astroid | 2.4.2 | ▲ 2.5.8 |
| astropy | 4.0.1.post1 | ▲ 4.2.1 |
| atomicwrites | 1.4.0 | 1.4.0 |
| attrs | 19.3.0 | ▲ 21.2.0 |
| autopep8 | 1.5.3 | ▲ 1.5.7 |
| babel | 2.8.0 | ▲ 2.9.1 |
| backcall | 0.2.0 | 0.2.0 |
| backports | 1.0 | 1.0 |
| backports.functools_lru_cache | 1.6.1 | ▲ 1.6.4 |
| backports.shutil_get_terminal_size | 1.0.0 | 1.0.0 |
| backports.tempfile | 1.0 | 1.0 |
| backports.weakref | 1.0.post1 | 1.0.post1 |
| bcrypt | 3.1.7 | ▲ 3.2.0 |

OK　Cancel　Apply

图10.8 添加虚拟环境

为了实现图像处理的功能，需要安装相应的 Python 扩展库，构成满足需求的开发环境。这里需要安装的扩展库有 numpy（版本 1.16.0）、opencv-python（版本 4.2.0.34）、pillow（版本 7.1.2）。

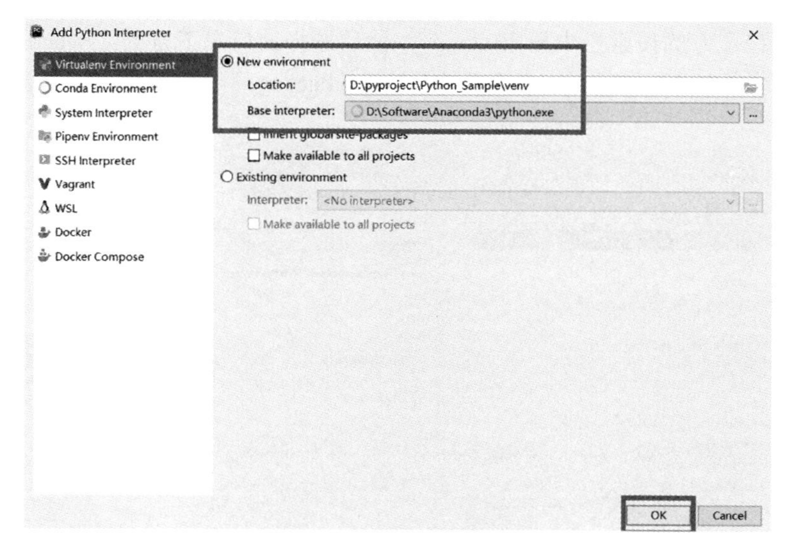


图10.9 选择虚拟环境位置

numpy 是 Python 语言的一个扩展程序库，支持大量的维度数组与矩阵运算，此外也针对数组运算提供大量的数学函数库，这里选择安装的版本为 1.16.0。

OpenCV 是用于快速处理图像、计算机视觉问题的工具，这里基于 opencv-python 进行数字图像处理和应用，安装的版本为 4.2.0.34。

Pillow 作为 Python 的第三方图像处理库，提供了广泛的文件格式支持和强大的图像处理能力，主要包括图像储存、图像显示、格式转换以及基本的图像处理操作等，这里选择安装的版本为 7.1.2。

下面依次对三个扩展库进行安装。

依次点击“File”→“Settings”，选择“Project Interpreter”，点击图 10.10 中右侧的“+”号。

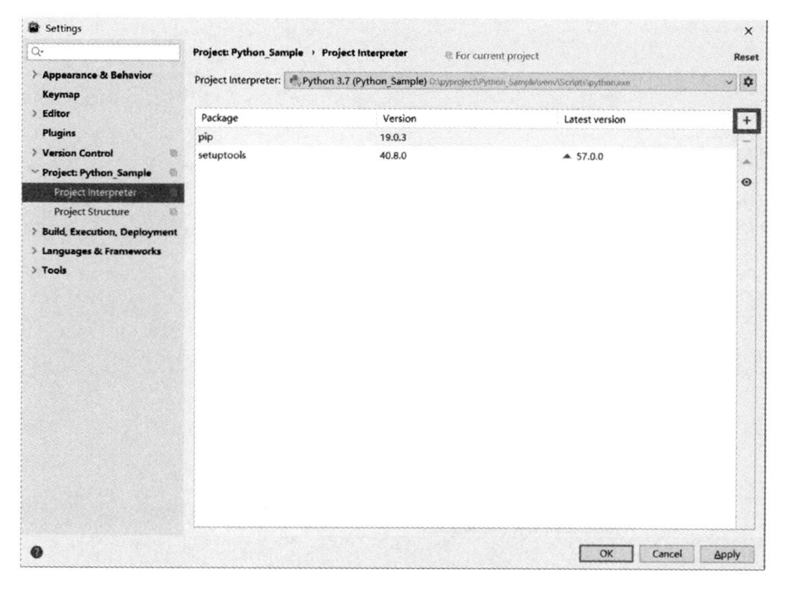


图10.10 添加新的扩展库

在弹出窗口上方的搜索栏中搜索 numpy，然后选择窗口右下方的“Specify versoin”，选择需要的版本 1.16.0，最后点击左下角的“Install Package”按钮，即开始安装，如图 10.11 所示。

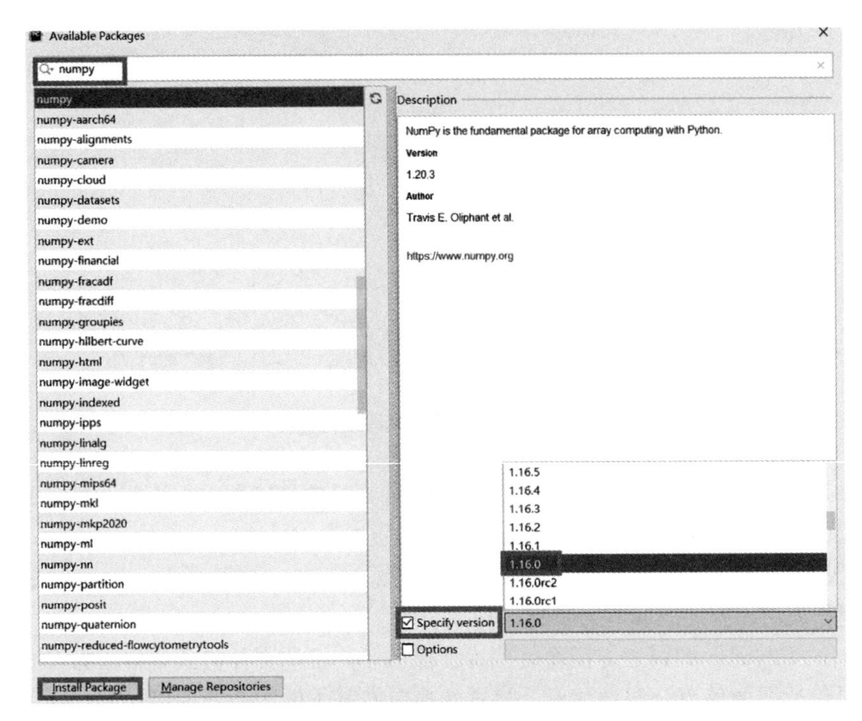


图10.11　选择numpy安装版本

版本 1.16.0 的扩展库 numpy 安装完成，安装成功后的提示如图 10.12 所示。

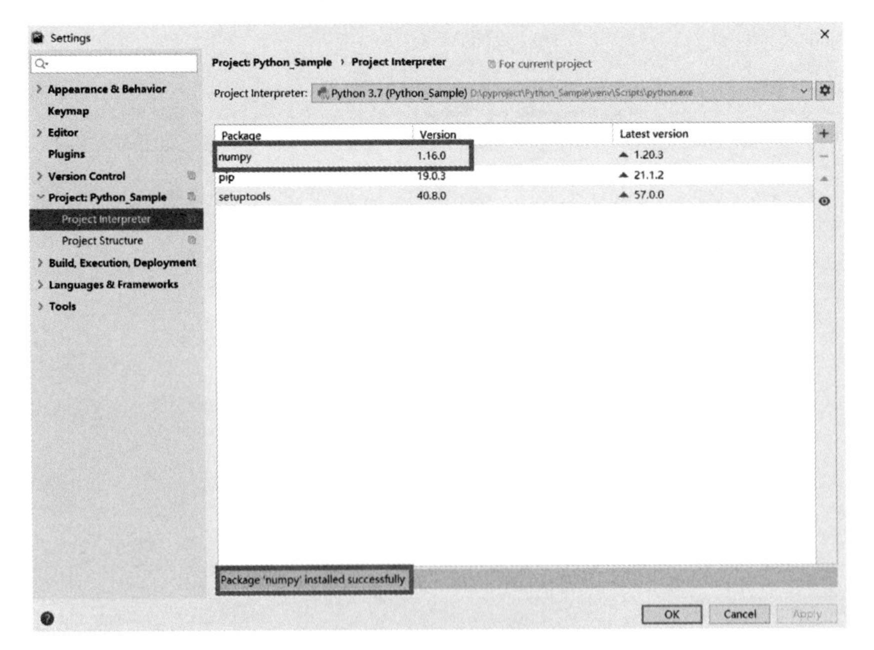


图10.12　numpy安装完成

在弹出窗口上方的搜索栏中搜索 opencv-python，然后选择窗口右下方的“Specify versoin”，选择需要的版本 4.2.0.34，最后点击左下角的“Install Package”按钮，即开始安装，如图 10.13 所示。

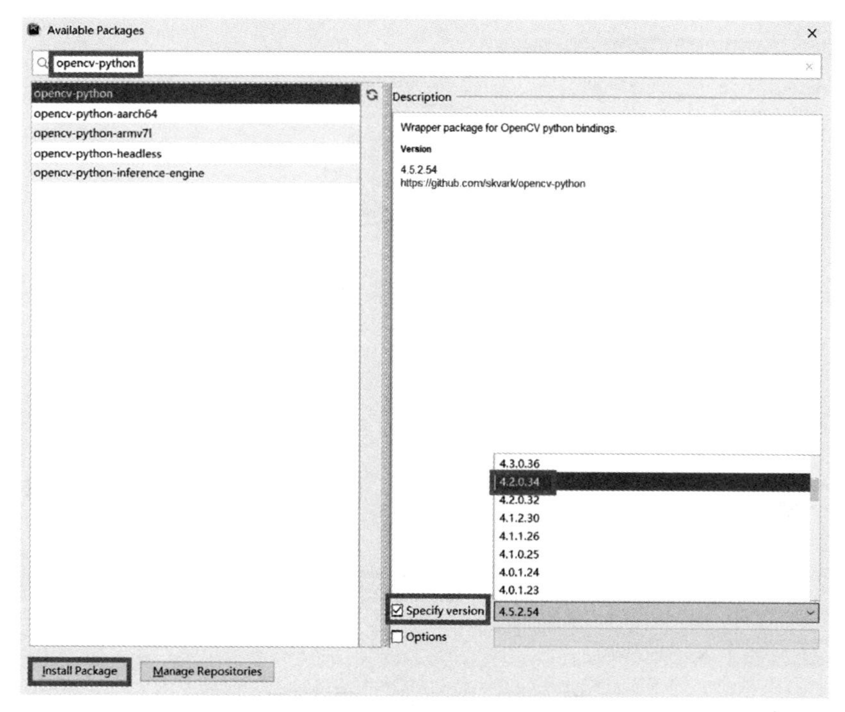


图10.13　选择opencv-python安装版本

版本 4.2.0.34 的扩展库 opencv-python 安装完成，安装成功后的提示如图 10.14 所示。

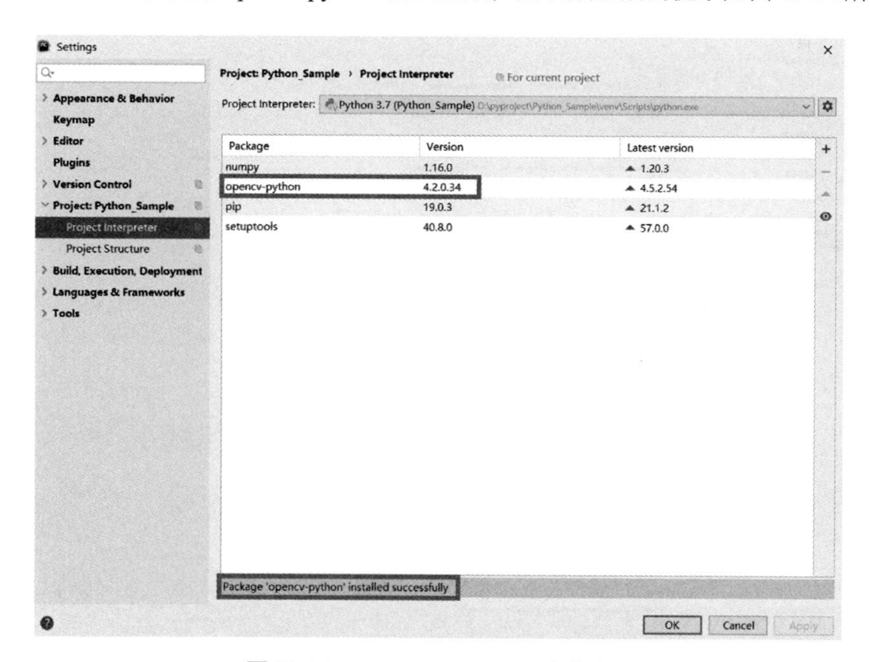


图10.14　opencv-python安装完成

在弹出窗口上方的搜索栏中搜索 pillow，然后选择窗口右下方的“Specify versoin”，选择需要的版本 7.1.2，最后点击左下角的 Install Package 按钮，即开始安装，如图 10.15 所示。

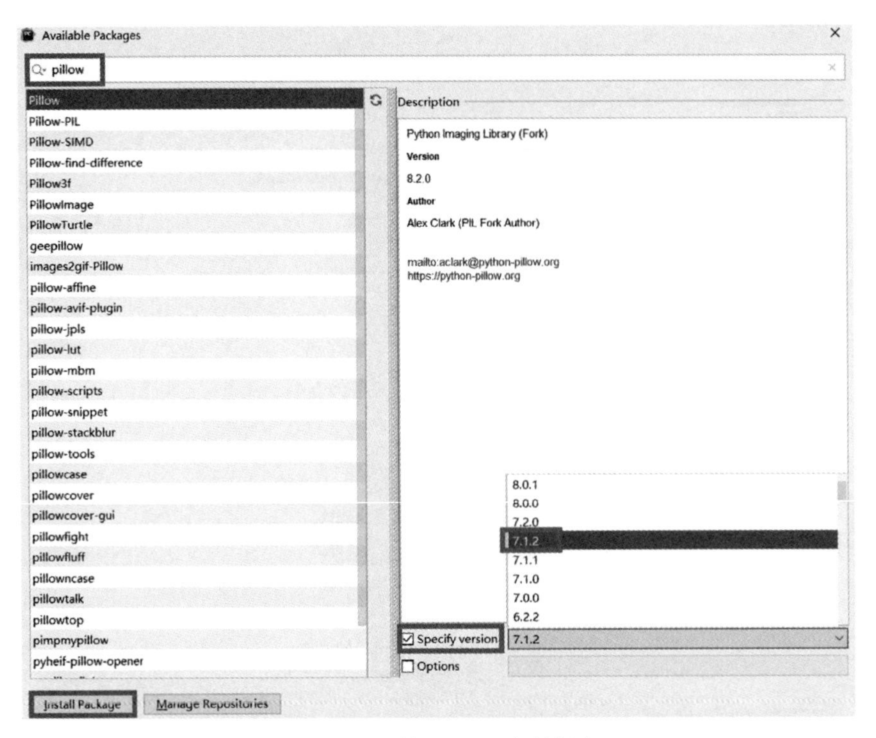


图10.15　选择pillow安装版本

版本 7.1.2 的扩展库 pillow 安装完成，最后点击窗口右下角的“OK”，即完成三个扩展库的安装，如图 10.16 所示。

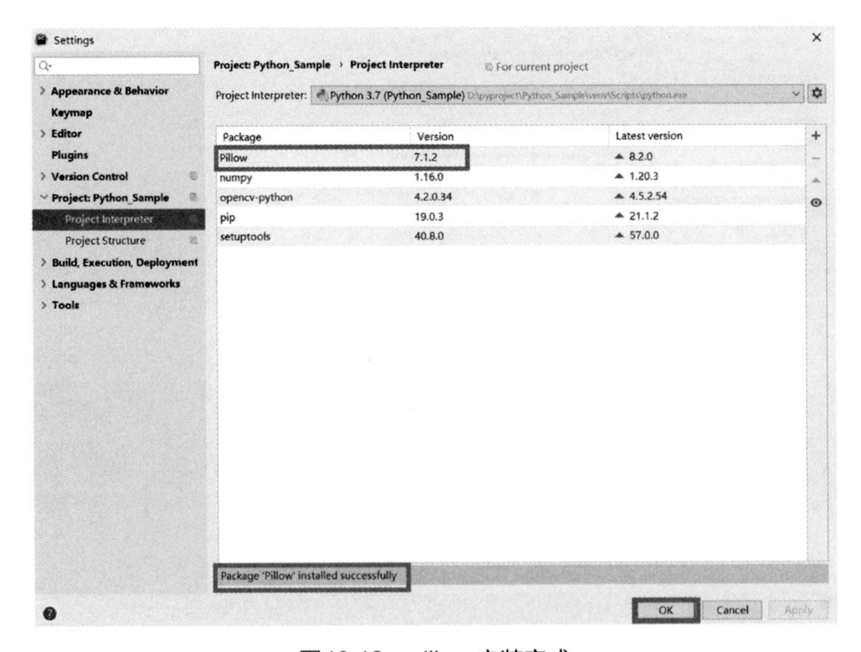


图10.16　pillow安装完成

这里创建Python的可视化界面主要通过tkinter图形库实现，tkinter是使用Python进行窗口视窗设计的模块。tkinter模块是Python的标准Tk GUI工具包的接口。tkinter是Python自带的、可以编辑的GUI界面，我们可以使用tkinter实现很多直观的功能，不需要安装即可直接使用。

# 10.3 编译执行

首先需要创建主窗口界面，并添加打开图片功能，具体步骤如下。

（1）导入需要使用的函数库

代码如下：

```
import tkinter as tk
from tkinter import *
from tkinter.filedialog import askopenfilename
from tkinter.filedialog import asksaveasfile
from PIL import Image，ImageTk
import cv2
import numpy as np
```

（2）定义主界面的初始化函数，创建主窗口

代码如下：

```
class GUI():
  def __init__(self，w=720，h=640)
        # ---------------主界面--------------------
        self.width=w
        self.height=h
        self.mygui=Tk(className="图像处理技术")
        self.mygui.geometry(str(w)+'x'+str(h))
        self.mygui.resizable(False，False)   # 固定窗体大小
        self.mygui.grid()
        self.createWiget()

    def createWiget(self):
        # ---------------菜单栏--------------------
        self.mymenu=Menu(self.mygui)

        # 文件下拉菜单
        filemenu=Menu(self.mymenu，tearoff=0)
        filemenu.add_command(label='打开图片')
        self.mymenu.add_cascade(label="文件"，menu=filemenu)
```

```
        # 二值化菜单
        self.mymenu.add_command(label="二值化")
        self.mygui.config(menu=self.mymenu)

    # 帮助菜单
    self.mymenu.add_command(label='帮助')
    self.mygui.config(menu=self.mymenu)

    # --------------图片控件------------------
    self.label=Label(self.mygui,image=self.img1,width=self.width,height= self.height)
    self.label.place(relx=0.01, rely=0.01)

if __name__ == "__main__":
root=GUI(720, 640)
mainloop()
```

运行程序，在程序界面单击右键，在弹出来的快捷菜单中选择“Debug’GUI’”，或者点击程序界面右上角的按钮，如图 10.17 所示。

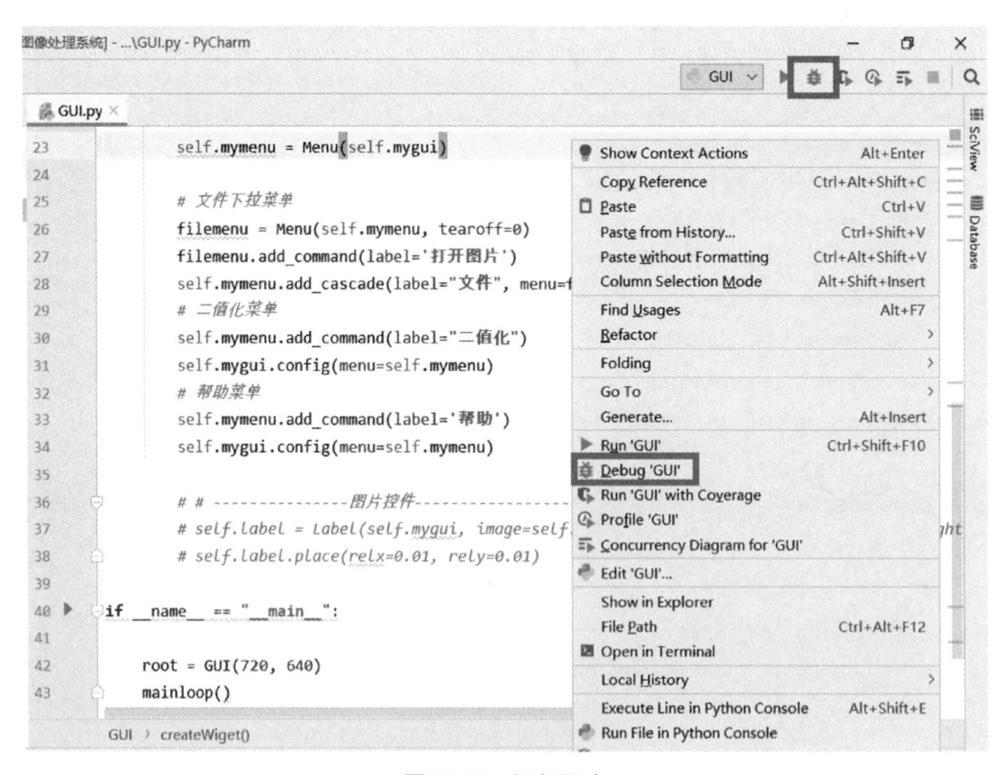


图10.17　运行程序

程序运行结果如图 10.18 所示。

图10.18 主窗口运行结果

（3）构造“打开图片”菜单的响应函数

从 tkinter 中的 askopenfilename 函数获取文件路径，代码如下：

```
def command_open(self):
    global img
    filename=askopenfilename(initialdir='./image/Sample.bmp')
    self.image=Image.open(filename)
    width, height=self.image.size
    image1=self.image.resize((self.width, self.height), Image.ANTIALIAS)
    img=ImageTk.PhotoImage(image1)
    self.label['image']=img
```

为“打开图片”菜单添加响应函数，向 filemenu.add_command(label='打开图片')添加 command=self.command_open，代码如下：

```
# 文件下拉菜单
        filemenu=Menu(self.mymenu, tearoff=0)
        filemenu.add_command(label='打开图片', command=self.command_open)
        self.mymenu.add_cascade(label="文件", menu=filemenu)
```

最后运行程序，效果如图 10.19 所示。

图10.19 添加打开图片功能

(4) 创建子窗口，添加二值化功能

实现主窗口创建及添加打开图片功能以后，接着创建子窗口，并添加二值化等功能，具体步骤如下。

1) 构造“打开图片”菜单的响应函数

构造“打开图片”菜单的响应函数 command_threshold，使用 Toplevel 函数创建子窗口，窗口尺寸设置为 500×250，代码如下：

```
def command_threshold(self):
    self.top=Toplevel(width=500, height=250)
```

为子窗口设置标题，在函数 command_threshold 中添加代码：

```
# 添加标题
self.top.title('二值化处理')
```

运行程序，添加标题后的子窗口如图 10.20 所示。

图10.20 子窗口添加标题

2) 为子窗口添加按钮

调用 tkinter 库中的 Button 控件，其中参数 text 设置按钮名称，font 设置字体及大小，command 指定按钮的事件相应函数。使用 place 布局管理器指定按钮的位置和尺寸，通过 relx 和 lely 设置按钮的相对坐标，通过 relwidth 和 relheight 定义按钮的相对尺寸。通过上述方式设置两个按钮，并添加相应的响应函数，代码如下：

```
# 添加按钮
bottom1=tk.Button(self.top, text='二值处理', font=('宋体', 16), command= self.pic_threshold)
bottom1.place(relx=0.2, rely=0.8, relwidth=0.16, relheight=0.12)
bottom2=tk.Button(self.top, text='关闭', font=('宋体', 16), command=self.pic_ cancel)
bottom2.place(relx=0.6, rely=0.8, relwidth=0.16, relheight=0.12)
```

运行程序，添加按钮后的子窗口如图 10.21 所示。

3) 为子窗口添加标签控件以显示文字

调用 tkinter 库中的 Label 控件，其中参数 text 设置需要显示的文字，font 设置字体及大小，使用 place 布局管理器指定标签的位置和尺寸，代码如下：

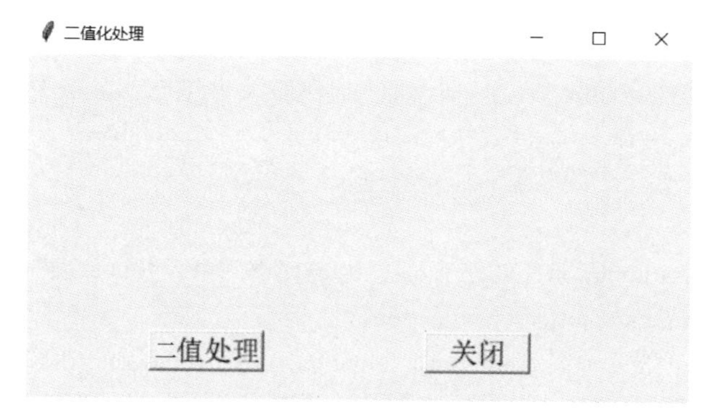


图10.21 添加按钮

```
# 添加标签
Label1=tk.Label(self.top, text="阈值", font=('宋体', 16))
Label1.place(relx=0.01, rely=0.3, relwidth=0.16, relheight=0.12)
```

4）为子窗口添加文本框控件以接收输入的阈值信息

调用 tkinter 库中的 Entry 控件，其中参数 textvariable 设置控件属性，这里设置为整型，并将初始化值设置为 60 和 200，font 设置字体及大小，使用 place 布局管理器指定标签的位置和尺寸，代码如下：

```
# 添加文本框
self.v1=IntVar()
self.Entry1=tk.Entry(self.top, textvariable=self.v1, font=('Times New Roman', 16))
self.Entry1.place(relx=0.16, rely=0.3, relwidth=0.15, relheight=0.12)
self.v1.set(100)
```

运行程序，添加标签和文本框控件后的子窗口如图 10.22 所示。

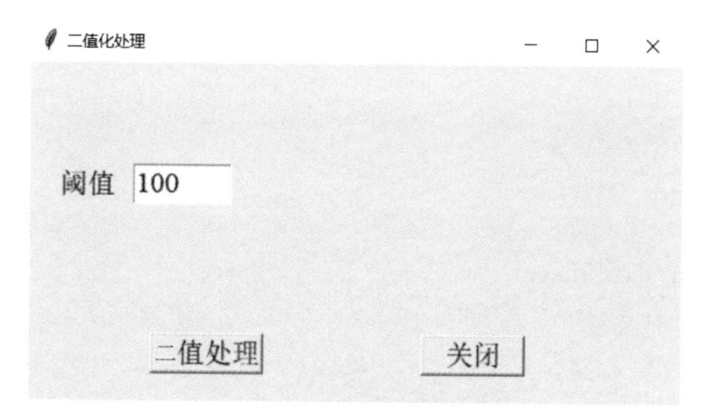


图10.22 添加标签和文本框

5）为子窗口添加单选按钮

tkinter 库中的 LabelFrame 控件用于在按钮控件周围绘制边框，并显示 LabelFrame 控件的标题，这里设置标题为“白像素”。调用 tkinter 库中的 Radiobutton 控件生成一组两个单选按钮，其中参数 text 设置需要显示的文字，font 设置字体及大小，变量属性 variable 设置为整型，两个按钮的值分别设置为 1 和 2，使用 place 布局管理器指定标签的位置和尺寸，如图 10.23 所示。代码如下：

```
# 添加单选按钮
LabelFrame1=tk.LabelFrame(self.top, text="白像素", font=('宋体', 16))
LabelFrame1.place(relx=0.35, rely=0.1, relwidth=0.5, relheight= 0.5)
self.v2=IntVar()

Radiobutton1=tk.Radiobutton(LabelFrame1, text='以下', font=('宋体', 16), variable=self.v2, value=1, command=self.showSelection1)
Radiobutton1.place(relx=0.1, rely=0.4, relwidth=0.25, relheight= 0.2)
Radiobutton2=tk.Radiobutton(LabelFrame1, text='以上', font=('宋体', 16), variable=self.v2, value=2, command=self.showSelection1)
Radiobutton2.place(relx=0.4, rely=0.4, relwidth=0.25, relheight= 0.2)

self.v2.set(1)
```

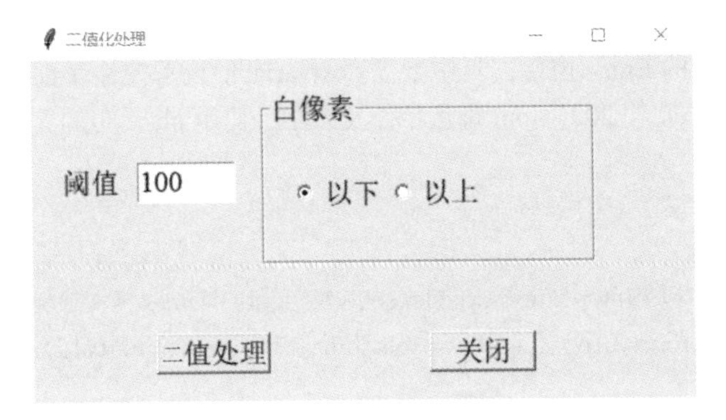


图10.23　添加按钮

6）分别构建“二值处理”与“关闭”的响应函数

代码如下:

```
#添加二值处理的响应函数
def Threshold(self):
    global img1
    img1=np.array(self.image)
    self.low=self.v1.get()
    self.choice=self.v2.get()
    w, h=self.image.size
    if(self.choice == 1):
        for j in range(h):
            for i in range(w):
                if img1[j, i] < self.low:
                    img1[j, i]=255
                else:
                    img1[j, i]=0
```

```
        elif(self.choice == 2):
            for j in range(h):
                for i in range(w):
                    if img1[j, i] < self.low:
                        img1[j, i]=0
                    else:
                        img1[j, i]=255
        image1=Image.fromarray(np.uint8(img1))
        image1=image1.resize((self.width, self.height), Image.ANTIALIAS)
        img1=ImageTk.PhotoImage(image1)
    self.label['image']=img1

    #添加关闭的响应函数
    def pic_cancel(self):
        self.top.destroy()
```

运行程序，添加二值化处理功能后的界面如图 10.24 所示。

图10.24　添加二值化功能

以上 Python_Sample 工程的源代码可以在 http://www.fubo-tech.com/下载。

# 第11章 TensorFlow深度学习工程

## 11.1 框架获得

TensorFlow 是一个端到端开源机器学习平台。它拥有一个全面而灵活的生态系统，其中包含各种工具、库和社区资源，可助力研究人员推动先进机器学习技术的发展，并使开发者能够轻松地构建和部署由机器学习提供支持的应用。

TensorFlow 由谷歌人工智能团队谷歌大脑（Google Brain）开发和维护。自 2015 年 11 月 9 日起，TensorFlow 依据阿帕奇授权协议（Apache 2.0 open source license）开放源代码 。

Python 语言和 Anaconda 因有许多优秀的深度学习库可用，故常用于深度学习技术的开发。在使用 TensorFlow 学习平台之前，需要搭建 TensorFlow 运行所需的环境。可安装 Anaconda 软件，在 Anaconda 中创建虚拟 TensorFlow 环境，在虚拟环境中安装 TensorFlow 的运行所需的 Python 安装包。

## 11.2 安装设置

（1）安装 Anaconda

Anaconda 是一个用于科学计算的 Python 发行版，支持 Linux、Mac、Windows，包含了众多流行的科学计算、数据分析的 Python 包。这里使用的系统是 Ubuntu 16.04。

下载 Anaconda3-2020.07-Linux-x86_64.sh 并安装

```
bash ~/Downloads/Anaconda3-2020.07-Linux-x86_64.sh
```

（2）Aanaconda 国内镜像配置

```
conda config --add channels https://mirrors.tuna.tsinghua.edu.cn/anaconda/pkgs/free/
conda config --add channels
https://mirrors.tuna.tsinghua.edu.cn/anaconda/pkgs/main/
conda config --set show_channel_urls yes
```

（3）创建 TensorFlow 环境

本文使用 tfgpu 作为环境名，命令如下。

```
conda create -n tfgpu python=3.7
```

安装成功后激活 tfgpu 环境，如图 11.1 所示，执行以下命令创建 tfgpu 环境。

```
source activate tfgpu
```

在创建的 tfgpu 环境下安装 TensorFlow 的 GPU 版本，执行以下命令。

```
conda install tensorflow-gpu=1.15.0
```

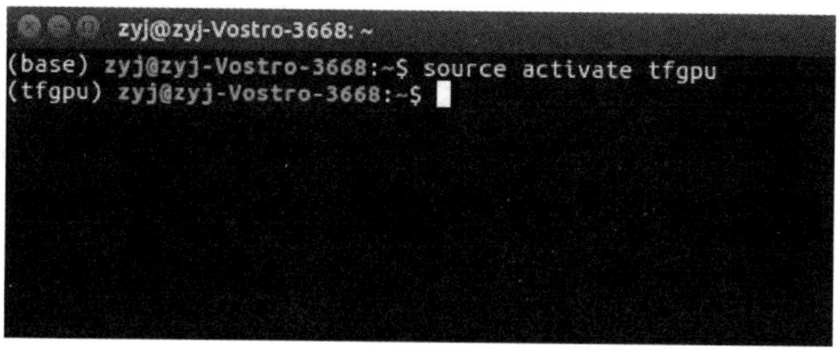

```
zyj@zyj-Vostro-3668: ~
(base) zyj@zyj-Vostro-3668:~$ source activate tfgpu
(tfgpu) zyj@zyj-Vostro-3668:~$
```

图11.1　进入创建的虚拟环境

（4）安装缺少的数值计算和数据分析相关包

```
conda install keras
conda install matplotlib
conda install scikit-learn
conda install h5py
conda install pillow
conda install-c menpo opencv3
```

（5）使用 Anaconda 安装 jupyter notebook

jupyter notebook 的本质是一个 Web 应用程序，便于创建和共享文学化程序文档，支持实时代码、数学方程、可视化和 markdown。

1）启用 TensorFlow 环境指令

```
source activate tfgpu
```

2）运行指令安装 jupyter notebook

```
conda install jupyter
conda install ipython
```

# 11.3 案例

## 11.3.1 数据准备

（1）数据集处理

1）图片标注

将所有图片使用 Labelme 软件进行标注，生成后缀为 json 的文件，如图 11.2 和图 11.3 所示。

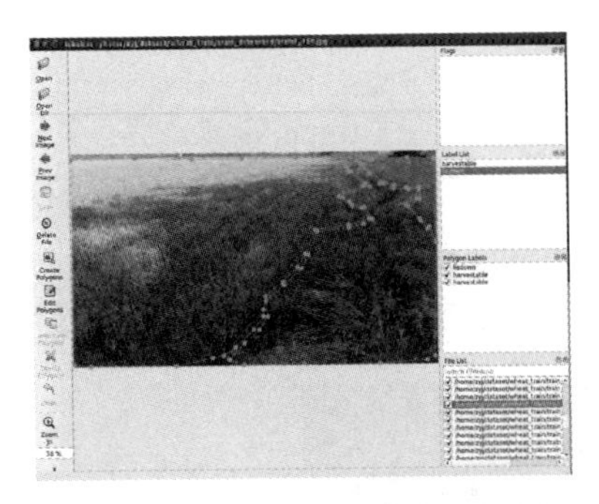
图11.2　Labelme标注数据集

图11.3　标注后生成的json文件

2）图片制作

```
python labelme2voc.py dataset_all  dataset_voc --labels labels.txt
```

labelme2voc.py：将图片生成标签图。
dataset_all：存放所有的图片和标注的 json 文件。
dataset_voc：生成标签图存放的文件夹。
labels.txt：存放分割区域类别标签名的文件。

```
__ignore__
_background_
harvestable
liedown
python remove_gt_colormap.py --original_gt_folder
dataset_voc/SegmentationClassPNG --output_dir
dataset_voc/SegmentationClassPNG-raw
```

remove_gt_colormap.py：将文件去除 colormap 变成单通道的灰度图。
dataset_voc/SegmentationClassPNG：上一步生成的标签图。
SegmentationClassPNG-raw：处理生成的单通道灰度图。
（2）数据转换成 tfrecord 格式
数据集的文件夹结构如图 11.4 所示。

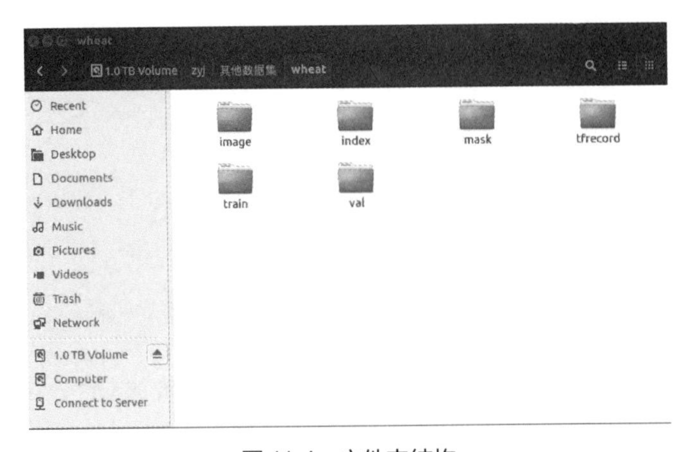

图 11.4　文件夹结构

image：文件夹存放所有的数据集图片。
index：指引文件存放训练集 train 和验证集 val 文件名称。
train：存放训练集图片。
val：存放验证集图片。

```
python build_voc2012_data.py
--image_folder="/home/user/dataset/wheat/image" \
--semantic_segmentation_folder="/home/user/dataset/wheat/mask"\
--list_folder="/home/zyj/user/wheat/index"\
--image_format="jpg"\
--output_dir="/home/ user /dataset/wheat/tfrecord"
```

build_voc2012_data.py：创建生成 tfrecord 文件。
image_folder：导入所有图片文件。
emantic_segmentation_folder：导入所有文件的灰度图。
list_folder：导入指引文件列表。
output_dir：创建生成 tfrecord 文件。

在 tfrecord 文件夹中，训练数据：train-00000-of-00004.tfrecord、train-00001-of-00004.tfrecord、train-00002-of-00004.tfrecord、train-00003-of-00004.tfrecord;

验证数据：val-00000-of-00004.tfrecord、val-00001-of-00004.tfrecord、val-00002-of-00004.tfrecord、val-00003-of-00004.tfrecord。

## 11.3.2 训练模型

（1）DeepLabV3+项目获取
1）在官方开源代码网站下载项目
2）添加项目的依赖路径
在.bashrc 文件中添加如下内容：

```
export PYTHONPATH=
/home/user/models/research/slim:/home/user/models/research:$PYTH ONPATH
```

（2）重新定义 datasets 文件<修改 slim 文件>
在 DeepLabV3+模型的基础上，需要修改以下两个文件
*data_generator.py
*train_utils.py

在 datasets/data_generator.py 文件中，添加自己的数据集描述。同时在 datasets/data_generator.py 文件，添加对应数据集的名称。代码如下。

```
_MYDATA_INFORMATION = DatasetDescriptor(
splits_to_sizes={
'train': 136, # 训练集图片数量
'val': 16, # 测试集图片数量
},
```

```
num_classes=3,#图片中分割种类数（加背景）
ignore_label=255,
)
_DATASETS_INFORMATION = {
'cityscapes': _CITYSCAPES_INFORMATION,
'pascal_voc_seg': _PASCAL_VOC_SEG_INFORMATION,
'ade20k': _ADE20K_INFORMATION,
 'wheat':_WHEAT_INFORMATION，#添加自己的数据集wheat
}
```

（3）开始训练

tf_initial_checkpoint：预训练的权重、数据集都和 CityScapes 类似，所以使用的是 CityScapes 的预训练权重。

train_logdir：训练产生的文件存放位置。

dataset_dir：数据集的 TFRecord 文件。

dataset：设置为在 data_generator.py 文件设置的数据集名称。

training_number_of_steps：训练步数 100000 步。

具体代码如下：

```
python train.py \
  --logtostderr \
  --training_number_of_steps=100000 \
  --train_split="train" \
  --model_variant="xception_65" \
  --atrous_rates=6 \
  --atrous_rates=12 \
  --atrous_rates=18 \
  --output_stride=16 \
  --decoder_output_stride=4 \
  --train_crop_size=513,513 \
  --train_batch_size=4 \

  --dataset="wheatdata" \
  --tf_initial_checkpoint=&apos;/home/user/models/research/deeplab/deeplabv3_cityscapes
_train/model.ckpt&apos; \
  --train_logdir=&apos;/home/user/models/research/deeplab/exp/wheat_train/train&apos; \
  --dataset_dir=&apos;/home/user/dataset/wheat/tfrecord&apos;
```

训练结果如图 11.5 所示。

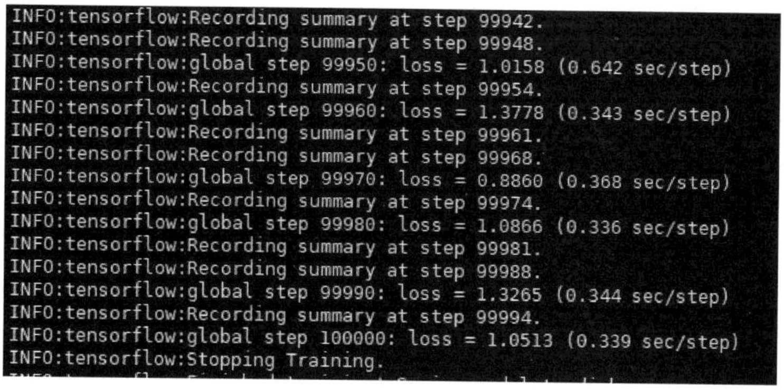

```
INFO:tensorflow:Recording summary at step 99942.
INFO:tensorflow:Recording summary at step 99948.
INFO:tensorflow:global step 99950: loss = 1.0158 (0.642 sec/step)
INFO:tensorflow:Recording summary at step 99954.
INFO:tensorflow:global step 99960: loss = 1.3778 (0.343 sec/step)
INFO:tensorflow:Recording summary at step 99961.
INFO:tensorflow:Recording summary at step 99968.
INFO:tensorflow:global step 99970: loss = 0.8860 (0.368 sec/step)
INFO:tensorflow:Recording summary at step 99974.
INFO:tensorflow:global step 99980: loss = 1.0866 (0.336 sec/step)
INFO:tensorflow:Recording summary at step 99981.
INFO:tensorflow:Recording summary at step 99988.
INFO:tensorflow:global step 99990: loss = 1.3265 (0.344 sec/step)
INFO:tensorflow:Recording summary at step 99994.
INFO:tensorflow:global step 100000: loss = 1.0513 (0.339 sec/step)
INFO:tensorflow:Stopping Training.
```

图11.5　训练过程中的损失函数值

### 11.3.3　验证准确率

验证准确率代码如下：

```
python eval.py \
  --logtostderr \
  --eval_split="val" \
  --model_variant="xception_65" \# "moblienetv2"
  --atrous_rates=6 \
  --atrous_rates=12 \
  --atrous_rates=18 \
  --output_stride=16 \
  --decoder_output_stride=4 \
  --eval_crop_size=720,1280\
  --dataset="wheatdata" \
  --checkpoint_dir=&apos;/home/user/models/research/deeplab/exp/wheat_train/train&apos;\
  --eval_logdir=&apos;/home/user/models/research/deeplab/exp/wheat_train/eval&apos; \
  --dataset_dir=&apos;/home/user/dataset/wheat/tfrecord&apos; \
  --max_number_of_evaluations=1
```

查看 MIoU 值代码：

```
tensorboard --logdir /home/user/models/research/deeplab/exp/wheat_train/eval
```

查看训练过程的 loss 代码：

```
tensorboard --logdir /home/user/models/research/deeplab/exp/wheat_train/train
```

MIoU 值为 0.9511。

### 11.3.4　导出模型并对图片分类

（1）生成 Pb 文件

训练好 DeepLabV3+模型后，生成了 ckpt 文件，下一步希望利用模型进行真实的场景预测，通用的做法是生成 pb 文件，以方便其他语言调用。

```
python export_model.py \ --logtostderr \
```

```
--checkpoint_path="/home/user/models/research/deeplab/exp/wheat/train/model.ckpt-100000" \
--export_path="/home/user/models/research/deeplab/exp/wheat/frozen_pb/dlab_wheat.pb" \
--model_variant=" xception_65" \
--num_classes=3 \
```

export_model.py：将训练得到的 ckpt 文件转换成 pd 文件。

checkpoint_path：加载模型文件的路径。

num_classes：类别数目。

（2）图片预测

代码如下：

```
import tensorflow as tf
from keras.preprocessing.image import load_img，img_to_array
img = load_img(img_path)
img = img_to_array(img)
img = np.expand_dims(img，axis=0).astype(np.uint8)
sess = tf.Session()
with open("dlab_wheat.pb"，"rb") as f:
      graph_def = tf.GraphDef()
      graph_def.ParseFromString(f.read())
      output = tf.import_graph_def(graph_def，input_map={"ImageTensor:0": img}
return_elements=["SemanticPredictions:0"])
result = sess.run(output)
print(result[0].shape)
```

load_img（img_path）:输入需要预测的图片。

open（"dlab_wheat.pb"，"rb"）：导入 pb 模型。

print（result[0].shape）：打印预测图片。

测试图像、标注图像及分割结果如图 11.6 所示。模型训练结果对比如表 11.1 所示。

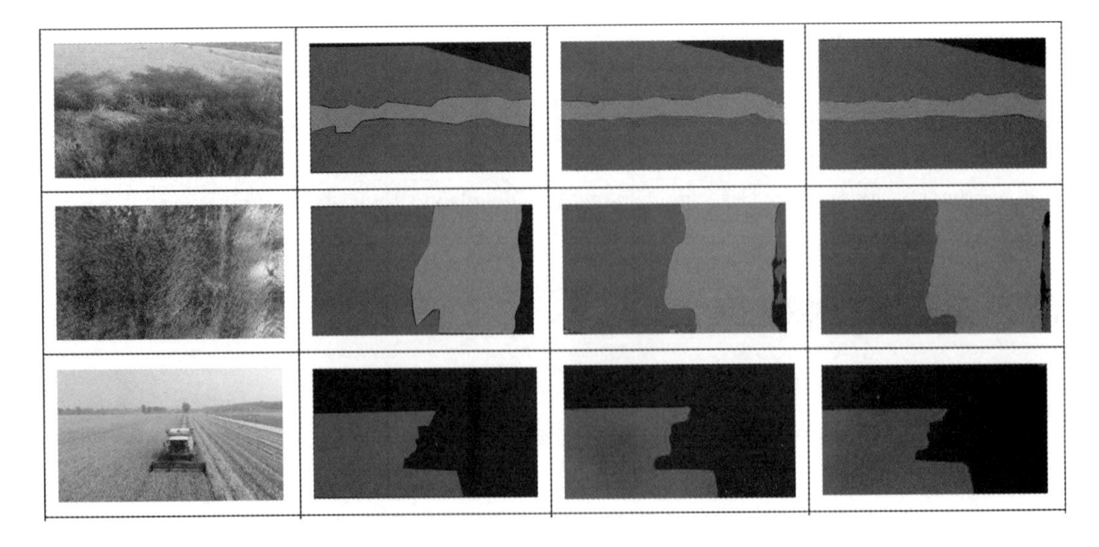

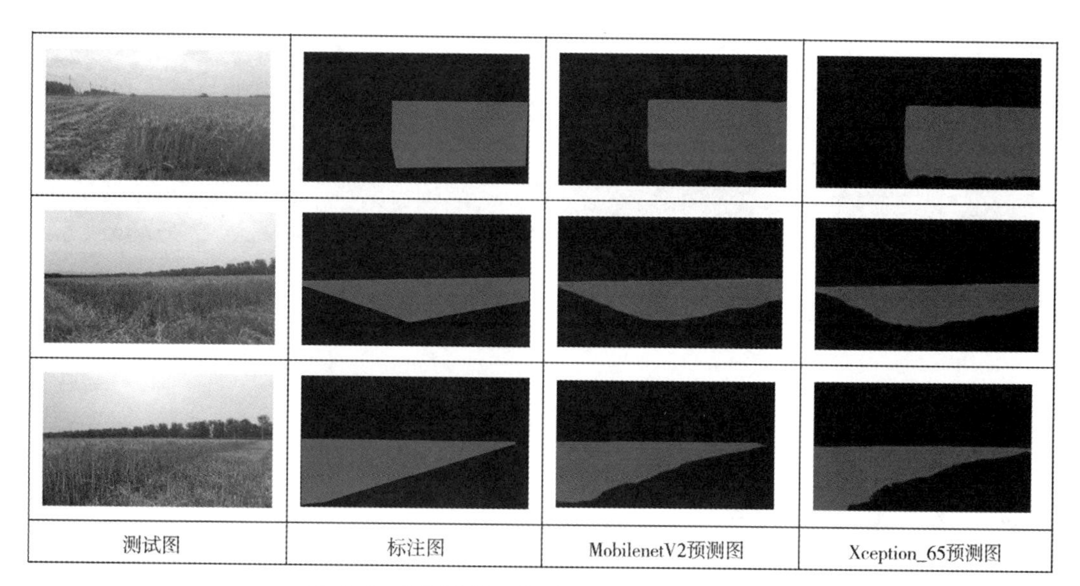


图11.6　测试图像、标注图像以及分割结果图

表 11.1　模型训练结果对比

| 骨干网络 | 图片尺寸/像素 | 训练迭代次数 | MIoU/% | 运行时间/s |
| --- | --- | --- | --- | --- |
| Xception | 720 × 1280 | 100000 | 77.31 | 0.42 |
| MobileNet_V2 | 720 × 1280 | 100000 | 76.37 | 0.22 |

# 第12章 Keras深度学习工程

## 12.1 框架获得

安装 Keras 前需要自行安装 Anaconda 和 PyCharm，安装过程见第 11 章、第 8 章。

安装 Keras 需要安装 theano，theano 安装过程见第 17 章。

Keras 框架获取方法有两种：

第一种是直接在命令行（cmd）中进行安装，见 12.2 节。

第二种是进行离线下载，Keras 安装依赖的包有 Keras-Preprocessing，Keras-Applications 等，需要先下载安装，离线包的下载地址如下。

keras 下载地址：https://pypi.org/project/Keras/#files。

Keras-Preprocessing 下载地址：https://pypi.org/project/Keras-Preprocessing/#files。

Keras-Applications 下载地址：https://pypi.org/project/Keras-Applications/#files。

新手建议使用第一种安装方式，第二种离线安装方式解压完安装包可能会查找不到安装的库文件。

首先复制 keras 的下载网址：https://pypi.org/project/Keras/#files，粘贴到浏览器地址栏，点击回车，就会进入如图 12.1 所示的界面，随后使用鼠标点击图中红框中的信息，选择任意一个路径将离线安装包进行保存，并将下载的离线安装包解压至路径 F:\Anaconda3\Lib\ site-packages 下。

注意：本书 Anaconda 软件安装在了 F 盘目录下，使用者需要注意自己的 Anaconda 软件安装在哪个目录下，对相应的路径进行修改。

另外两个依赖包的下载参考上方 Keras 下载的方法即可。

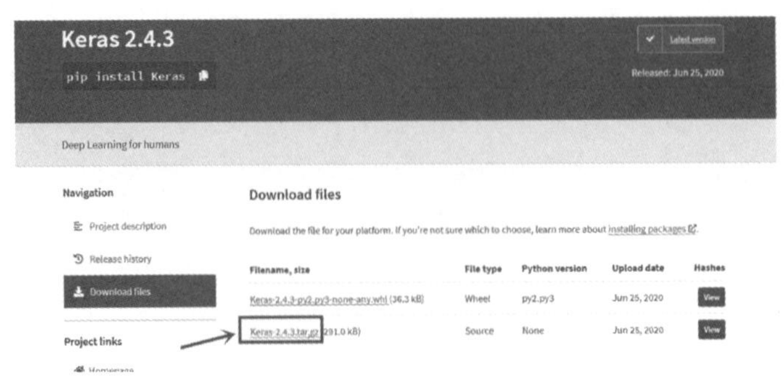


图12.1 Keras离线下载

# 12.2 安装设置步骤

（1）开始安装

安装 Keras 时依赖库 mingw libpython。进入 win 菜单打开 cmd 或者打开图 12.2 中的 Anaconda Prompt 进行后续步骤。

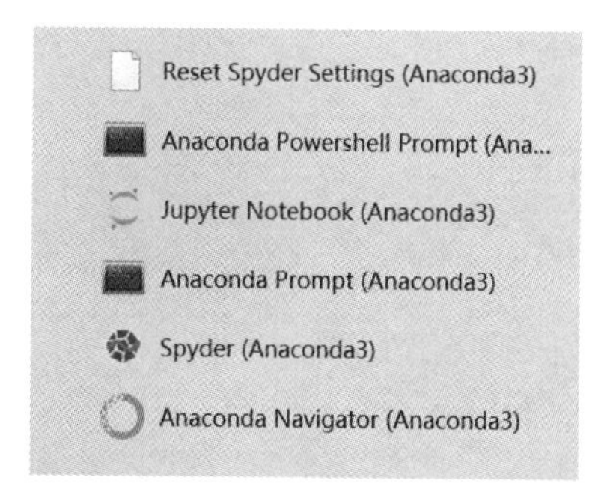


图12.2　打开Anaconda Prompt

配置镜像地址输入如下：

conda config--add channels https://mirrors.tuna.tsinghua.edu.cn/anaconda/pkgs/free/

按 Enter 回车之后输入 conda install mingw libpython，按 Enter 回车，然后再输入 y，回车，如图 12.3 所示。

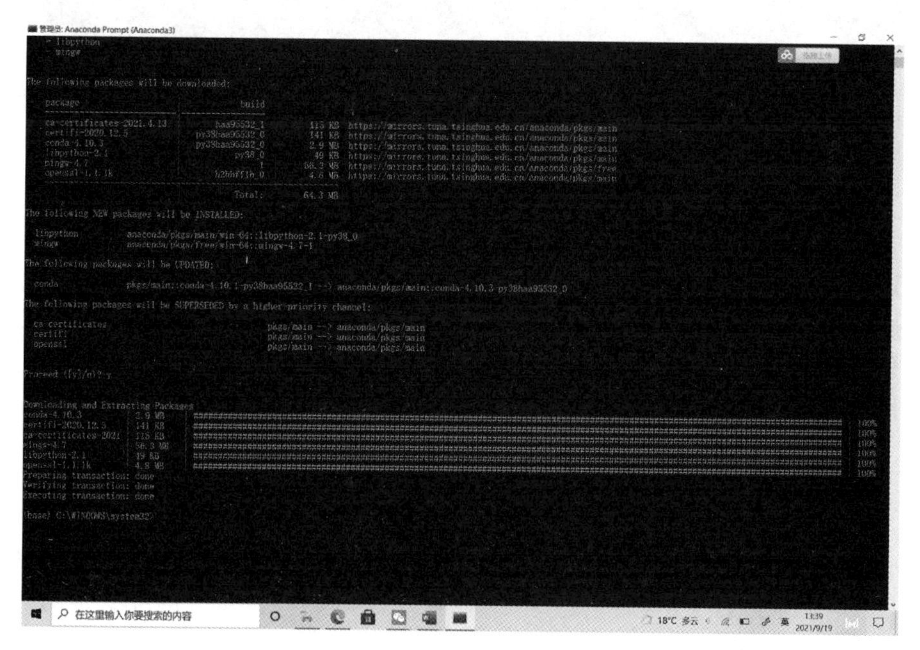

图12.3　安装mingw libpython

（2）安装命令

在 cmd 中输入 conda install keras，点击回车，输入 y 后回车，开始安装，如图 12.4 所示。

图12.4　安装keras

安装完成后可以输入命令 conda list keras 查看 Keras 的安装情况，如图 12.5 所示。

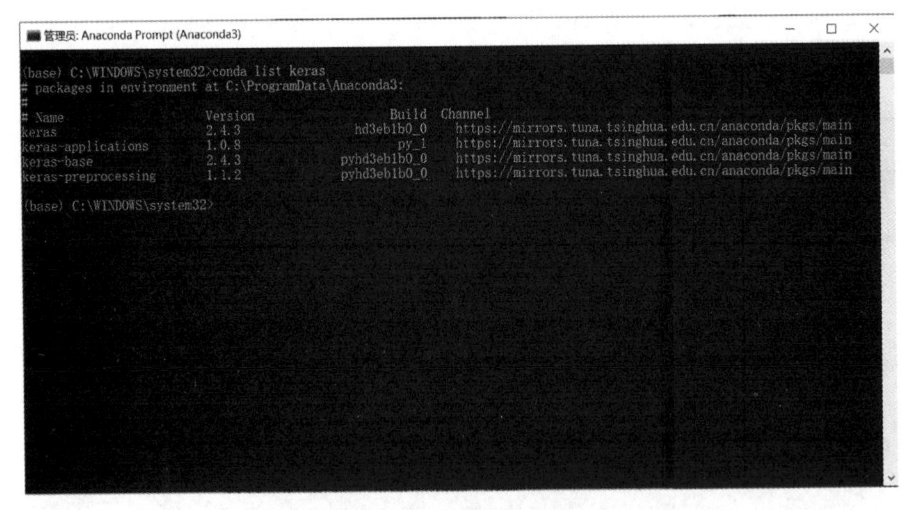


图12.5　查看Keras安装情况

（3）选项修改

注意：如果是第一次使用 Keras，在“C:\Users\用户名”路径下方无法看到名为.keras 的文件，此时直接跳至 12.3 节工程创建这一步，进行后续操作，完成 12.3 节之后的所有步骤后，再重新返回此处进行操作。

Keras 的 backend 默认为 TensorFlow，建立在 TensorFlow 框架上，此处需要手动改为 Theano。在电脑的路径 C:\Users\vcc\（此处注意找到自己的电脑用户名，一般在 C 盘中的用户文件夹中）.keras\keras.json 找到这个配置文件，如图 12.6 ~ 图 12.8 所示。

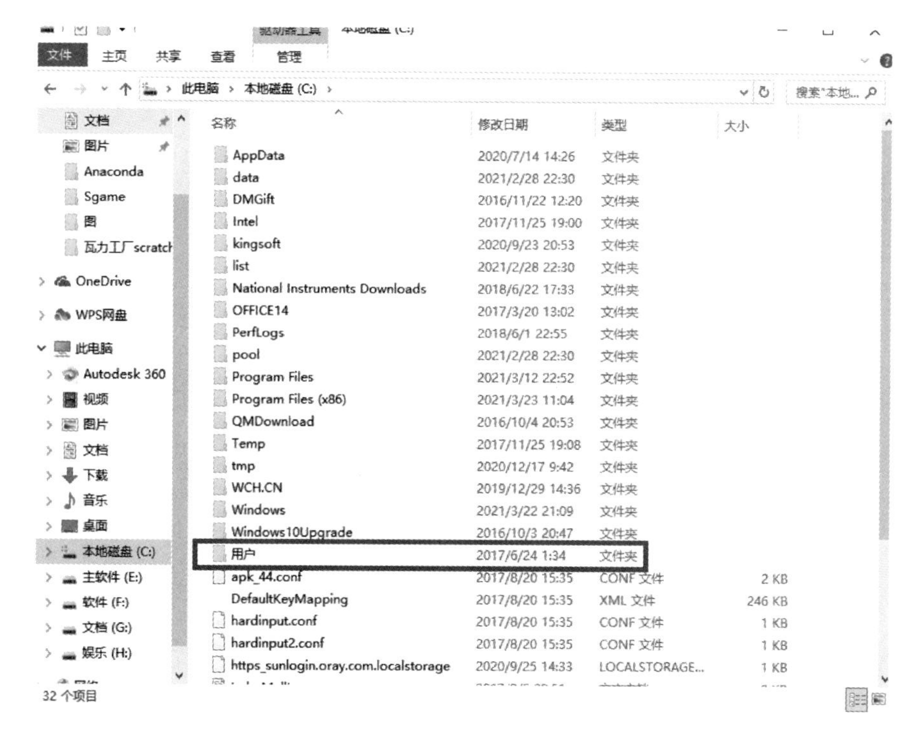


图12.6 找到用户文件夹

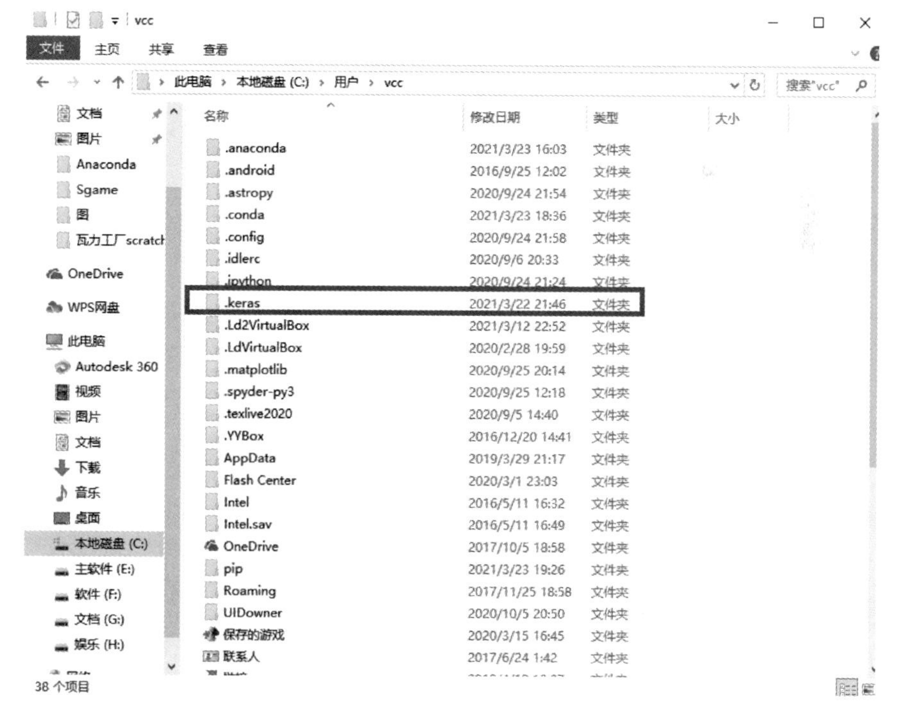


图12.7 找到.keras文件

（4）文件内容修改

将 keras.josn 文件以记事本的形式打开，将其中的 TensorFlow 修改为 Theano，如图 12.9 所示。

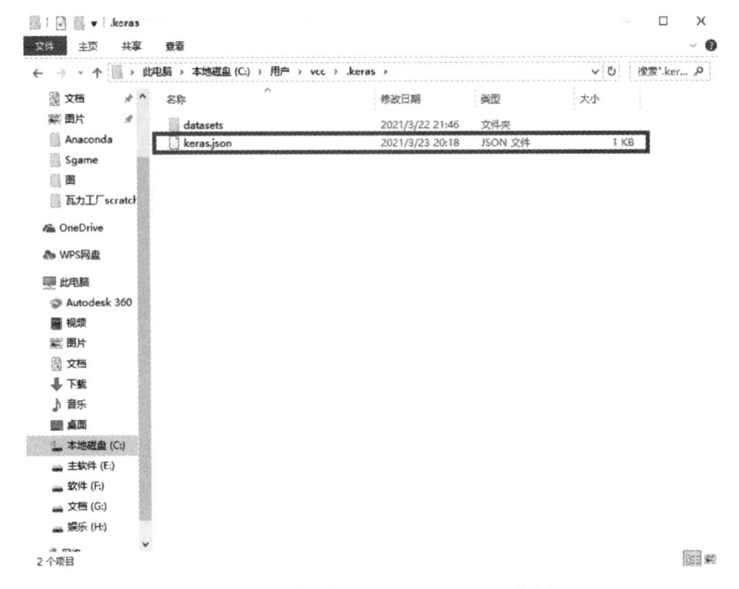


图12.8　找到keras.json配置文件

图12.9　将TensorFlow修改为Theano

# 12.3 工程创建

（1）打开 PyCharm

如图 12.10 所示，打开 PyCharm。

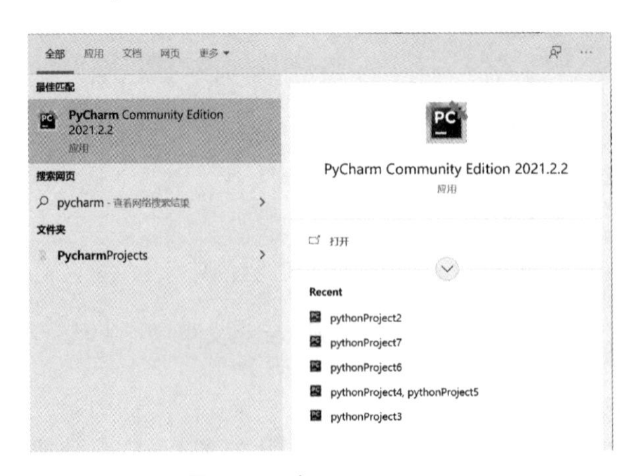


图12.10　打开PyCharm

（2）工程建立

如图 12.11 所示，点击左上角“File”，接着点击“NewProject”。

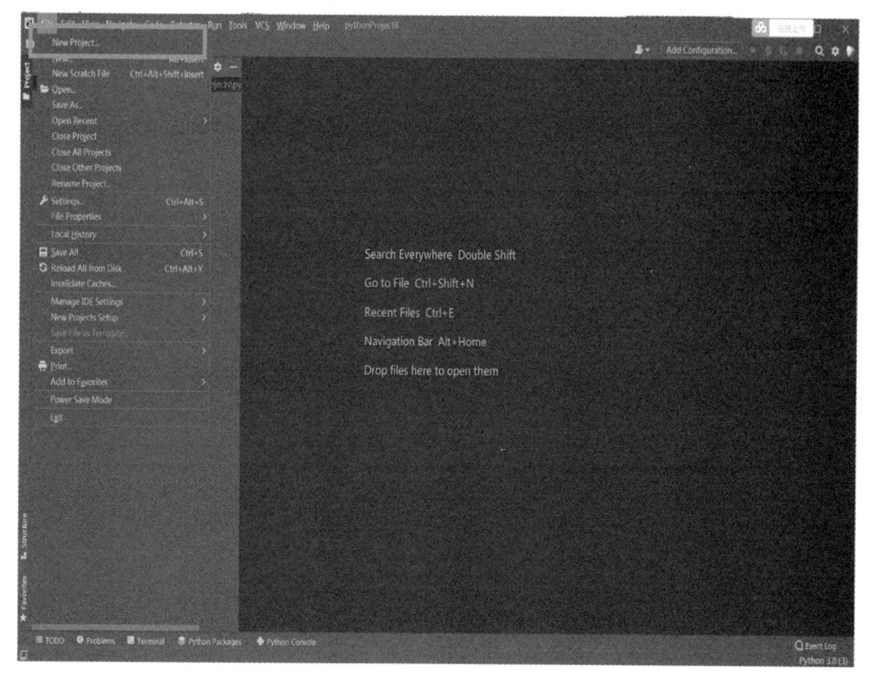


图12.11　打开NewProject

（3）工程选项设置

按照图 12.12 所示的步骤进行工程选项设置。

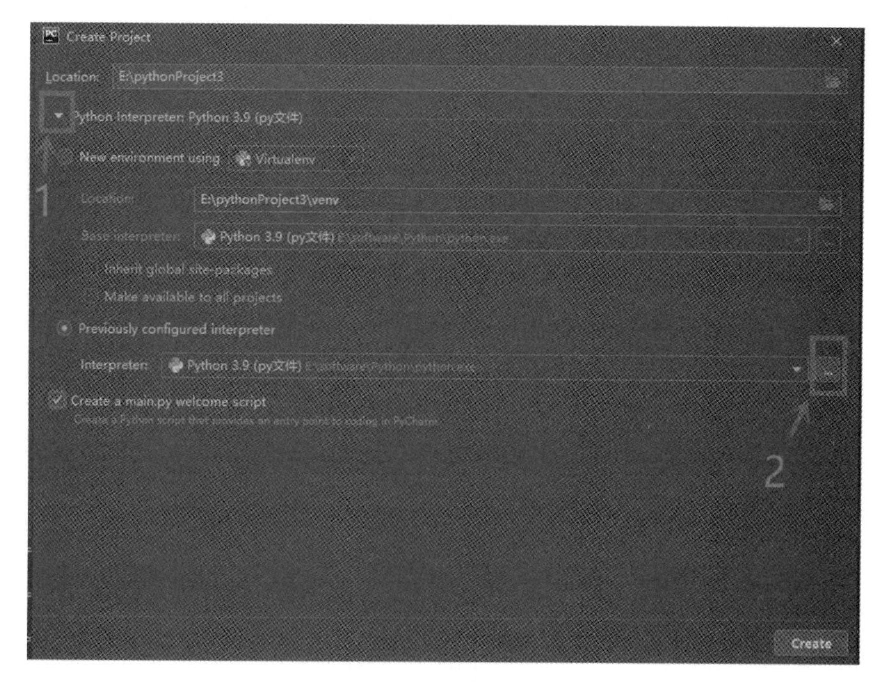


图12.12　工程选项设置

（4）加载文件

加载 conda 环境需要注意，图 12.13 的第三步是根据之前的 Anaconda 存储路径去寻找，然后加载文件夹下的 python.exe 文件即可，此处本书的路径是 F:\Anaconda3\python.exe。按照上述四步操作完成后点击“OK”，工程创建完成。

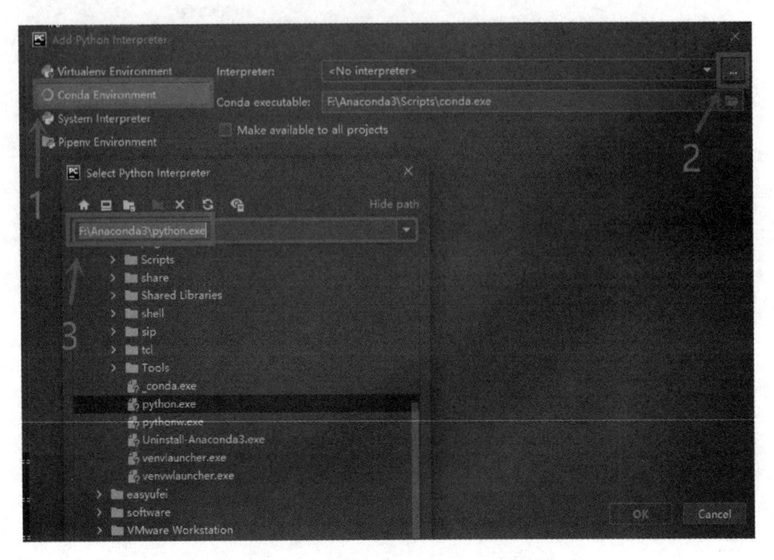


图12.13　加载python.exe文件

# 12.4 编译、训练、评估与部署

（1）打开文件

如图 12.14 所示，点击左上角的“File”，接着继续点击“New”。

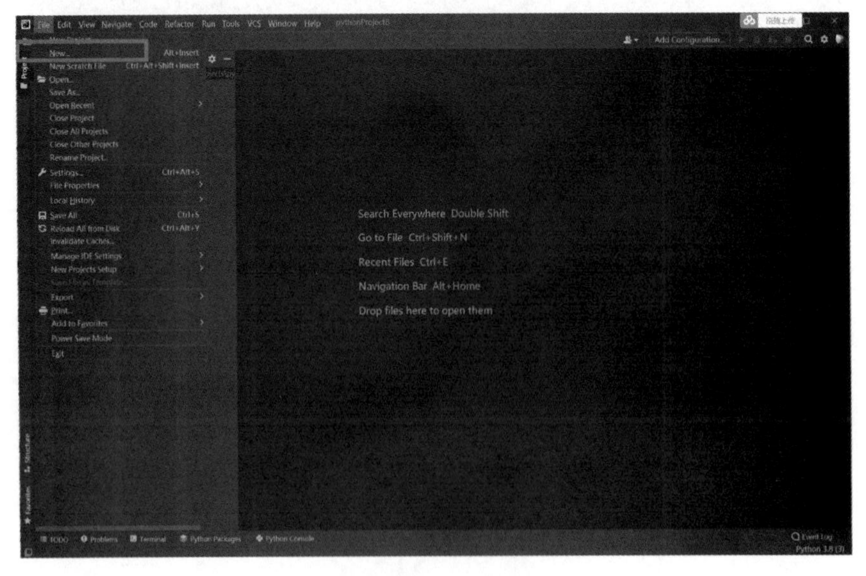


图12.14　打开文件

（2）文件选择

如图 12.15 所示，选择“Python File”。

（3）文件命名

如图 12.16 所示，对文件进行命名，此处命名为“keras1”。

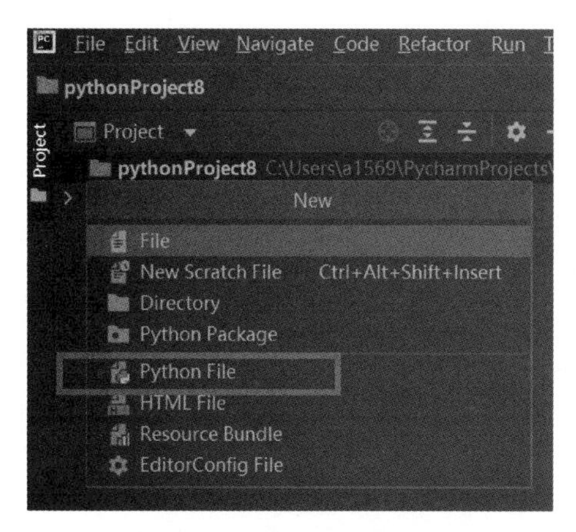


图12.15　选择Python File

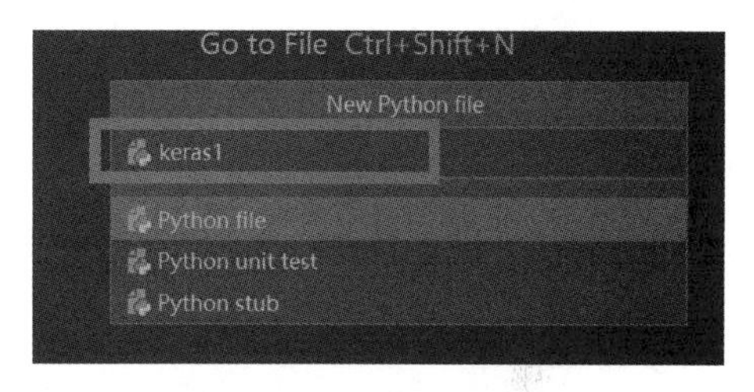


图12.16　将文件命名为keras1

（4）编写程序

在 keras1 中输入如图 12.17 所示的内容。

```
# import numpy as np
from keras.datasets import mnist
from keras.utils import np_utils
from keras.models import Sequential
from keras.layers import Dense
from keras.optimizers import SGD
# [illegible]
(x_train, y_train), (x_test, y_test) = mnist.load_data()
#  (60000,28,28)
print('x_shape:', x_train, shape)  # (60000)
print('y_shape:', y_train, shape)
#  (60000,28,28)->(60000,784)
x_train = x_train.reshape(x_train, shape[0], -1) / 255.0
x_test = x_test.reshape(x_test, shape[0], -1) / 255.0
# [illegible] one hot[illegible]
y_train = np_utils.to_categorical(y_train, num_classes=10)
y_test = np_utils.to_categorical(y_test, num_classes=10)
# [illegible]784[illegible]10[illegible]
model = Sequential([
    Dense(units=10, input_dim=784, bias_initializer='one', activation='softmax')
])
# [illegible]
sgd = SGD([illegible]=0.2)
# [illegible] loss function,[illegible]
model.compile(
    optimizer=sgd,
    loss='mse',
    metrics=['accuracy'],
)
# [illegible]
model.fit(x_train, y_train, batch_size=64, epochs=5)
# [illegible]
loss, accuracy = model.evaluate(x_test, y_test)
print('\ntest loss', loss)
print('accuracy', accuracy)
```

图12.17　编写程序

具体代码如下:

```
import numpy as np
from keras.datasets import mnist
from keras.utils import np_utils
from keras.models import Sequential
from keras.layers import Dense
from keras.optimizers import SGD
# 载入数据
(x_train, y_train), (x_test, y_test)=mnist.load_data()
#(60000, 28, 28)
print('x_shape:', x_train.shape)#(60000)
print('y_shape:', y_train.shape)
#(60000, 28, 28)->(60000, 784)
x_train=x_train.reshape(x_train.shape[0], -1) / 255.0
x_test=x_test.reshape(x_test.shape[0], -1) / 255.0
# 换 one hot 格式
y_train=np_utils.to_categorical(y_train, num_classes=10)
y_test=np_utils.to_categorical(y_test, num_classes=10)
# 创建模型，输入 784 个神经元，输出 10 个神经元
model=Sequential([
    Dense(units=10, input_dim=784, bias_initializer='one', activation='softmax')
])
# 定义优化器
sgd=SGD(lr=0.2)
# 定义优化器，loss function，训练过程中计算准确率
model.compile(
    optimizer=sgd,
    loss='mse',
    metrics=['accuracy'],
)
# 训练模型
model.fit(x_train, y_train, batch_size=64, epochs=5)
# 评估模型
loss, accuracy=model.evaluate(x_test, y_test)
print('\ntest loss', loss)
print('accuracy', accuracy)
# 保存模型
model.save('model.h5')  #HDF5 文件，pip install h5py
```

(5) 程序运行

如图 12.18 所示，首先点击鼠标右键，再点击“Run‘keras1’”随后运行程序。

图12.18　程序运行

(6) 程序运行结果

程序运行结果如图 12.19 所示。

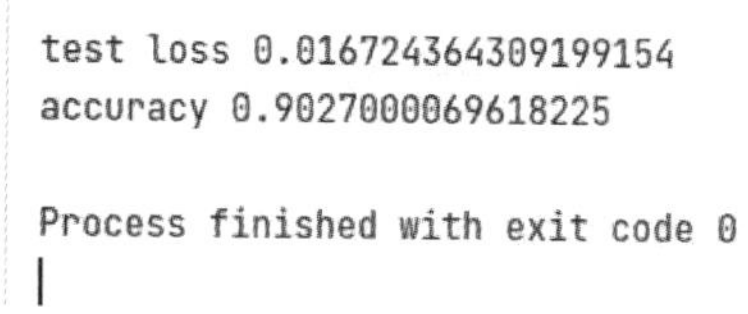

```
test loss 0.016724364309199154
accuracy 0.9027000069618225

Process finished with exit code 0
```

图12.19　程序运行结果

# 第13章 PyTorch深度学习工程

PyTorch是Facebook于2017年年初发布的一款深度学习框架，尽管其出现晚于TensorFlow、Keras、Caffe等框架，但其热度不断提升。PyTorch1.0版本发布后，增加并优化了许多新的内容与功能，并合并了Caffe2，使用更加方便。

PyTorch采用动态计算图（dynamic computational graph）结构，可以更加快速地构建动态神经网络，且在训练过程中可以改变程序，更快更好地进行实验。

## 13.1 框架获得

（1）使用命令直接安装获取

登录PyTorch官网，在首页根据自身需要选择不同版本、操作系统、安装包类型、语言、CPU/GPU版来获取安装命令。如图13.1所示，获得“conda install pytorch torchvision torchaudio cpuonly -c pytorch”命令（需要提前安装Anaconda），也可选择用pip命令进行安装。

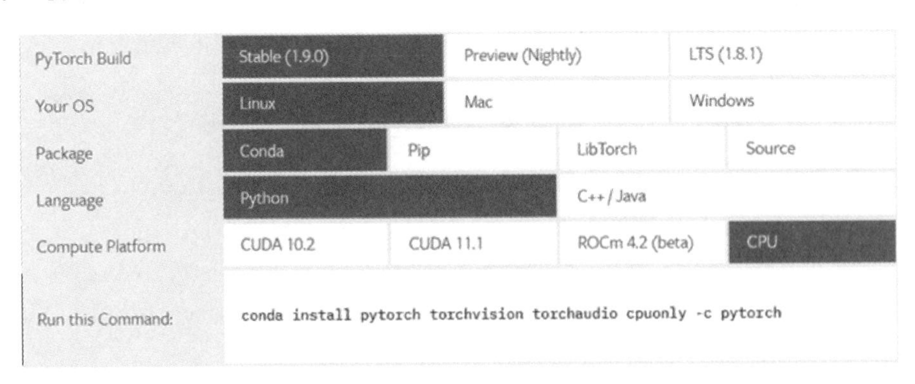


图13.1 PyTorch官网下载界面

（2）通过下载wheel文件安装获得

在PyTorch官网下载获取安装PyTorch所需的wheel文件，利用pip命令进行安装，如pip install torch-1.9.0+cpu-cp37-cp37m-linux_x86_64.whl。

# 13.2 安装设置

PyTorch 是基于 Python 进行开发的，所以要确保已经安装 Python。

## 13.2.1 CPU 版本安装

（1）PyTorch 安装

按照 13.1 中的方法直接进行安装（或下载 wheel 文件安装），无需进行安装环境的设置。

（2）验证

启动 Python，输入以下命令：

```
import torch
print (torch._version_)
```

若正确显示版本信息并没有报错，则证明安装成功。

## 13.2.2 GPU 版本安装

GPU 版本 PyTorch 的安装较 CPU 版本更加复杂，除需要安装上述 Python 和 PyTorch 外，还需要安装 GPU 驱动、CUDA 以及 cuDNN 计算框架。

（1）NVIDIA 驱动安装

登录 NVIDIA 官网，在如图 13.2 界面根据产品类型、操作系统等进行搜索，选择程序下载并进行安装。

图13.2 NVIDIA驱动获取网络界面

安装完后，在命令行输入“nvidia-smi”命令来显示 GPU 显卡基本信息，出现如图 13.3 所示信息即为安装成功。

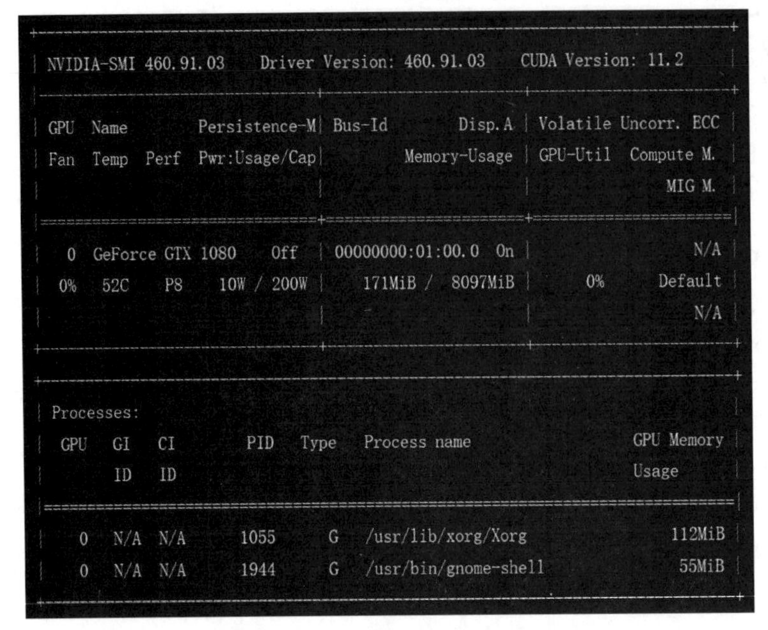

图13.3 NVIDIA驱动成功安装显示信息

（2）CUDA 安装

登录 NVIDIA 官网下载 CUDA 工具安装包，选择符合自身计算机操作系统并且与 GPU 驱动版本保持一致的 CUDA 版本工具包，按官网提示进行 runfile 的下载（也可下载 deb 文件）。下载完成后，进入下载目录使用如下命令安装 CUDA：

```
sudo sh cuda_10.2.89_440.33.01_linux.run
```

NVIDIA driver 已单独安装，无需再次安装。打开 Home 目录下的.bashrc 文件，在文件的末尾插入如下内容：

```
export CUDA_HOME=/usr/local/cuda-10.2
export PATH=$CUDA_HOME/bin:$PATH
export LD_LIBRARY_PATH=$CUDA_HOME/lib64:$LD_LIBRARY_PATH
```

使用如下命令检查是否生效：

```
source ~/.bashrc        #重新加载.bashrc 配置文件
nvcc -V                 #查看 NVIDIA 编译器版本
```

如果返回以下形式的信息，说明 CUDA 安装成功：

```
nvcc: NVIDIA (R) Cuda compiler driver
Copyright (c) 2005-2019 NVIDIA Corporation
Built on Wed_Oct_23_19:24:38_PDT_2019
Cuda compilation tools, release 10.2, V10.2.89
```

（3）cuDNN 库安装

登录 NVIDIA 网站，注册 NVIDIA 并下载与已安装 CUDA 版本相对应版本的 cuDNN 包。下载完成后进行解压安装。

（4）PyTorch 安装

具体过程与 CPU 版本相同，但在 Computer Platform 选项中需选择对应的 CUDA 版本获取命令进行安装，如图 13.4。

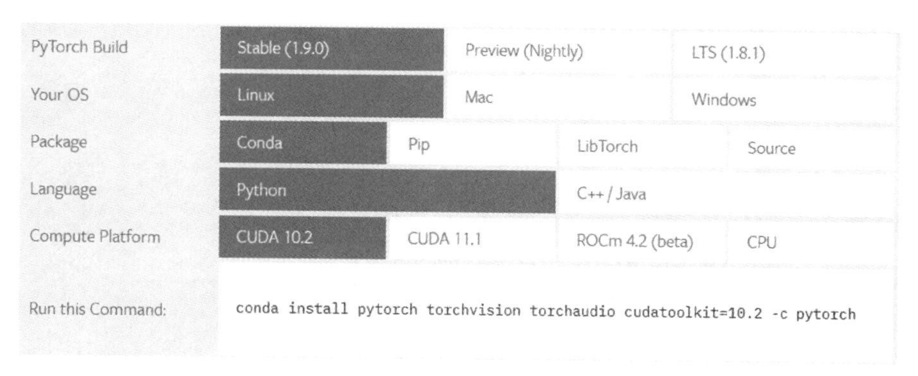


图13.4　CUDA获取网络界面

（5）验证

验证 PyTorch 安装是否成功与 CPU 版本验证方式相同，验证 PyTorch 是否使用 GPU 可在 Python 中运行如下程序：

```
import torch
print(torch.__version__)              # 返回 PyTorch 的版本
print(torch.cuda.is_available())       # 当 CUDA 可用时返回 True
cudnn.is_available()                   # 若正常则返回 True
cudnn.is_acceptable(a.cuda())          # 若正常则返回 True
```

# 13.3 工程创建

本节将利用 PyTorch 里的 torch.nn 模块完成一个手写数字识别的教程案例。该案例的环境为 python≥3.6、PyTorch≥1.0、torchvison（与 PyTorch 版本匹配）。其主要步骤为：

① 利用 torchvision 进行数据的下载及预处理，构建数据迭代器。

② 利用 torch.nn 模块构建神经网络模型，实例化模型并定义损失函数及优化器。

③ 训练、评估模型，打印结果。

具体程序代码如下：

（1）导入所需模块

```
from __future__ import print_function
import torch
#导入 nn 及优化器模块
import torch.nn as nn
import torch.nn.functional as F
import torch.optim as optim
#导入预处理模块
from torchvision import datasets, transforms
```

(2) 定义超参数

```
BATCH_SIZE=16
num_epochs=12
lr=0.01
```

(3) 数据下载及预处理

```
#定义预处理函数
Transform=transforms.Compose([transforms.ToTensor(),
        transforms.Normalize((0.1307, ), (0.3081, ))])
#设置数据迭代器，datasets 用来下载数据
train_loader=torch.utils.data.DataLoader(
            datasets.MNIST('data', train=True, download=True,
            transform=transform),
                    batch_size=BATCH_SIZE, shuffle=True)

test_loader=torch.utils.data.DataLoader(
            datasets.MNIST('data', train=False, transform=transform),
            batch_size=BATCH_SIZE, shuffle=True)
```

(4) 构建网络

```
class Net(nn.Module):
    def __init__(self):
        super(Net, self).__init__()
        # batch*1*28*28：每次会送入 batch 个样本，输入通道数为 1(黑白图像)，图像
                        分辨率是 28×28
        # 下面的全连接层 Linear 的第一个参数指输入通道数，第二个参数指输出通
          道数
        self.fc1=nn.Linear(28 * 28, 300)
        # 输出通道数是 10，即 10 分类
        self.fc2=nn.Linear(300, 10)

    def forward(self, x):
        x=x.view(x.size(0), -1)
        out=self.fc1(x)
        out=F.relu(out)
        out=self.fc2(out)
        out=F.log_softmax(out, dim=1)
        return out
```

(5) 实例化网络

```
    #使用 GPU 进行训练
    device=torch.device("cuda")
    #实例化网络
```

```
model=Net().to(device)
#定义优化器及损失函数
optimizer=optim.Adam(model.parameters(), lr=lr)
loss_fn= torch.nn.CrossEntropyLoss()
```

训练、评估与部署将在 13.4 小节讲解。

# 13.4 训练、评估与部署

本节将使用 13.3 小节所定义的网络、超参数、优化器等内容详细地讲解训练、评估与部署过程。

## 13.4.1 训练

训练的流程:

① 实例化优化器类，实例化损失函数。
② 获取，遍历 dataloader。
③ 梯度置为 0。
④ 进行前向计算。
⑤ 计算损失。
⑥ 反向传播。
⑦ 更新参数。

具体代码如下:

```
for epoch in range(1, num_epochs+1):
        model.train()
    #进行数据迭代
        for batch_idx, (data, target) in enumerate(train_loader):
            data, target=data.to(device), target.to(device)
            #前向传播，将数据输入神经网络得到输出结果
            output=model(data)
            #利用损失函数求得输出与目标间的损失
            loss=loss_fn(output, target)
            #每次训练前清零之前计算的梯度(导数)
            optimizer.zero_grad()
            #误差反向传播计算当前梯度
            loss.backward()
            #使用优化器调整更新网络参数(权重)
            optimizer.step()
            if(batch_idx+1)%30 == 0:
            #打印训练结果
```

```
            print('Train Epoch: {} [{}/{} ({:.0f}%)]\t
            Loss: {:.6f}'.format(epoch, batch_idx * len(data),
                                             len(train_loader.dataset),
                    100. * batch_idx / len(train_loader), loss.item()))
    #保存训练好的模型
    torch.save(model.state_dict(), 'handwritten_digit_recognize.pt')
```

## 13.4.2 评估

评估的过程与训练类似，不需要求取梯度，但是需要获取损失和准确率来计算平均损失和平均准确率。具体程序如下:

```
model.eval()
    eval_loss=0
    correct=0
    with torch.no_grad():
        for data, target in test_loader:
            data, target=data.to(device), target.to(device)
            output=model(data)
loss=loss_fn(output, target)
#误差求和
eval_loss += loss.item()
# 找到概率最大的下标(预测值)，预测与标签相同则记录准确率
pred=output.max(1, keepdim=True)[1]
            correct += pred.eq(target.view_as(pred)).sum().item()
    eval_loss /= len(test_loader.dataset)
    print('\nTest set: Average loss:
{:.4f}, Accuracy: {}/{} ({:.0f}%)\n'.format(eval_loss, correct, len(test_loader.dataset),
100. * correct / len(test_loader.dataset))
```

成功运行后，将得到如图 13.5 所示的运行结果。

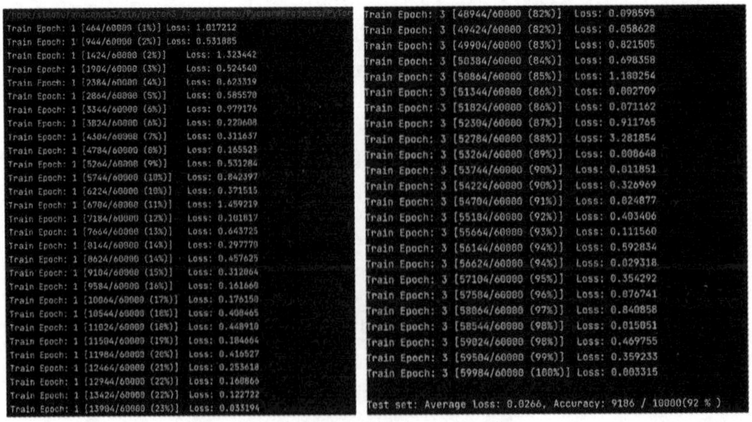

图13.5 代码运行结果

### 13.4.3 部署

利用 PyTorch 训练深度学习模型后，若要在 TensorRT 或者 OpenVINO 部署，需要先把 PyTorch 模型转换到 onnx 模型之后再做其他转换。本节具体介绍在 TensorRT 上的部署。TensorRT 是可以在 NVIDIA 各种 GPU 硬件平台下运行的一个 C++推理框架。我们将 PyTorch 训练好的模型转化为 TensorRT 的格式，并利用 TensorRT 运行该模型。TensorRT 在 NVIDIA GPU 上的运行推理速度有显著提升。

（1）将 PyTorch 模型转换为 onnx 模型

程序如下：

```
import torch
import torch.onnx

device=torch.device("cuda:0" if torch.cuda.is_available() else "cpu")
input_name=['input']
output_name=['output']
model=Net()
model.cuda()
pthfile=r'./handwritten_digit_recognize.pth'
weight=torch.load(pthfile)
model.load_state_dict(weight)
model.eval()
model_onnx_path="./torch_model.onnx"
dummy_input=torch.randn(1, 1, 28, 28, device='cuda')
output=torch.onnx.export(model,
                         dummy_input,
                         model_onnx_path,
                             input_names=input_name,
                     output_names=output_name
                         verbose=Ture)
```

运行该程序后即得到 onnx 文件。

（2）Python 环境下安装 TensorRT

① 首先需安装好符合 GPU driver 版本的 CUDA、cuDNN。

② 安装 pycuda，命令如下：

```
pip install pycuda>=2017.1.1
```

③ 下载 TensorRT 。可于官网地址：https://developer.nvidia.com/nvidia-tensorrt-download 选择自己对应 CUDA、cuDNN 版本的 tensorRT 下载文件（CUDA 为 10.2，cuDNN 为 7.6）。

④ 本例选择 TensorRT6 的 tar 文件。下载后进行解压：

```
tar-xzvf TensorRT-7.0.0.11.Ubuntu-18.04.x86_64-gnu.cuda-10.2.cudnn7.6.tar.gz
```

添加环境变量 $ gedit ~/.bashrc，在文件末尾添加：

```
export LD_LIBRARY_PATH=$LD_LIBRARY_PATH:tensorRT7_bin_path
```

注意：tensorRT7_bin_path 为 TensorRT7 的 bin 目录。

⑤ 安装 TensorRT，命令如下：

```
cd TensorRT-7.0.0.11/python/
pip install tensorrt-7.0.0.11-cp36-none-linux_x86_64.whl
```

⑥ 安装 uff，命令如下：

```
cd TensorRT-7.0.0.11/uff/
pip install uff-0.6.5-py2.py3-none-any.whl
```

⑦ 安装 graphsurgeon，命令如下：

```
cd TensorRT-7.0.0.11/graphsurgeon
pip install graphsurgeon-0.4.1-py2.py3-none-any.whl
```

⑧ 测试安装是否成功，命令如下：

```
import tensorrt
tensorrt.__version__
```

显示版本信息则证明安装成功。

（3）onnx 模型转 TensorRT 模型

进入 TensorRT-7.0.0.11/bin 目录，执行以下命令直接使用 TensorRT-7.0.0.11 自带的工具进行转换：

```
./trtexec --onnx=torch_model.onnx --saveEngine=torch_model.trt
```

（4）TensorRT 模型推理

具体代码如下：

```
import tensorrt as trt
import pycuda.driver as cuda
import pycuda.autoinit
import numpy as np
import time
import cv2

filename='xxx/pics/1.jpg'
max_batch_size=1
onnx_model_path='torch_model.onnx'

TRT_LOGGER=trt.Logger()

def get_img_np_nchw(image):
    image_cv=cv2.cvtColor(image, cv2.COLOR_BGR2RGB)
    image_cv=cv2.resize(image_cv, (28, 28))
    mean=np.array([0.485, 0.456, 0.406])
    std=np.array([0.229, 0.224, 0.225])
    img_np=np.array(image_cv, dtype=float) / 255.
    img_np=(img_np - mean) / std
```

```
    img_np=img_np.transpose((2, 0, 1))
    img_np_nchw=np.expand_dims(img_np, axis=0)
    return img_np_nchw

class HostDeviceMem(object):
    def __init__(self, host_mem, device_mem):
        super(HostDeviceMem, self).__init__()
        self.host=host_mem
        self.device=device_mem

    def __str__(self):
        return "Host:\n"+str(self.host)+"\nDevice:\n"+str(self.device)

    def __repr__(self):
        return self.__str__()

def allocate_buffers(engine):
    inputs=[]
    outputs=[]
    bindings=[]
    stream=cuda.Stream()  # pycuda 操作缓冲区
    for binding in engine:
        size=trt.volume(engine.get_binding_shape(binding)) * \
engine.max_batch_size
        dtype=trt.nptype(engine.get_binding_dtype(binding))

        host_mem=cuda.pagelocked_empty(size, dtype)
        device_mem=cuda.mem_alloc(host_mem.nbytes)  # 分配内存
        bindings.append(int(device_mem))

        if engine.binding_is_input(binding):
            inputs.append(HostDeviceMem(host_mem, device_mem))
        else:
            outputs.append(HostDeviceMem(host_mem, device_mem))
    return inputs, outputs, bindings, stream

def get_engine(engine_file_path=""):
    print("Reading engine from file {}".format(engine_file_path))
with open(engine_file_path, "rb") as f,
trt.Runtime(TRT_LOGGER) as runtime:
```

```
            return runtime.deserialize_cuda_engine(f.read())


def do_inference(context, bindings, inputs, outputs, stream, batch_size=1):
# 将输入放入 device
[cuda.memcpy_htod_async(inp.device, inp.host, stream) for inp in inputs]
# 执行模型推理
context.execute_async(batch_size=batch_size, bindings=bindings,
                      stream_handle=stream.handle)
# 将预测结果从缓冲区取出
    [cuda.memcpy_dtoh_async(out.host, out.device, stream) for out in outputs]
    stream.synchronize()      # 线程同步
    return [out.host for out in outputs]

def postprocess_the_outputs(h_outputs, shape_of_output):
    h_outputs=h_outputs.reshape(*shape_of_output)
    return h_outputs

fp16_mode=False
int8_mode=False
trt_engine_path=' /home/xxx/xxx/TensorRT-7.0.0.11/bin/torch_model.trt'

engine=get_engine(max_batch_size, onnx_model_path, trt_engine_path,
                  fp16_mode, int8_mode)

context=engine.create_execution_context()
#为输入和输出分配缓冲区
inputs, outputs, bindings, stream=allocate_buffers(engine)

start=time.time()
#执行推理
img_np_nchw=get_img_np_nchw(filename)
img_np_nchw=img_np_nchw.astype(dtype=np.float32)
shape_of_output=(max_batch_size, 2)
inputs[0].host=img_np_nchw.reshape(-1)

t1=time.time()
trt_outputs=do_inference(context, bindings=bindings, inputs=inputs,
                         outputs=outputs, stream=stream) # numpy data
t2=time.time()
```

```
feat=postprocess_the_outputs(trt_outputs[0], shape_of_output)
result=softmax(feat)
score, index=np.max(result, axis=1), np.argmax(result, axis=1)
print(score[0], index[0])
附:
##数字识别完整程序##
import torch
# 导入 nn 及优化器模块
import torch.nn as nn
import torch.nn.functional as F
import torch.optim as optim
# 导入预处理模块
from torchvision import datasets, transforms

BATCH_SIZE=16
num_epochs=12
lr=0.01

# 定义预处理函数
transform=transforms.Compose([transforms.ToTensor(),
                              transforms.Normalize((0.1307, ), (0.3081, ))])
# 设置数据迭代器,datasets 用来下载数据
train_loader=torch.utils.data.DataLoader(
    datasets.MNIST('data', train=True, download=True, transform=transform),
    batch_size=BATCH_SIZE, shuffle=True)

test_loader=torch.utils.data.DataLoader(
    datasets.MNIST('data', train=False, transform=transform),
    batch_size=BATCH_SIZE, shuffle=True)

class Net(nn.Module):
    def __init__(self):
        super(Net, self).__init__()
# batch*1*28*28:每次会送入 batch 个样本,输入通道数为 1(黑白图像),图像分辨率是
28×28
# 下面的全连接层 Linear 的第一个参数指输入通道数,第二个参数指输出通道数
        self.fc1=nn.Linear(28 * 28, 300)
# 输出通道数是 10,即 10 分类
        self.fc2=nn.Linear(300, 10)
```

```
    def forward(self, x):
        x=x.view(x.size(0), -1)
        out=self.fc1(x)
        out=F.relu(out)
        out=self.fc2(out)
        out=F.log_softmax(out, dim=1)
        return out

# 使用 GPU 进行训练
device=torch.device("cuda")
# 实例化网络
model=Net().to(device)
# 定义优化器及损失函数
optimizer=optim.Adam(model.parameters(), lr=lr)
loss_fn=torch.nn.CrossEntropyLoss()

for epoch in range(1, num_epochs+1):
    model.train()
# 进行数据迭代
    for batch_idx, (data, target) in enumerate(train_loader):
        data, target=data.to(device), target.to(device)
# 前向传播，将数据输入神经网络得到输出结果
        output=model(data)
# 利用损失函数求得输出与目标间的损失
        loss=loss_fn(output, target)
# 每次训练前清零之前计算的梯度（导数）
        optimizer.zero_grad()
# 误差反向传播计算当前梯度
        loss.backward()
# 使用优化器调整更新网络参数（权重）
        optimizer.step()
        if(batch_idx+1) % 30 == 0:
# 打印训练结果
            print('Train Epoch : {} [{}/{}({:.0f}%)]\tLoss : {:.6f}'.format(epoch, batch_idx * len(data), len(train_loader.dataset), 100. * batch_idx / len(train_loader), loss.item()))
    model.eval()
    eval_loss=0
    correct=0
    with torch.no_grad():
```

```
            for data, target in test_loader:
                data, target=data.to(device), target.to(device)
                output=model(data)
                loss=loss_fn(output, target)
        # 误差求和
                eval_loss += loss.item()
        # 找到概率最大的下标(预测值),预测与标签相同则记录准确率
                pred=output.max(1, keepdim=True)[1]
                correct += pred.eq(target.view_as(pred)).sum().item()

        eval_loss /= len(test_loader.dataset)
        print('\nTest set: Average loss:{:.4f}, Accuracy: {}/{}({:.0f}%)\n'.format
(eval_loss, correct, len(test_loader.dataset), 100 * correct / len(test_loader.dataset)))
    # 保存模型
    torch.save(model.state_dict(), 'handwritten_digit_recognize.pt')
```

# 第14章 Caffe深度学习工程

Caffe是最早的深度学习框架之一，广泛应用于学术研究项目、初创原型甚至视觉、语音和多媒体领域，曾经大规模占据深度学习领域，但现在已经被其他新型框架超越。本章将从框架的获取安装以及基于图像目标分类的工程案例等方面介绍该框架的部署应用。

## 14.1 安装环境和依赖项获得

Caffe自带的镜像源下载速度慢，首先需要将系统的镜像源更新为国内的镜像源，本书选择了阿里的镜像源，读者也可以选择清华的镜像源，在终端输入以下命令。

```
cp /etc/apt/sources.list /etc/apt/sources_init.list      #备份原来的下载源文件
gedit /etc/apt/sources.list
```

将打开的文件中内容替换为以下的阿里镜像源。

```
deb http://mirrors.aliyun.com/ubuntu/ xenial main
deb-src http://mirrors.aliyun.com/ubuntu/ xenial main
deb http://mirrors.aliyun.com/ubuntu/ xenial-updates main
deb-src http://mirrors.aliyun.com/ubuntu/ xenial-updates main
deb http://mirrors.aliyun.com/ubuntu/ xenial universe
deb-src http://mirrors.aliyun.com/ubuntu/ xenial universe
deb http://mirrors.aliyun.com/ubuntu/ xenial-updates universe
deb-src http://mirrors.aliyun.com/ubuntu/ xenial-updates universe
deb http://mirrors.aliyun.com/ubuntu/ xenial-security main
deb-src http://mirrors.aliyun.com/ubuntu/ xenial-security main
deb http://mirrors.aliyun.com/ubuntu/ xenial-security universe
deb-src http://mirrors.aliyun.com/ubuntu/ xenial-security universe
```

然后在终端输入以下命令更新工具源和工具软件。

```
sudo apt-get update
sudo apt-get upgrade
```

本章中使用Linux的Ubuntu操作系统。Ubuntu16.04版本系统会自带Python2.7版本和

Python3.5 版本，系统默认的是 Python2.7 版本，本章将采用 Python3.5 版本，因此需要进行更新系统默认的 Python 版本，在终端输入以下命令。

```
sudo apt-get install python3.5
sudo cp /usr/bin/python /usr/bin/python_bak                    #备份
sudo rm /usr/bin/python
sudo ln -s /usr/bin/python3.5 /usr/bin/python
python –version                                                #查看 Python 版本
```

在终端逐条执行以下命令，安装所需的依赖包。

```
sudo apt-get install libprotobuf-dev
sudo apt-get install libleveldb-dev
sudo apt-get install libsnappy-dev
sudo apt-get install libopencv-dev
sudo apt-get install libhdf5-serial-dev
sudo apt-get install protobuf-compiler
sudo apt-get install libgflags-dev
sudo apt-get install libgoogle-glog-dev
sudo apt-get install liblmdb-dev
sudo apt-get install libatlas-base-dev
sudo apt-get install --no-install-recommends libboost-all-dev
```

# 14.2 框架的获取

Caffe 为开源软件，在 Github 上供研究开发人员免费下载，可以直接使用 Git 下载 Caffe，本文使用的 Ubuntu16.04 操作系统没有 Git，所以先安装 Git，可通过执行如下命令实现。

```
sudo apt-get install git
```

安装结束后下载 Caffe，通过如下 git 指令获取。

```
sudo git clone git://github.com/BVLC/caffe.git
```

安装完成后，可以通过 ls 指令在主目录下查看有 Caffe 目录，如图 14.1 所示。

图14.1 Caffe目录

# 14.3 编译Caffe及其与Python的接口

## 14.3.1 OpenCV 的安装

首先在命令终端逐条输入以下命令，安装依赖项。

```
sudo apt-get install build-essential
sudo apt-get install cmake git libgtk2.0-dev pkg-config libavcodec-dev libavformat-dev libswscale-dev
sudo apt-get install python-dev python-numpy libtbb2 libtbb-dev libjpeg-dev libpng-dev libtiff-dev libjasper-dev libdc1394-22-dev
sudo apt-get install python3-dev python3-scipy python3-numpy python3-pandas python3-matplotlib python3-sklearn
sudo apt-get install qt5-default ccache libv4l-dev libavresample-dev libgphoto2-dev libopenblas-base libopenblas-dev doxygen openjdk-8-jdk pylint libvtk6-dev
sudo apt-get install pkg-config
sudo apt-get install liblapacke-dev
```

然后获得 OpenCV。可以从 Github 中下载 OpenCV+OpenCV_Contrib 库，也可以通过以下指令下载。

```
git clone https://github.com/opencv/opencv.git
git clone https://github.com/opencv/opencv_contrib.git
wget https://github.com/opencv/opencv/archive/3.4.5.zip
```

本章使用 OpenCV 的 3.4.5 版本，这里需要将 open_contrib 文件移动至 opencv-3.4.5 文件根目录下，移动命令如下。

```
sudo cp -r opencv_contrib-3.4.5 opencv-3.4.5
```

在 opencv-3.4.5 目录下，新建 build 文件夹用于后续编译，建文件夹命令如下。

```
cd opencv-3.4.5                    #进入 opencv 文件夹
sudo mkdir build                   #建立 build 文件夹方便后续操作
```

进入 bulid 文件夹并进行第一次 cmake，这里推荐使用 cmake-gui 进行编译，更直接且不易出错。网上大部分教程都是命令终端直接安装，但是很多教程写的命令都不一样，对新手来说还是直接使用图形界面安装较为方便，可以通过以下命令进入 cmake-gui 界面。

```
cd build
sudo apt-get install cmake-gui     #进入 opencv 文件夹
cmake-gui ..
```

图14.2 cmake-gui界面

进入 cmake-gui 界面（如图 14.2 所示），确定路径没问题之后，点击“Configure”选择 Unix Makefiles，其余默认，点击“finish”。

等待“Configure done”出现后，CMake 即载入默认配置，如图 14.3 所示。

这里需要对几个地方进行修改：

① 在 CMAKE_BUILD_TYPE 值处输入 RELEASE，其他保持不变。下方的 CMAKE_INSTALL_PREFIX 显示了默认的安装目录，生成 makefile 文件后执行 make install 时就会安装到这个目录。

② 在 OPENCV_EXTRA_MODULES_PATH

处，选择输入地址链接为 opencv_contrib 文件夹中的 modules 文件夹。配置结果如图 14.4 所示。

然后点击“Generate”，等待后出现“Generating done”，即完成配置。完成之后，在 build 文件夹下命令终端输入 make，开始编译，过程较长。编译过程如图 14.5 所示。

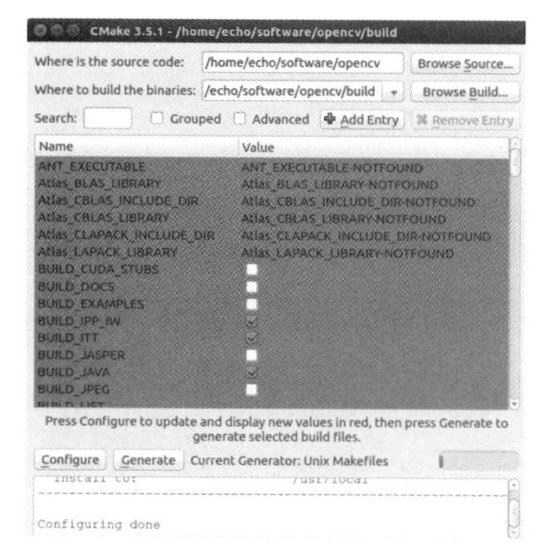


图14.3　CMake载入默认配置

```
CMake 3.5.1 - /home/echo/software/opencv/build
Where is the source code: /home/echo/software/opencv                 Browse Source...
Where to build the binaries: /home/echo/software/opencv/build        Browse Build...
Search:            Grouped   Advanced   Add Entry   Remove Entry
Name                          Value
MKL_WITH_TBB
OPENCL_FOUND
OPENCV_CONFIG_FILE_INCLU...   /home/echo/software/opencv/build
OPENCV_DNN_OPENCL
OPENCV_DOWNLOAD_PATH          /home/echo/software/opencv/.cache
OPENCV_DUMP_HOOKS_FLOW
OPENCV_ENABLE_NONFREE
OPENCV_EXTRA_MODULES_PA...
OPENCV_FORCE_PYTHON_LIBS
OPENCV_TIMESTAMP              2018-10-12T07:02:27Z
OPENCV_WARNINGS_ARE_ERR...
OPENEXR_INCLUDE_PATH          OPENEXR_INCLUDE_PATH-NOTFOUND
OpenCV_HAL_DIR                OpenCV_HAL_DIR-NOTFOUND
PROTOBUF_UPDATE_FILES
Press Configure to update and display new values in red, then press Generate to generate selected build files.
Configure   Generate   Current Generator: Unix Makefiles
Configuring done
```

图14.4　CMake配置结果

```
Scanning dependencies of target opencv_annotation
[ 98%] Building CXX object apps/annotation/CMakeFiles/opencv_annotation.dir/opencv_annotation.cpp.o
[ 98%] Linking CXX executable ../../bin/opencv_annotation
[ 98%] Built target opencv_annotation
Scanning dependencies of target opencv_visualisation
[ 98%] Building CXX object apps/visualisation/CMakeFiles/opencv_visualisation.dir/opencv_visualisation.cpp.o
[ 98%] Linking CXX executable ../../bin/opencv_visualisation
[ 98%] Built target opencv_visualisation
Scanning dependencies of target opencv_interactive-calibration
[ 99%] Building CXX object apps/interactive-calibration/CMakeFiles/opencv_interactive-calibration.dir/calibController.cpp.o
[ 99%] Building CXX object apps/interactive-calibration/CMakeFiles/opencv_interactive-calibration.dir/frameProcessor.cpp.o
[ 99%] Building CXX object apps/interactive-calibration/CMakeFiles/opencv_interactive-calibration.dir/main.cpp.o
[ 99%] Building CXX object apps/interactive-calibration/CMakeFiles/opencv_interactive-calibration.dir/parametersController.cpp.o
[ 99%] Building CXX object apps/interactive-calibration/CMakeFiles/opencv_interactive-calibration.dir/rotationConverters.cpp.o
[ 99%] Building CXX object apps/interactive-calibration/CMakeFiles/opencv_interactive-calibration.dir/calibPipeline.cpp.o
[ 99%] Linking CXX executable ../../bin/opencv_interactive-calibration
[ 99%] Built target opencv_interactive-calibration
Scanning dependencies of target opencv_version
[100%] Building CXX object apps/version/CMakeFiles/opencv_version.dir/opencv_version.cpp.o
[100%] Linking CXX executable ../../bin/opencv_version
[100%] Built target opencv_version
root@twb-virtual-machine:/home/twb/opencv-3.4.5/build#
```

图14.5　编译过程

编译成功后，继续输入如下命令完成安装。

```
sudo make install
```

安装完成后如图 14.6 所示。

```
- Installing: /usr/local/share/OpenCV/haarcascades/haarcascade_profileface.xml
- Installing: /usr/local/share/OpenCV/haarcascades/haarcascade_eye_tree_eyeglasses.xml
- Installing: /usr/local/share/OpenCV/lbpcascades/lbpcascade_frontalface_improved.xml
- Installing: /usr/local/share/OpenCV/lbpcascades/lbpcascade_silverware.xml
- Installing: /usr/local/share/OpenCV/lbpcascades/lbpcascade_frontalcatface.xml
- Installing: /usr/local/share/OpenCV/lbpcascades/lbpcascade_frontalface.xml
- Installing: /usr/local/share/OpenCV/lbpcascades/lbpcascade_profileface.xml
- Installing: /usr/local/bin/opencv_traincascade
- Set runtime path of "/usr/local/bin/opencv_traincascade" to "/usr/local/lib"
- Installing: /usr/local/bin/opencv_createsamples
- Set runtime path of "/usr/local/bin/opencv_createsamples" to "/usr/local/lib"
- Installing: /usr/local/bin/opencv_annotation
- Set runtime path of "/usr/local/bin/opencv_annotation" to "/usr/local/lib"
- Installing: /usr/local/bin/opencv_visualisation
- Set runtime path of "/usr/local/bin/opencv_visualisation" to "/usr/local/lib"
- Installing: /usr/local/bin/opencv_interactive-calibration
- Set runtime path of "/usr/local/bin/opencv_interactive-calibration" to "/usr/local/lib"
- Installing: /usr/local/bin/opencv_version
- Set runtime path of "/usr/local/bin/opencv_version" to "/usr/local/lib"
oot@twb-virtual-machine:/home/twb/opencv-3.4.5/build#
```

图14.6　安装完成后

若中间出现别的问题，建议直接删除bulid文件夹，并按照上述教程重新安装一遍。安装完成后可以通过如下命令查看OpenCV的版本。

```
pkg-config--modversion opencv
```

安装成功后还需要设置OpenCV的环境变量。首先将OpenCV的库添加到路径，从而可以让系统找到，在终端输入以下命令。

```
sudo gedit /etc/ld.so.conf.d/opencv.conf
```

执行此命令后打开的可能是一个空白文件，在文件中添加路径/usr/local/lib，执行以下命令使得刚才的配置路径生效。

```
sudo ldconfig
```

其次配置bash。在终端输入以下命令。

```
sudo gedit /etc/bash.bashrc
```

在打开的文件最后一行添加如下两行代码。

```
PKG_CONFIG_PATH=$PKG_CONFIG_PATH:/usr/local/lib/pkgconfig
export PKG_CONFIG_PATH
```

保存后，执行如下命令使该修改生效。

```
source /etc/bash.bashrc
sudo updated
```

完成环境配置后，进入opencv/samples/cpp目录，其下有一个OpenCV自带的例程，用此例程可以测试安装是否成功。

```
cd ../samples/cpp/example_cmake
cmake .
make
./opencv_example
```

执行后在屏幕上可看到打开了摄像头，在左上角有一个“hello opencv”，即表示OpenCV3.4.5已经能够正常使用了。

### 14.3.2 Caffe编译

采用命令cd进入Caffe目录，执行以下命令，更改Makefile.config文件的配置。

```
cp Makefile.config.example Makefile.config          #备份Makefile.config文件
sudo gedit Makefile.config
```

采用Caffe计算时有CPU或GPU两种模式可以选择，它们相应的编译设置是不同的。

（1）CPU模式

首先去掉CPU_ONLY前面的“#”注释，其次解除OpenCV相关行前面的“#”注释，还有将Python版本从默认的2.7修改为本文中对应的3.5版本，最后配置引用文件路径（HDF5的路径问题），修改后的配置文件内容如下。

```
## Refer to http://caffe.berkeleyvision.org/installation.html
# Contributions simplifying and improving our build system are welcome!

# cuDNN acceleration switch (uncomment to build with cuDNN).
```

```
# USE_CUDNN := 1

# CPU-only switch (uncomment to build without GPU support).
 CPU_ONLY := 1

# uncomment to disable IO dependencies and corresponding data layers
 USE_OPENCV := 1
# USE_LEVELDB := 0
# USE_LMDB := 0
# This code is taken from https://github.com/sh1r0/caffe-android-lib
# USE_HDF5 := 0

# uncomment to allow MDB_NOLOCK when reading LMDB files (only if necessary)
#     You should not set this flag if you will be reading LMDBs with any
#     possibility of simultaneous read and write
# ALLOW_LMDB_NOLOCK := 1

# Uncomment if you're using OpenCV 3
 OPENCV_VERSION := 3
# To customize your choice of compiler, uncomment and set the following.
# N.B. the default for Linux is g++ and the default for OSX is clang++
# CUSTOM_CXX := g++

# CUDA directory contains bin/ and lib/ directories that we need.
CUDA_DIR := /usr/local/cuda
# On Ubuntu 14.04, if cuda tools are installed via
# "sudo apt-get install nvidia-cuda-toolkit" then use this instead:
# CUDA_DIR := /usr

# CUDA architecture setting: going with all of them.
# For CUDA < 6.0, comment the *_50 through *_61 lines for compatibility.
# For CUDA < 8.0, comment the *_60 and *_61 lines for compatibility.
# For CUDA >= 9.0, comment the *_20 and *_21 lines for compatibility.
CUDA_ARCH := -gencode arch=compute_20, code=sm_20 \
        -gencode arch=compute_20, code=sm_21 \
        -gencode arch=compute_30, code=sm_30 \
        -gencode arch=compute_35, code=sm_35 \
        -gencode arch=compute_50, code=sm_50 \
        -gencode arch=compute_52, code=sm_52 \
        -gencode arch=compute_60, code=sm_60 \
```

```
    -gencode arch=compute_61, code=sm_61 \
    -gencode arch=compute_61, code=compute_61

# BLAS choice:
# atlas for ATLAS(default)
# mkl for MKL
# open for OpenBlas
BLAS := atlas
# Custom(MKL/ATLAS/OpenBLAS) include and lib directories.
# Leave commented to accept the defaults for your choice of BLAS
#(which should work)!
# BLAS_INCLUDE := /path/to/your/blas
# BLAS_LIB := /path/to/your/blas

# Homebrew puts openblas in a directory that is not on the standard search path
# BLAS_INCLUDE := $(shell brew --prefix openblas)/include
# BLAS_LIB := $(shell brew --prefix openblas)/lib

# This is required only if you will compile the matlab interface.
# MATLAB directory should contain the mex binary in /bin.
# MATLAB_DIR := /usr/local
# MATLAB_DIR := /Applications/MATLAB_R2012b.app

# NOTE: this is required only if you will compile the python interface.
# We need to be able to find Python.h and numpy/arrayobject.h.
#PYTHON_INCLUDE := /usr/include/python2.7 \
    /usr/lib/python2.7/dist-packages/numpy/core/include
# Anaconda Python distribution is quite popular. Include path:
# Verify anaconda location, sometimes it's in root.
# ANACONDA_HOME := $(HOME)/anaconda
# PYTHON_INCLUDE := $(ANACONDA_HOME)/include \
    # $(ANACONDA_HOME)/include/python2.7 \
    # $(ANACONDA_HOME)/lib/python2.7/site-packages/numpy/core/include

# Uncomment to use Python 3 (default is Python 2)
 PYTHON_LIBRARIES := boost_python3 python3.5m
 PYTHON_INCLUDE := /usr/include/python3.5m \
            /usr/lib/python3.5/dist-packages/numpy/core/include

# We need to be able to find libpythonX.X.so or .dylib.
```

```
PYTHON_LIB := /usr/lib
# PYTHON_LIB := $(ANACONDA_HOME)/lib

# Homebrew installs numpy in a non standard path (keg only)
# PYTHON_INCLUDE +=$(dir $(shell python -c 'import numpy.core; print(numpy. core. __file__)'))/include
# PYTHON_LIB += $(shell brew --prefix numpy)/lib

# Uncomment to support layers written in Python (will link against Python libs)
# WITH_PYTHON_LAYER := 1

# Whatever else you find you need goes here.
INCLUDE_DIRS := $(PYTHON_INCLUDE) /usr/local/include /usr/include/hdf5/serial
LIBRARY_DIRS:=$(PYTHON_LIB) /usr/local/lib /usr/lib /usr/lib /x86_64-linux-gnu/hdf5/serial
# If Homebrew is installed at a non standard location (for example your home directory) and you use it for general dependencies
# INCLUDE_DIRS += $(shell brew --prefix)/include
# LIBRARY_DIRS += $(shell brew --prefix)/lib

# NCCL acceleration switch (uncomment to build with NCCL)
# https://github.com/NVIDIA/nccl (last tested version: v1.2.3-1+cuda8.0)
# USE_NCCL := 1

# Uncomment to use `pkg-config` to specify OpenCV library paths.
# (Usually not necessary -- OpenCV libraries are normally installed in one of the above $LIBRARY_DIRS.)
# USE_PKG_CONFIG := 1

# N.B. both build and distribute dirs are cleared on `make clean`
BUILD_DIR := build
DISTRIBUTE_DIR := distribute

# Uncomment for debugging. Does not work on OSX due to https://github. com/BVLC/caffe/issues/171
# DEBUG := 1

# The ID of the GPU that 'make runtest' will use to run unit tests.
TEST_GPUID := 0
```

```
# enable pretty build (comment to see full commands)
Q ?= @
```

修改完毕之后保存退出，同时在Caffe目录下打开Makefile文件，通过gedit命令打开该文件，把 hdf5_hl 和hdf5修改为hdf5_serial_hl 和 hdf5_serial，修改内容如下。

```
LIBRARIES += glog gflags protobuf boost_system boost_filesystem m hdf5_serial_hl hdf5_serial
```

OpenCV还需要添加lib文件，即将lib文件加到Makefile文件中。找到LIBRARIES（在PYTHON_LIBRARIES := boost_python python2.7 前一行），修改内容如下。

```
LIBRARIES += glog gflags protobuf leveldb snappy boost_system hdf5_hl hdf5 m opencv_core
opencv_highgui opencv_imgproc opencv_imgcodecs
```

针对后边编译过程中会发生libboost_python.so的版本存在不匹配的问题，需要修改匹配的版本。本章默认Python版本已改为3.5，而boost_python为2.7，为防后续编译Python接口pycaffe出错，修改内容如下（也是在Makefile中）。

```
PYTHON_LIBRARIES := boost_python-py35 python3.5m
WARNINGS := -Wall -Wno-sign-compare
```

修改后保存退出，执行如下命令完成编译。

```
Sudo Make all
Sudo make test
Sudo make runtest
```

至此，基于CPU计算的Caffe编译已经完成，如图14.7所示。

```
RUN        ] BiasLayerTest/1.TestBackwardEltwiseInPlace
      OK   ] BiasLayerTest/1.TestBackwardEltwiseInPlace (0 ms)
RUN        ] BiasLayerTest/1.TestForwardBiasAxis2
      OK   ] BiasLayerTest/1.TestForwardBiasAxis2 (0 ms)
RUN        ] BiasLayerTest/1.TestForwardBroadcastBegin
      OK   ] BiasLayerTest/1.TestForwardBroadcastBegin (0 ms)
RUN        ] BiasLayerTest/1.TestBackwardBroadcastMiddleInPlace
      OK   ] BiasLayerTest/1.TestBackwardBroadcastMiddleInPlace (0 ms)
RUN        ] BiasLayerTest/1.TestGradientEltwise
      OK   ] BiasLayerTest/1.TestGradientEltwise (2 ms)
RUN        ] BiasLayerTest/1.TestGradientBroadcastMiddle
      OK   ] BiasLayerTest/1.TestGradientBroadcastMiddle (73 ms)
RUN        ] BiasLayerTest/1.TestForwardEltwiseWithParam
      OK   ] BiasLayerTest/1.TestForwardEltwiseWithParam (0 ms)
RUN        ] BiasLayerTest/1.TestGradientBias
      OK   ] BiasLayerTest/1.TestGradientBias (63 ms)
RUN        ] BiasLayerTest/1.TestForwardEltwise
      OK   ] BiasLayerTest/1.TestForwardEltwise (0 ms)
RUN        ] BiasLayerTest/1.TestGradientBiasAxis2
      OK   ] BiasLayerTest/1.TestGradientBiasAxis2 (66 ms)
RUN        ] BiasLayerTest/1.TestForwardBroadcastMiddleWithParam
      OK   ] BiasLayerTest/1.TestForwardBroadcastMiddleWithParam (1 ms)
RUN        ] BiasLayerTest/1.TestForwardBroadcastMiddle
      OK   ] BiasLayerTest/1.TestForwardBroadcastMiddle (0 ms)
RUN        ] BiasLayerTest/1.TestForwardBroadcastEnd
      OK   ] BiasLayerTest/1.TestForwardBroadcastEnd (0 ms)
RUN        ] BiasLayerTest/1.TestGradientBroadcastEnd
      OK   ] BiasLayerTest/1.TestGradientBroadcastEnd (91 ms)
[----------] 20 tests from BiasLayerTest/1 (569 ms total)

[----------] 6 tests from MVNLayerTest/1, where TypeParam = caffe::CPUDevice<double>
RUN        ] MVNLayerTest/1.TestGradientAcrossChannels
      OK   ] MVNLayerTest/1.TestGradientAcrossChannels (121 ms)
RUN        ] MVNLayerTest/1.TestGradient
      OK   ] MVNLayerTest/1.TestGradient (129 ms)
RUN        ] MVNLayerTest/1.TestGradientMeanOnly
      OK   ] MVNLayerTest/1.TestGradientMeanOnly (82 ms)
RUN        ] MVNLayerTest/1.TestForward
      OK   ] MVNLayerTest/1.TestForward (0 ms)
RUN        ] MVNLayerTest/1.TestForwardMeanOnly
      OK   ] MVNLayerTest/1.TestForwardMeanOnly (0 ms)
RUN        ] MVNLayerTest/1.TestForwardAcrossChannels
      OK   ] MVNLayerTest/1.TestForwardAcrossChannels (0 ms)
[----------] 6 tests from MVNLayerTest/1 (332 ms total)

[----------] Global test environment tear-down
[==========] 1162 tests from 152 test cases ran. (40791 ms total)
  PASSED   ] 1162 tests.
root@twb-virtual-machine:/home/twb/caffe#
```

图14.7　基于CPU计算的Caffe编译

相比于其他框架，安装 Caffe 及配置其环境时会遇到各种各样的问题，这主要是由一些依赖库和各种软件的版本不匹配导致的。安装配置中出现的各种常见问题在网络博客上有相对应的解决方案，如果读者遇到报错，可以耐心在网络上搜寻相关的解决办法。

（2）GPU 加速计算

通过 GPU 加速计算，需提前安装显卡驱动（以 NVIDIA GPU 为例）、CUDA 和 cuDNN。

1）安装 NVIDIA 驱动

如果 PC 机已安装 NVIDIA 的独立显卡，需先在官网（http://www.nvidia.com/Download/index.aspx?lang=en-us）查看适合自己显卡的驱动，然后卸载之前已经存在的驱动版本，在终端输入以下命令卸载。

```
sudo apt-get remove --purge nvidia*
```

卸载完成后，依次执行如下指令安装驱动。

```
sudo add-apt-repository ppa:xorg-edgers/ppa
sudo apt-get update
sudo apt-get install nvidia-xxx        #这里修改为自己的驱动版本
```

驱动安装完成之后，输入 reboot 命令重启系统，然后输入以下指令进行验证。

```
sudo nvidia-smi
```

在屏幕上看到 GPU 的信息列表则表示驱动安装成功。

2）安装 CUDA

安装 CUDA 有很多种方式，推荐官网直接下载。针对 Caffe，推荐使用 CUDA8.0 的版本，也是本章中所使用的 CUDA 版本。在官网下载 CUDA，下载时根据需要进行选择，如图 14.8 所示。

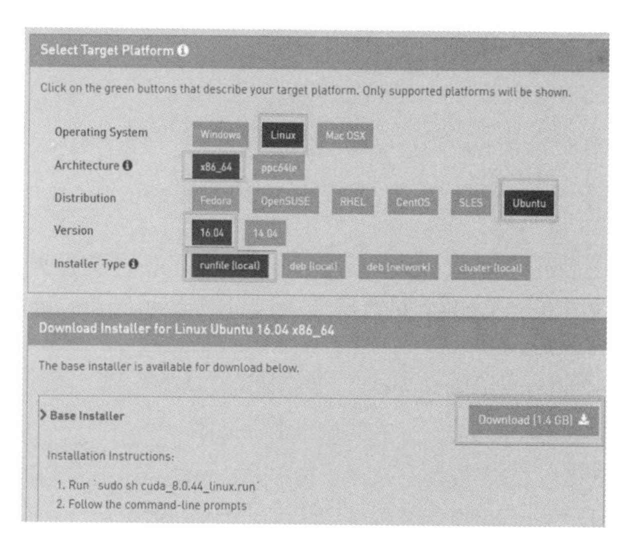


图14.8　CUDA下载时的选择项

下载完成后首先安装相关依赖包，在终端输入如下命令。

```
sudo apt-get install g++ freeglut3-dev build-essential libx11-dev libxmu-dev libxi-dev libglu1-mesa libglu1-mesa-dev
sudo sh cuda_8.0.27_linux.run
```

执行后会有一系列提示需要确认，当选择是否安装 NVIDIA 驱动时，选择“否”即安装完成。安装完成后也需要配置环境变量。打开~/.bashrc 文件，在命令终端输入以下命令。

```
sudo gedit ~/.bashrc
```

在打开的文件末尾，添加以下内容。

```
export PATH=/usr/local/cuda-8.0/bin${PATH:+:${PATH}}
export LD_LIBRARY_PATH=/usr/local/cuda8.0/lib64${LD_LIBRARY_PATH:+:${LD_LIBRARY_PATH}}
```

然后保存关闭，执行如下命令使该配置生效。

```
source ~/.bashrc
```

3）安装 cuDNN

先到 NVIDIA 官网下载 cuDNN，可能需要注册一个账号才能下载。例如你的显卡是 GTX1080，下载版本号如图 14.9 所示。

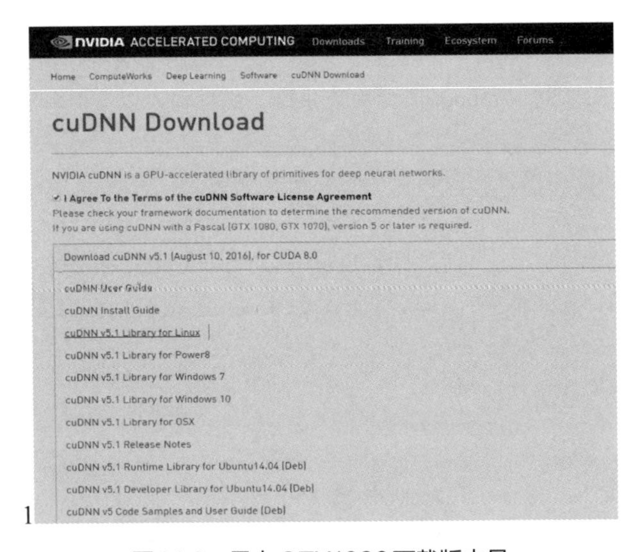


图14.9 显卡GTX1080下载版本号

下载 cuDNN5.1 之后进行解压，解压后得到 include 和 lib64 文件夹，输入如下命令，将 include 和 lib64 文件夹拷贝到 CUDA 安装目录（这里默认为/usr/local/cuda），如果有同名文件，选择覆盖原文件。

```
sudo cp cudnn.h /usr/local/cuda/include/      #复制头文件
sudo cp lib* /usr/local/cuda/lib64/      #复制动态链接库
cd /usr/local/cuda/lib64/
sudo rm -rf libcudnn.so libcudnn.so.5      #删除原有动态文件
sudo ln -s libcudnn.so.5.1.10 libcudnn.so.5   #生成软链接(注意这里要和自己下载的 cuDNN
                                              版本对应，可以在/usr/local/cuda/lib64 下查看自
                                              己 libcudnn 的版本)
sudo ln -s libcudnn.so.5 libcudnn.so      #生成软链接
```

在终端中输入以下命令，进行环境变量的配置。

```
sudo gedit /etc/profile
```

```
PATH=/usr/local/cuda/bin:$PATH
export PATH
```

使用以下命令，创建链接文件。

```
sudo gedit /etc/ld.so.conf.d/cuda.conf
```

使用以下命令，可以看到安装的 cuDNN 的信息。

```
nvcc-V
```

然后仿照前面 CPU 模式介绍的步骤，更改 Makefile.config 文件的配置。

首先去掉 USE_CUDNN 前面的“#”注释，其次是解除 OpenCV 相关行前面的“#”注释，还有将 Python 版本从默认的 2.7 修改为本文中对应的 3.5 版本，最后配置引用文件路径(HDF5 的路径问题)，修改后的配置文件内容如下。

```
## Refer to http://caffe.berkeleyvision.org/installation.html
# Contributions simplifying and improving our build system are welcome!

# cuDNN acceleration switch (uncomment to build with cuDNN).
USE_CUDNN := 1

# CPU-only switch (uncomment to build without GPU support).
# CPU_ONLY := 1

# uncomment to disable IO dependencies and corresponding data layers
 USE_OPENCV := 1
# USE_LEVELDB := 0
# USE_LMDB := 0
# This code is taken from https://github.com/sh1r0/caffe-android-lib
# USE_HDF5 := 0

# uncomment to allow MDB_NOLOCK when reading LMDB files (only if necessary)
#      You should not set this flag if you will be reading LMDBs with any
#      possibility of simultaneous read and write
# ALLOW_LMDB_NOLOCK := 1

# Uncomment if you're using OpenCV 3
 OPENCV_VERSION := 3
# To customize your choice of compiler, uncomment and set the following.
# N.B. the default for Linux is g++ and the default for OSX is clang++
# CUSTOM_CXX := g++

# CUDA directory contains bin/ and lib/ directories that we need.
CUDA_DIR := /usr/local/cuda
```

```
# On Ubuntu 14.04, if cuda tools are installed via
# "sudo apt-get install nvidia-cuda-toolkit" then use this instead:
# CUDA_DIR := /usr

# CUDA architecture setting: going with all of them.
# For CUDA < 6.0, comment the *_50 through *_61 lines for compatibility.
# For CUDA < 8.0, comment the *_60 and *_61 lines for compatibility.
# For CUDA >= 9.0, comment the *_20 and *_21 lines for compatibility.
CUDA_ARCH := -gencode arch=compute_30, code=sm_30 \
        -gencode arch=compute_35, code=sm_35 \
        -gencode arch=compute_50, code=sm_50 \
        -gencode arch=compute_52, code=sm_52 \
        -gencode arch=compute_60, code=sm_60 \
        -gencode arch=compute_61, code=sm_61 \
        -gencode arch=compute_61, code=compute_61

# BLAS choice:
# atlas for ATLAS (default)
# mkl for MKL
# open for OpenBlas
BLAS := atlas
# Custom (MKL/ATLAS/OpenBLAS) include and lib directories.
# Leave commented to accept the defaults for your choice of BLAS
# (which should work)!
# BLAS_INCLUDE := /path/to/your/blas
# BLAS_LIB := /path/to/your/blas

# Homebrew puts openblas in a directory that is not on the standard search path
# BLAS_INCLUDE := $(shell brew --prefix openblas)/include
# BLAS_LIB := $(shell brew --prefix openblas)/lib

# This is required only if you will compile the matlab interface.
# MATLAB directory should contain the mex binary in /bin.
# MATLAB_DIR := /usr/local
# MATLAB_DIR := /Applications/MATLAB_R2012b.app

# NOTE: this is required only if you will compile the python interface.
# We need to be able to find Python.h and numpy/arrayobject.h.
#PYTHON_INCLUDE := /usr/include/python2.7 \
        /usr/lib/python2.7/dist-packages/numpy/core/include
```

```
# Anaconda Python distribution is quite popular. Include path:
# Verify anaconda location, sometimes it's in root.
# ANACONDA_HOME := $(HOME)/anaconda
# PYTHON_INCLUDE := $(ANACONDA_HOME)/include \
        # $(ANACONDA_HOME)/include/python2.7 \
        # $(ANACONDA_HOME)/lib/python2.7/site-packages/numpy/core/include

# Uncomment to use Python 3 (default is Python 2)
 PYTHON_LIBRARIES := boost_python3 python3.5m
 PYTHON_INCLUDE := /usr/include/python3.5m \
                /usr/lib/python3.5/dist-packages/numpy/core/include

# We need to be able to find libpythonX.X.so or .dylib.
PYTHON_LIB := /usr/lib
# PYTHON_LIB := $(ANACONDA_HOME)/lib

# Homebrew installs numpy in a non standard path (keg only)
# PYTHON_INCLUDE += $(dir $(shell python -c 'import numpy.core; print(numpy. core. __
file__)'))/include
# PYTHON_LIB += $(shell brew --prefix numpy)/lib

# Uncomment to support layers written in Python (will link against Python libs)
# WITH_PYTHON_LAYER := 1

# Whatever else you find you need goes here.
INCLUDE_DIRS := $(PYTHON_INCLUDE) /usr/local/include /usr/include/hdf5/serial
LIBRARY_DIRS := $(PYTHON_LIB) /usr/local/lib /usr/lib /usr/lib /x86_64-linux-
gnu/hdf5/serial
# If Homebrew is installed at a non standard location (for example your home directory) and you
use it for general dependencies
# INCLUDE_DIRS += $(shell brew --prefix)/include
# LIBRARY_DIRS += $(shell brew --prefix)/lib

# NCCL acceleration switch (uncomment to build with NCCL)
# https://github.com/NVIDIA/nccl (last tested version: v1.2.3-1+cuda8.0)
# USE_NCCL := 1

# Uncomment to use `pkg-config` to specify OpenCV library paths.
# (Usually not necessary -- OpenCV libraries are normally installed in one of the above
$LIBRARY_DIRS.)
```

```
# USE_PKG_CONFIG := 1

# N.B. both build and distribute dirs are cleared on `make clean`
BUILD_DIR := build
DISTRIBUTE_DIR := distribute

# Uncomment for debugging. Does not work on OSX due to https://github.com/ BVLC/caffe/issues/171
# DEBUG := 1

# The ID of the GPU that 'make runtest' will use to run unit tests.
TEST_GPUID := 0

# enable pretty build (comment to see full commands)
Q ?= @
```

打开 Makefile 文件，将

```
NVCCFLAGS +=-ccbin=$(CXX) -Xcompiler-fPIC $(COMMON_FLAGS)
```

替换为

```
NVCCFLAGS+=-D_FORCE_INLINES -ccbin=$(CXX) -Xcompiler -fPIC $(COMMON_FLAGS)
```

除了上述修改外，也要修改 GPU 计算中的 Makefile 部分，此部分参照 CPU 计算中修改的内容。此外，还需要编辑/usr/local/cuda/include/host_config.h，将其中的第 115 行注释掉，修改内容如下。

```
#error-- unsupported GNU version! gcc versions later than 4.9 are not supported!
```

（3）编译 Python 接口

Caffe 提供了三大接口：命令行（cmdcaffe），Python API（pycaffe），Matlab API（matcaffe）。本章以 Python 接口为例，详细介绍如何编译 Python 接口。本章 Ubuntu16.04 默认安装 Python3.5 版本，在终端执行以下命令，安装 pip3 指令包。

```
sudo apt-get install python3-pip
pip3 install --upgrade pip    #升级 pip3
wget https://bootstrap.pypa.io/pip/3.5/get-pip.py
python3 get-pip.py
```

然后安装相关依赖，避免编译时报错。

```
sudo apt-get install gfortran
sudo apt-get install python-numpy
```

相关依赖安装完成后，输入以下命令进入 Python 目录，并打开 requirements.txt 文件。

```
cd python
sudo gedit requirements.txt
```

在 requirements.txt 文件中，将“python-dateutil>=1.4，<2”修改为“python-dateutil”，去掉要求下载的版本号，然后执行以下命令。

```
for req in $(cat requirements.txt); do pip3 install $req; done
sudo pip3 install -r requirements.txt
```

若安装成功，执行完命令会显示“Requirement already satisfied”，否则不成功。

将Caffe目录下的Python加入到环境变量，输入以下命令。

```
Sudo gedit ~/.bashrc
```

在显示的命令行最后一行末尾，加入以下内容。

```
export PYTHONPATH=/home/登录名/caffe/python:$PYTHONPATH
```

在Caffe根目录下，执行如下命令编译Python接口，如图14.10所示表示编译成功。

```
make pycaffe        #花的时间较多，也可能报错
```

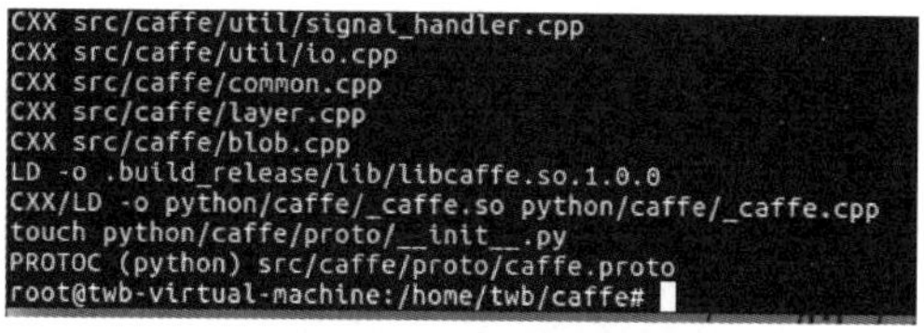

```
CXX src/caffe/util/signal_handler.cpp
CXX src/caffe/util/io.cpp
CXX src/caffe/common.cpp
CXX src/caffe/layer.cpp
CXX src/caffe/blob.cpp
LD -o .build_release/lib/libcaffe.so.1.0.0
CXX/LD -o python/caffe/_caffe.so python/caffe/_caffe.cpp
touch python/caffe/proto/__init__.py
PROTOC (python) src/caffe/proto/caffe.proto
root@twb-virtual-machine:/home/twb/caffe#
```

图14.10　编译成功界面

编译成功后，在终端输入如下命令，引入Caffe包，如果没有报错则安装成功。

```
python
Import caffe
dir()   #引入Caffe无报错后，通过dir()函数可以查看到Caffe模块被导入
```

至此，Caffe安装完成，安装成功界面如图14.11所示。

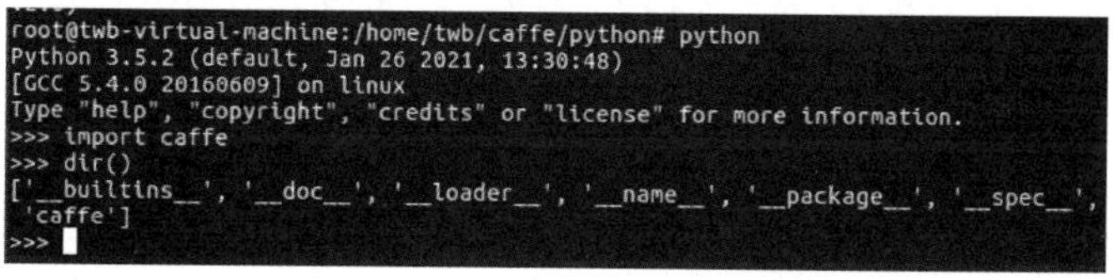

```
root@twb-virtual-machine:/home/twb/caffe/python# python
Python 3.5.2 (default, Jan 26 2021, 13:30:48)
[GCC 5.4.0 20160609] on linux
Type "help", "copyright", "credits" or "license" for more information.
>>> import caffe
>>> dir()
['__builtins__', '__doc__', '__loader__', '__name__', '__package__', '__spec__',
'caffe']
>>>
```

图14.11　Caffe安装成功界面

# 14.4 目标分类测试

## 14.4.1 数据集准备

本次测试将利用Caffe框架实现手写数据集mnist的识别分类学习。mnist数据集已在Caffe框架安装包中，官方已经写好了相应的脚本，作为Caffe的示例数据集，数据集已经完成打标签，分类为训练集，测试集，验证集。同时也指导大家如何制作数据集，利用Caffe框架进行训练模型，获得权重参数，最后进行相应地测试。

首先需要下载工程文件，使用如下命令进行下载（若在前面获得框架的过程中，已下载过该工程文件，则这里可以省略）。

```
git clone https://github.com/BVLC/caffe
```

在目录中得到一个文件夹 caffe-master，如图 14.12 所示。

data 文件夹里面有如图 14.13 所示的三个文件夹，其中有一个 mnist 文件夹。

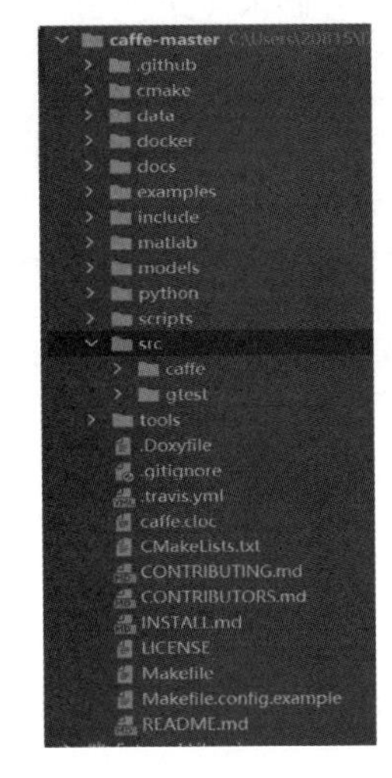


图14.12　caffe-master文件夹

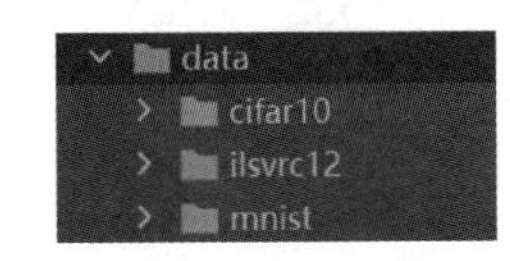


图14.13　data文件夹

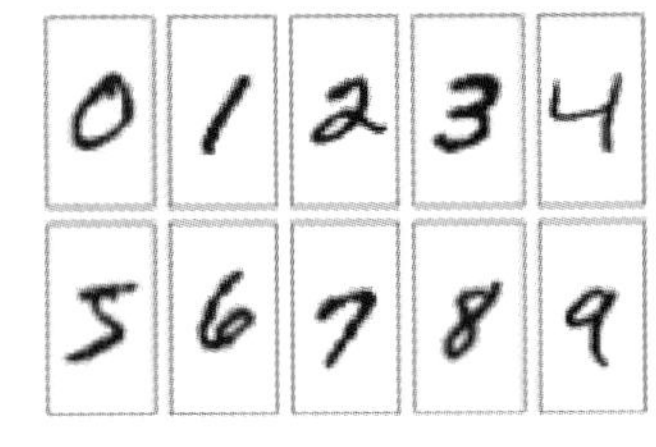

图14.14　手写数字图片

在终端输入以下命令：

```
cd  /caffe-master/data/mnist  #进入 mnist 文件夹
./get_mnist.sh      #获得 mnist 手写数字数据集
```

mnist 数据集来自美国国家标准与技术研究所研究的一个入门级计算机视觉数据集，包含很多手写数字图片，一共分为 10 类，分别是 0 ~ 9，如图 14.14 所示。

该数据集主要由训练集、测试集及相应的标签组成，其中训练集包含 60000 张图片样本，测试集包含 10000 张图片样本。

如图 14.15 所示，mnist 文件夹下载完毕，三个全部都是二进制的文件。

```
Saving to: 'train-images-idx3-ubyte.gz'

100%[==========================================>] 9,912,422   1.19MB/s   in 10s

2021-08-31 14:52:35 (937 KB/s) - 'train-images-idx3-ubyte.gz' saved [9912422/9912422]

--2021-08-31 14:52:35--  http://yann.lecun.com/exdb/mnist/train-labels-idx1-ubyte.gz
Resolving yann.lecun.com (yann.lecun.com)... 104.21.29.36, 172.67.171.76, 2606:4700:3034::6815:1d24, ...
Connecting to yann.lecun.com (yann.lecun.com)|104.21.29.36|:80... connected.
HTTP request sent, awaiting response... 200 OK
Length: 28881 (28K) [application/x-gzip]
Saving to: 'train-labels-idx1-ubyte.gz'

100%[==========================================>] 28,881      --.-K/s   in 0.1s

2021-08-31 14:52:36 (188 KB/s) - 'train-labels-idx1-ubyte.gz' saved [28881/28881]

--2021-08-31 14:52:36--  http://yann.lecun.com/exdb/mnist/t10k-images-idx3-ubyte.gz
Resolving yann.lecun.com (yann.lecun.com)... 104.21.29.36, 172.67.171.76, 2606:4700:3034::6815:1d24, ...
Connecting to yann.lecun.com (yann.lecun.com)|104.21.29.36|:80... connected.
HTTP request sent, awaiting response... 200 OK
Length: 1648877 (1.6M) [application/x-gzip]
Saving to: 't10k-images-idx3-ubyte.gz'

100%[==========================================>] 1,648,877   361KB/s   in 4.5s

2021-08-31 14:52:41 (361 KB/s) - 't10k-images-idx3-ubyte.gz' saved [1648877/1648877]

--2021-08-31 14:52:41--  http://yann.lecun.com/exdb/mnist/t10k-labels-idx1-ubyte.gz
Resolving yann.lecun.com (yann.lecun.com)... 104.21.29.36, 172.67.171.76, 2606:4700:3034::6815:1d24, ...
Connecting to yann.lecun.com (yann.lecun.com)|104.21.29.36|:80... connected.
HTTP request sent, awaiting response... 200 OK
Length: 4542 (4.4K) [application/x-gzip]
Saving to: 't10k-labels-idx1-ubyte.gz'

100%[==========================================>] 4,542       --.-K/s   in 0s

2021-08-31 14:52:41 (43.1 MB/s) - 't10k-labels-idx1-ubyte.gz' saved [4542/4542]
```

图14.15　三个全部都是二进制的文件

将上述二进制文件转换成 lmdb 文件，在终端输入以下命令，转换结果如图 14.16 所示。

```
./examples/mnist/create_mnist.sh
```

```
Creating lmdb...
libdc1394 error: Failed to initialize libdc1394
I0831 15:02:26.671962    63 db_lmdb.cpp:35] Opened lmdb examples/mnist/mnist_train_lmdb
I0831 15:02:26.672152    63 convert_mnist_data.cpp:88] A total of 60000 items.
I0831 15:02:26.672165    63 convert_mnist_data.cpp:89] Rows: 28 Cols: 28
I0831 15:02:27.060894    63 convert_mnist_data.cpp:108] Processed 60000 files.
libdc1394 error: Failed to initialize libdc1394
I0831 15:02:27.071615    64 db_lmdb.cpp:35] Opened lmdb examples/mnist/mnist_test_lmdb
I0831 15:02:27.071846    64 convert_mnist_data.cpp:88] A total of 10000 items.
I0831 15:02:27.071861    64 convert_mnist_data.cpp:89] Rows: 28 Cols: 28
I0831 15:02:27.139549    64 convert_mnist_data.cpp:108] Processed 10000 files.
Done.
```

图14.16　转换结果

转换完成后，输入以下命令，查看 mnist 中文件，如图 14.17 所示。

```
cd ./caffe/examples/mnist/
ls
```

```
convert_mnist_data.cpp              lenet_train_test.prototxt                   train_lenet_adam.sh
create_mnist.sh                     mnist_autoencoder.prototxt                  train_lenet_consolidated.sh
lenet.prototxt                      mnist_autoencoder_solver.prototxt           train_lenet_docker.sh
lenet_adadelta_solver.prototxt      mnist_autoencoder_solver_adadelta.prototxt  train_lenet_rmsprop.sh
lenet_auto_solver.prototxt          mnist_autoencoder_solver_adagrad.prototxt   train_mnist_autoencoder.sh
lenet_consolidated_solver.prototxt  mnist_autoencoder_solver_nesterov.prototxt  train_mnist_autoencoder_adadelta.sh
lenet_multistep_solver.prototxt     mnist_test_lmdb                             train_mnist_autoencoder_adagrad.sh
lenet_solver.prototxt               mnist_train_lmdb                            train_mnist_autoencoder_nesterov.sh
lenet_solver_adam.prototxt          readme.md
lenet_solver_rmsprop.prototxt       train_lenet.sh
```

图14.17　mnist中文件

由图 14.19 可看到，有训练集和测试集所对应的 mnist_train_lmdb 和 mnist_test_lmdb 文件，此时数据集处理完毕。

在实际应用中，可能会遇到大量未经处理过的图片样本，那如何将这些图片样本创建为适合 Caffe 框架的数据集呢？下面将详细介绍如何利用网上现成的图片集，自己创建数据集。数据集也是一个 10 分类，主要用于区分网购物品的类别，比如手表、发绳等，如图 14.18 所示。

图14.18　发绳与手表数据集

首先下载数据图片，下载解压后文件夹内包含以下文件，如图 14.19 所示。

其中 txt 文件的作用就是放入图片的路径与相应的标签，主要是为后续生成 lmdb（Caffe 专用的数据集）。train.txt 里面前半部分是图片的路径，后面是类别，如图 14.20 所示。

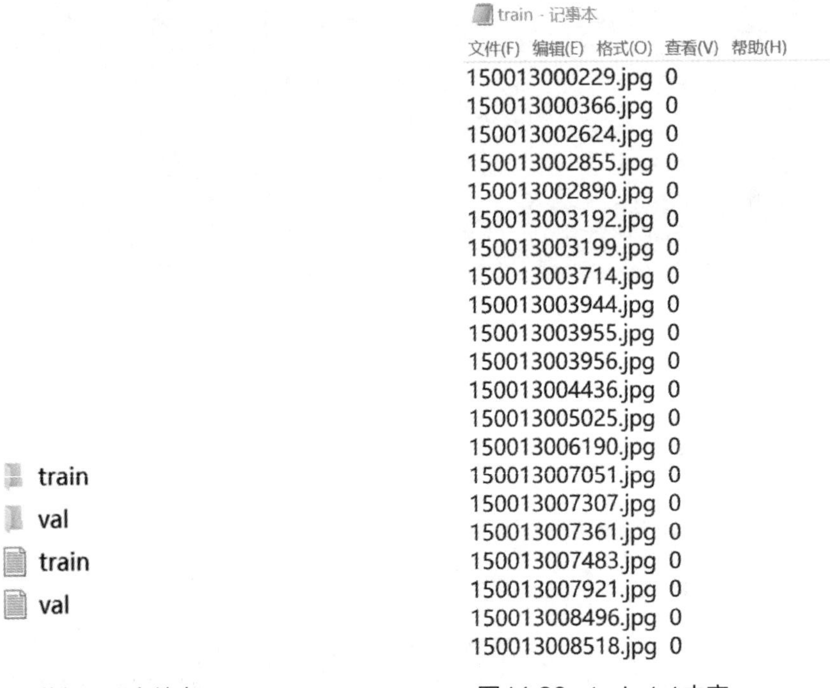


图14.19　下载解压后文件夹

图14.20　train.txt内容

如果 train.txt 和 val.txt 中没有这些路径与标签，就需要使用自动化脚本制作 txt 文件，下面将详细介绍如何使用该脚本。首先进入 examples 目录下面，输入以下命令。

```
mkdir myfile4
```

构建一个名为 myfile4 的文件夹，把分别放在文件夹 train 的训练集图片和放在文件夹 val 的测试集图片，都移入 myfile4 文件夹中，同时创建一个自动化脚本 create_filelist.sh，详细代码如图 14.21 所示。

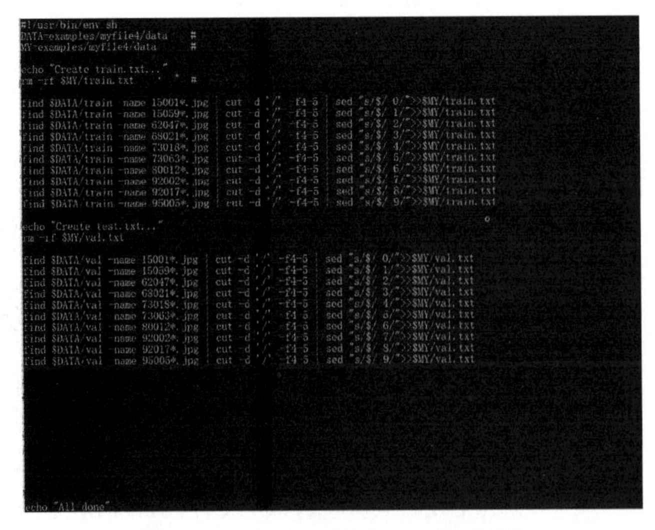

```
#!/usr/bin/env sh
DATA=examples/myfile4/data      #
MY=examples/myfile4/data        #

echo "Create train.txt..."
rm -rf $MY/train.txt            #

find $DATA/train -name 15001*.jpg | cut -d '/' -f4-5 | sed "s/$/ 0/">>$MY/train.txt
find $DATA/train -name 15059*.jpg | cut -d '/' -f4-5 | sed "s/$/ 1/">>$MY/train.txt
find $DATA/train -name 62047*.jpg | cut -d '/' -f4-5 | sed "s/$/ 2/">>$MY/train.txt
find $DATA/train -name 68021*.jpg | cut -d '/' -f4-5 | sed "s/$/ 3/">>$MY/train.txt
find $DATA/train -name 73018*.jpg | cut -d '/' -f4-5 | sed "s/$/ 4/">>$MY/train.txt
find $DATA/train -name 73063*.jpg | cut -d '/' -f4-5 | sed "s/$/ 5/">>$MY/train.txt
find $DATA/train -name 80012*.jpg | cut -d '/' -f4-5 | sed "s/$/ 6/">>$MY/train.txt
find $DATA/train -name 92002*.jpg | cut -d '/' -f4-5 | sed "s/$/ 7/">>$MY/train.txt
find $DATA/train -name 92017*.jpg | cut -d '/' -f4-5 | sed "s/$/ 8/">>$MY/train.txt
find $DATA/train -name 95005*.jpg | cut -d '/' -f4-5 | sed "s/$/ 9/">>$MY/train.txt

echo "Create test.txt..."
rm -rf $MY/val.txt

find $DATA/val -name 15001*.jpg | cut -d '/' -f4-5 | sed "s/$/ 0/">>$MY/val.txt
find $DATA/val -name 15059*.jpg | cut -d '/' -f4-5 | sed "s/$/ 1/">>$MY/val.txt
find $DATA/val -name 62047*.jpg | cut -d '/' -f4-5 | sed "s/$/ 2/">>$MY/val.txt
find $DATA/val -name 68021*.jpg | cut -d '/' -f4-5 | sed "s/$/ 3/">>$MY/val.txt
find $DATA/val -name 73018*.jpg | cut -d '/' -f4-5 | sed "s/$/ 4/">>$MY/val.txt
find $DATA/val -name 73063*.jpg | cut -d '/' -f4-5 | sed "s/$/ 5/">>$MY/val.txt
find $DATA/val -name 80012*.jpg | cut -d '/' -f4-5 | sed "s/$/ 6/">>$MY/val.txt
find $DATA/val -name 92002*.jpg | cut -d '/' -f4-5 | sed "s/$/ 7/">>$MY/val.txt
find $DATA/val -name 92017*.jpg | cut -d '/' -f4-5 | sed "s/$/ 8/">>$MY/val.txt
find $DATA/val -name 95005*.jpg | cut -d '/' -f4-5 | sed "s/$/ 9/">>$MY/val.txt

echo "All done"
```

图14.21　create_filelist.sh详细代码

在图 14.21 代码中，以其中一行代码为例，给出详细的解释如下。

find $DATA/train -name 15001*.jpg：在文件夹下找到所有前几位名为 15001 的图片。

cut-d'/'-f4-5：以"/"为分界符，找到第四至五段的内容截取下来。

sed"s/$/0/"：在截取的文件名后面加一个空格和一个标签 0。

MY/train.txt：最后存储到 train.txt 中。

当自动化脚本运行完成后，看到 echo “All done”后，输入以下命令。

```
sh /examples/myfile4/create_filelist.sh
```

命令运行完后，出现如图 14.22 所示信息，表示数据写入成功，且在 myfile4/data 文件夹下生成 train.txt 和 val.txt 两个文件。

```
Create train.txt...
Create test.txt...
All done
```

图14.22　表示数据写入成功

Caffe 框架不能直接读入 txt，必须要把数据集制作成 lmdb 格式才能读入模型，所以需要把生成的 txt 转换成 Caffe 识别的 lmdb 文件。因此还需在 myfile4 下建立一个脚本，命名 create_lmdb.sh，代码如图 14.23 所示，将 train.txt 和 val.txt 转换成 Caffe 能识别的 lmdb 文件。

```
#!/usr/bin/env sh
MY=examples/myfile4

TRAIN_DATA_ROOT=/opt/caffe/examples/myfile4/data/
VAL_DATA_ROOT=/opt/caffe/examples/myfile4/data/

echo "Create train lmdb.."
rm -rf $MY/img_train_lmdb
build/tools/convert_imageset \
--resize_height=32 \
--resize_width=32 \
--shuffle \
$TRAIN_DATA_ROOT \
$MY/data/train.txt \
$MY/img_train_lmdb

echo "Create test lmdb.."
rm -rf $MY/img_val_lmdb
build/tools/convert_imageset \
--resize_height=32 \
--resize_width=32 \
--shuffle \
$VAL_DATA_ROOT \
$MY/data/val.txt \
$MY/img_val_lmdb


echo "All Done.."
```

图14.23　create_lmdb.sh代码

代码解释如下。

MY=examples / myfile4：设置 lmdb 文件要存储的位置。

TRAIN_DATA_ROOT=/opt/caffe/examples/myfile4/data/：该图片存储的绝对路径，里面还有 train 文件夹存放了训练图片。

VAL_DATA_ROOT=/opt/caffe/examples/myfile4/data /：数据列表的存储位置，里面还有 val 文件夹存放了验证图片。

build/tools/convert_imageset：这句是利用 Caffe 自带的图片处理工具对图片进行处理，因为 Caffe 框架比较严格，所以必须使用自带的处理脚本，这个处理脚本路径无需修改。

--resize_heght 与—resize_width：表示图片的高与宽。

输入如图 14.24 所示命令将生成 lmdb 文件。

```
create_filelist.sh  create_lmdb.sh  data  img_train_lmdb  img_val_lmdb  train  val
```

图14.24　生成lmdb文件命令

命令运行后会在 myfile4 文件夹下生成 img_val_lmdb 和 img_train_lmdb，文件夹里面就是想要的 Caffe 能识别的 lmdb 文件，此时数据集处理完毕。

## 14.4.2　训练模型

在 caffe-master 根目录下，输入以下命令。

```
./build/tools/caffe train --solver=examples/mnist/lenet_solver.prototxt
```

生成一个文件如图 14.25 所示，它是一个集成的文件，里面包括模型脚本路径，测试数量和一些网络参数。

```
# The train/test net protocol buffer definition
net: "examples/mnist/lenet_train_test.prototxt"
# test_iter specifies how many forward passes the test should carry out.
# In the case of MNIST, we have test batch size 100 and 100 test iterations,
# covering the full 10,000 testing images.
test_iter: 100
# Carry out testing every 500 training iterations.
test_interval: 500
# The base learning rate, momentum and the weight decay of the network.
base_lr: 0.01
momentum: 0.9
weight_decay: 0.0005
# The learning rate policy
lr_policy: "inv"
gamma: 0.0001
power: 0.75
# Display every 100 iterations
display: 100
# The maximum number of iterations
max_iter: 10000
# snapshot intermediate results
snapshot: 5000
snapshot_prefix: "examples/mnist/lenet"
# solver mode: CPU or GPU
solver_mode: GPU
```

图14.25　caffe-master 根目录下生成的文件

解释如下。

net："examples/mnist/lenet_train_test.prototxt"：设定网络模型配置文件的路径。

test_iter：测试所有的图片。

test_interval：每个 500 个 iterations 测试一下。

base_lr：学习率。
momentum：动量。
weight_decay：衰减权重。
gamma：超参。
display：每隔多少次展示。
max_iter：最大迭代次数。
snapshot：中间结果。
solver_mode：GPU 还是 CPU。

用 mnist 的训练集数据训练模型，训练过程如图 14.26 所示。

```
I0831 15:13:10.497799    81 sgd_solver.cpp:106] Iteration 600, lr = 0.0095724
I0831 15:13:14.315953    81 solver.cpp:228] Iteration 700, loss = 0.15932
I0831 15:13:14.316045    81 solver.cpp:244]     Train net output #0: loss = 0.15932 (* 1 = 0.15932 loss)
I0831 15:13:14.316051    81 sgd_solver.cpp:106] Iteration 700, lr = 0.00950522
I0831 15:13:18.133657    81 solver.cpp:228] Iteration 800, loss = 0.197928
I0831 15:13:18.133699    81 solver.cpp:244]     Train net output #0: loss = 0.197928 (* 1 = 0.197928 loss)
I0831 15:13:18.133704    81 sgd_solver.cpp:106] Iteration 800, lr = 0.00943913
I0831 15:13:21.957676    81 solver.cpp:228] Iteration 900, loss = 0.148333
I0831 15:13:21.957722    81 solver.cpp:244]     Train net output #0: loss = 0.148333 (* 1 = 0.148333 loss)
I0831 15:13:21.957728    81 sgd_solver.cpp:106] Iteration 900, lr = 0.00937411
I0831 15:13:25.772940    81 solver.cpp:337] Iteration 1000, Testing net (#0)
I0831 15:13:28.247854    81 solver.cpp:404]     Test net output #0: accuracy = 0.9815
I0831 15:13:28.247900    81 solver.cpp:404]     Test net output #1: loss = 0.0587184 (* 1 = 0.0587184 loss)
I0831 15:13:28.286377    81 solver.cpp:228] Iteration 1000, loss = 0.0940219
I0831 15:13:28.286408    81 solver.cpp:244]     Train net output #0: loss = 0.094022 (* 1 = 0.094022 loss)
I0831 15:13:28.286414    81 sgd_solver.cpp:106] Iteration 1000, lr = 0.00931012
I0831 15:13:32.120420    81 solver.cpp:228] Iteration 1100, loss = 0.00630023
I0831 15:13:32.120467    81 solver.cpp:244]     Train net output #0: loss = 0.00630028 (* 1 = 0.00630028 loss)
I0831 15:13:32.120476    81 sgd_solver.cpp:106] Iteration 1100, lr = 0.00924715
I0831 15:13:35.952211    81 solver.cpp:228] Iteration 1200, loss = 0.0118157
I0831 15:13:35.952252    81 solver.cpp:244]     Train net output #0: loss = 0.0118157 (* 1 = 0.0118157 loss)
I0831 15:13:35.952257    81 sgd_solver.cpp:106] Iteration 1200, lr = 0.00918515
I0831 15:13:39.790906    81 solver.cpp:228] Iteration 1300, loss = 0.0168298
I0831 15:13:39.790956    81 solver.cpp:244]     Train net output #0: loss = 0.0168299 (* 1 = 0.0168299 loss)
I0831 15:13:39.790963    81 sgd_solver.cpp:106] Iteration 1300, lr = 0.00912412
I0831 15:13:43.634982    81 solver.cpp:228] Iteration 1400, loss = 0.00456473
I0831 15:13:43.635026    81 solver.cpp:244]     Train net output #0: loss = 0.00456482 (* 1 = 0.00456482 loss)
I0831 15:13:43.635032    81 sgd_solver.cpp:106] Iteration 1400, lr = 0.00906403
I0831 15:13:47.450119    81 solver.cpp:337] Iteration 1500, Testing net (#0)
I0831 15:13:49.930361    81 solver.cpp:404]     Test net output #0: accuracy = 0.9835
I0831 15:13:49.930399    81 solver.cpp:404]     Test net output #1: loss = 0.0495069 (* 1 = 0.0495069 loss)
I0831 15:13:49.968873    81 solver.cpp:228] Iteration 1500, loss = 0.101861
I0831 15:13:49.968909    81 solver.cpp:244]     Train net output #0: loss = 0.101861 (* 1 = 0.101861 loss)
I0831 15:13:49.968914    81 sgd_solver.cpp:106] Iteration 1500, lr = 0.00900485
I0831 15:13:53.784946    81 solver.cpp:228] Iteration 1600, loss = 0.11573
I0831 15:13:53.784986    81 solver.cpp:244]     Train net output #0: loss = 0.11573 (* 1 = 0.11573 loss)
I0831 15:13:53.784991    81 sgd_solver.cpp:106] Iteration 1600, lr = 0.00894657
I0831 15:13:57.611141    81 solver.cpp:228] Iteration 1700, loss = 0.0394721
I0831 15:13:57.611188    81 solver.cpp:244]     Train net output #0: loss = 0.0394721 (* 1 = 0.0394721 loss)
I0831 15:13:57.611194    81 sgd_solver.cpp:106] Iteration 1700, lr = 0.00888916
I0831 15:14:01.447582    81 solver.cpp:228] Iteration 1800, loss = 0.0361477
I0831 15:14:01.447623    81 solver.cpp:244]     Train net output #0: loss = 0.0361477 (* 1 = 0.0361477 loss)
I0831 15:14:01.447628    81 sgd_solver.cpp:106] Iteration 1800, lr = 0.0088326
I0831 15:14:05.314846    81 solver.cpp:228] Iteration 1900, loss = 0.112024
I0831 15:14:05.314893    81 solver.cpp:244]     Train net output #0: loss = 0.112024 (* 1 = 0.112024 loss)
I0831 15:14:05.314898    81 sgd_solver.cpp:106] Iteration 1900, lr = 0.00877687
```

图14.26　训练过程

训练好的模型保存在 caffe- master/examples/mnist/lenet_iter_10000.caffemodel 文件中，训练状态保存在 caffe-master/examples/mnist/lenet_iter_10000.solverstate 文件中，如图 14.27 所示。

```
lenet_iter_10000.caffemodel
lenet_iter_10000.solverstate
lenet_iter_5000.caffemodel
lenet_iter_5000.solverstate
```

图14.27　保存训练好的模型或训练状态

如果想训练通过前面方法自制的数据集，下面就给出详细的步骤。首先创建一个文件 myfile4_train_test.prototxt，构建的网络内容如图 14.28 所示。

```
name: "myfile4"
layer {
  name: "data"
  type: "Data"
  top: "data"
  top: "label"
  include {
    phase: TRAIN
  }
  transform_param{
  mean_file:"examples/myfile4/mean.binaryproto"
 }
  data_param {
    source: "examples/myfile4/img_train_lmdb"
    batch_size: 50
    backend: LMDB
  }
}
layer {
  name: "data"
  type: "Data"
  top: "data"
  top: "label"
  include {
    phase: TEST
  }
  transform_param{
  mean_file:"examples/myfile4/mean1.binaryproto"
 }
  data_param {
    source: "examples/myfile4/img_val_lmdb"
    batch_size: 50
    backend: LMDB
  }
}
layer {
  name: "conv1"
  type: "Convolution"
  bottom: "data"
  top: "conv1"
  param {
    lr_mult: 1
  }
  param {
    lr_mult: 2
  }
  convolution_param {
    num_output: 32
    pad:2
```

图14.28　构建的网络内容

其次，需要设置网络的训练形式，也是建立一个文件，名为 myfile4_solver.prototxt，具体代码如图 14.29 所示。

```
mples/myfile4/myfile4_train_test.prototxt"
test_iter: 2
test_interval: 50
base_lr: 0.001
lr_policy: "step"
gamma: 0.1
stepsize:400
momentum:0.9
weight_decay:0.004
display:10
max_iter: 2000
snapshot: 2000
snapshot_prefix: "examples/myfile4"
solver_mode: GPU
```

图14.29　设置网络的训练形式具体代码

在 Caffe 的根目录下执行以下命令，即可开始训练，训练过程参照 mnist 数据集。

```
build/ tools/caffe train -solverexamples/myfile4/myfile4_solver.prototxt
```

### 14.4.3　用训练好的模型对数据进行预测

利用训练模型权值文件 caffe-master/examples/mnist/lenet_iter_10000.caffemodel 可以对测

试数据集进行预测，注意 caffe.bin、prototxt、caffemodel 等的路径一定要根据自己的情况写正确。

在 caffe-master 目录下，输入如下命令进行检测，检测结果如图 14.30 所示。

```
./build/tools/caffe test -model=examples/mnist/lenet_train_test.prototxt-weights=examples/mnist/lenet_iter_10000.caffemodel -iterations=100
```

```
I0831 15:29:45.945906    96 caffe.cpp:275] Batch 52, loss = 0.00431325
I0831 15:29:45.970541    96 caffe.cpp:275] Batch 53, accuracy = 1
I0831 15:29:45.970559    96 caffe.cpp:275] Batch 53, loss = 0.00198586
I0831 15:29:45.995249    96 caffe.cpp:275] Batch 54, accuracy = 1
I0831 15:29:45.995275    96 caffe.cpp:275] Batch 54, loss = 0.00302277
I0831 15:29:46.020047    96 caffe.cpp:275] Batch 55, accuracy = 1
I0831 15:29:46.020068    96 caffe.cpp:275] Batch 55, loss = 0.00011742
I0831 15:29:46.044682    96 caffe.cpp:275] Batch 56, accuracy = 1
I0831 15:29:46.044700    96 caffe.cpp:275] Batch 56, loss = 0.0149943
I0831 15:29:46.069384    96 caffe.cpp:275] Batch 57, accuracy = 0.99
I0831 15:29:46.069411    96 caffe.cpp:275] Batch 57, loss = 0.0158023
I0831 15:29:46.094175    96 caffe.cpp:275] Batch 58, accuracy = 0.99
I0831 15:29:46.094203    96 caffe.cpp:275] Batch 58, loss = 0.0205837
I0831 15:29:46.118968    96 caffe.cpp:275] Batch 59, accuracy = 0.97
I0831 15:29:46.118991    96 caffe.cpp:275] Batch 59, loss = 0.0920975
I0831 15:29:46.143752    96 caffe.cpp:275] Batch 60, accuracy = 1
I0831 15:29:46.143780    96 caffe.cpp:275] Batch 60, loss = 0.00619412
I0831 15:29:46.168589    96 caffe.cpp:275] Batch 61, accuracy = 0.99
I0831 15:29:46.168609    96 caffe.cpp:275] Batch 61, loss = 0.0168506
```

图14.30　检测结果

测试结果如图 14.31 所示。

（a）图片9测试结果

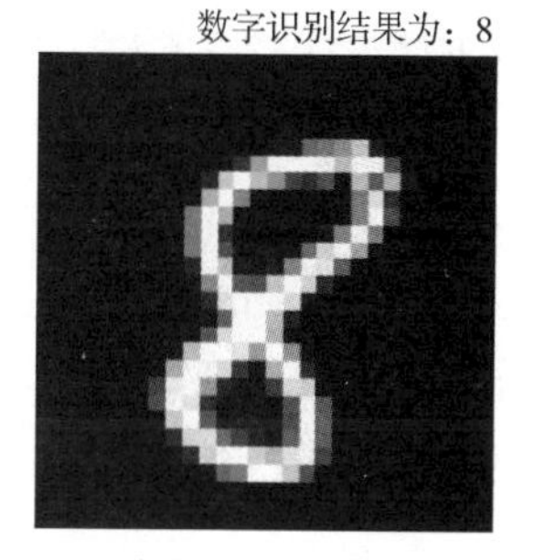


（b）图片8测试结果

图14.31　测试结果

# 第 15 章 MXNet深度学习工程

MXNet 是目前的主流学习框架之一，相比于其他主流框架的一般命令式编程或符号声明式编程，具有省显存、运行速度快等特点，训练效率非常高，且该框架支持多种语言的 API 接口。本章将详细介绍该框架的安装获取、环境配置以及相应的目标检测应用案例。

## 15.1 框架获取及环境设置

本章将介绍如何获取 MXNet 框架和配置相关的运行环境。由于前面已经详细介绍了使用 NVIDA GPU 时相关的 CUDA、cuDNN 等工具包的安装和配置方法，本章将默认这些软件都已配置好，操作系统依然使用的是 Ubuntu16.04 版本。本章介绍新的安装运行环境方法，推荐使用conda 安装运行代码所依赖的软件。

### 15.1.1 环境准备

通过借鉴李沐的视频教程（参考文献[25]），可以方便快捷地获取 MXNet 框架，并搭建相应的运行环境。利用 conda 创建运行环境。conda 是一个流行的 Python 包管理软件，本章使用的是 Anaconda，也可以使用 Miniconda。首先根据操作系统下载 Anaconda，在 Anaconda 官网查看适合 Python 版本的 Anaconda 安装文件的下载地址并复制，在终端输入以下命令。

```
Wget https://repo.anaconda.com/archive/Anaconda3-2021.05-Linux-x86_64.sh ## 以Anaconda 官方网站上的安装文件名为准。
```

需要说明的是本章下载的 Anoconda 版本是适合 Python3.6 的 Anaconda3--Linux-x86_64 版本，在根目录下找到一个.sh文件，进入命令终端执行这个.sh文件，输入以下命令。

```
bash Anaconda3-2021.05-Linux-x86_64.sh
```

然后等待安装进程完成，到最后一步会提示选择是否用 conda 初始化，输入“yes”即可。安装完成后，还需要输入以下命令。

```
source ~/.bashrc
```

更新环境变量，将 conda 加入环境变量中，然后需要提前安装一些基本依赖项，依次输入以下命令。

```
sudo apt-get update
sudo apt-get upgrade
sudo apt-get install git
```

### 15.1.2 利用 Anaconda 创建运行环境

（1）CPU 运行环境配置

与前面介绍的其他框架类似，如果计算机没有安装 GPU，则可以使用 CPU 完成计算，本部分将详细介绍基于 CPU 计算的环境配置。由于 conda 和 pip 默认使用国外站点下载软件，速度较慢，故可以配置国内镜像加速下载，输入以下命令。

```
sudo apt-get install python3-pip    #安装 pip3 指令包
pip3 config set global.index-url https://pypi.tuna.tsinghua.edu.cn/simple
```

将默认的镜像修改为清华镜像，也可以改为国内其他镜像。然后，在根目录下创建一个新的文件，输入以下命令。

```
mkdir gluon_tutorials
cd gluon_tutorials
```

这里搭建环境可以仿照李沐书中提供的现成环境依赖，利用该书中的已有环境设置文件，实现本章中的环境设置。通过输入以下命令下载代码压缩包并解压。

```
curl https://zh.gluon.ai/gluon_tutorials_zh.tar.gz -o tutorials.tar.gz
tar -xzvf tutorials.tar.gz
 rm tutorials.tar.gz
```

environment.yml 是放置在代码压缩包中的文件，打开该文件可查看运行压缩包中李沐书中代码所依赖的软件，如图 15.1 所示。

```
name: gluon
dependencies:
- python=3.6
- pip:
  - mxnet==1.5.0
  - d2lzh==1.0.0
  - jupyter==1.0.0
  - matplotlib==2.2.2
  - pandas==0.23.4
```

图15.1 李沐书中代码所依赖的软件

可以根据实际的需求，更改 environmen.yml 中 pip 下面的依赖软件，使用 conda 创建虚拟环境并安装所需软件，输入以下命令。

```
conda env create -f environment.yml
```

该命令执行完后，还需要通过命令安装 OpenCV，输入以下命令。

```
pip3 install opencv-contrib-python
```

在使用过程中，需要激活创建的环境，输入以下命令。

```
source activate gluon
```

（2）GPU 运行环境配置

如果计算机上有 NVIDIA 显卡，建议使用GPU 版的 mxnet，此时需要 NVIDIA 提供的 CUDA 工具包、cuDNN 工具包，参考第 14 章中在 Ubuntu16.04 上安装 CUDA7.0 的步骤，mxnet 支持 CUDA9.0，cuDNN7.0。

首先卸载 CPU 版本 mxnet，如果是通过上述步骤已安装虚拟环境，需要先激活该环境，再卸载 CPU 版本的 mxnet，输入以下命令。

```
pip uninstall mxnet
```

然后更新环境依赖文件，安装 GPU 版本 mxnet。打开文件 environment.yml，将字符串

"mxnet"替换成对应的 GPU 版本。例如，如果计算机上装的是 8.0 版本的 CUDA，将该文件中字符串"mxnet"改为"mxnet-cu80"。如果计算机上安装了其他版本 CUDA（如 7.5、9.0、9.2 等），对该文件中字符串"mxnet"做类似修改如"mxnet-cu75""mxnet-cu90""mxnet-cu92"等，保存文件后退出。更新虚拟环境，执行以下命令。

```
conda env create -f environment.yml
```

该命令执行完后，还需要通过命令安装 OpenCV，输入以下命令。

```
pip3 install opencv-contrib-python
```

在使用过程中，需要激活创建的环境，输入以下命令。

```
source activate gluon
```

如果需要用到 mxnet.viz 可视化工具（可选），可通过以下命令安装。

```
sudo apt-get install graphviz
pip install graphviz
```

通过下面的命令，可以验证 mxnet 安装是否成功，终端打开输入以下命令。

```
python
import mxnet as mx
from mxnet import nd
 a=nd.array([1，2，3]，ctx=mx.gpu())
```

执行后得到

```
a
[1.2.3.]
        <NDArray 3 @gpu(0)>
```

至此 mxnet 框架已成功安装，环境搭建基本完成。

# 15.2 基于笑脸目标检测的MXNet框架测试

## 15.2.1 创建训练数据集

首先需要下载工程文件，使用以下命令。

```
sudo apt-get install git
git clone https://github.com/kylemcdonald/SmileCNN
```

这时候在目录中得到了一个文件夹 SMILECNN，输入以下命令。

```
cd SMILECNN
```

进入该文件夹后会看到该文件夹包含三个文件，datasetprep.ipynb、traning.ipynb、evaluation.ipynb，分别对应的是数据集准备、训练和评估，这些文件可以用 jupyter 打开，但是我们需要后缀为 py 的文件，在命令终端输入以下命令。

```
git clone https://github.com/kalyc/SmileCNN
```

这时候再进入该文件夹可以看到图 15.2 所示文件。

本章需要获得一定数量的图片创建数据集，故使用了 Github 上公开的一个数据集，该数据集包含近万张人脸图片，约 40MB 的非笑脸和笑脸实例。该数据集通过在命令端输入以下命令直接下载。

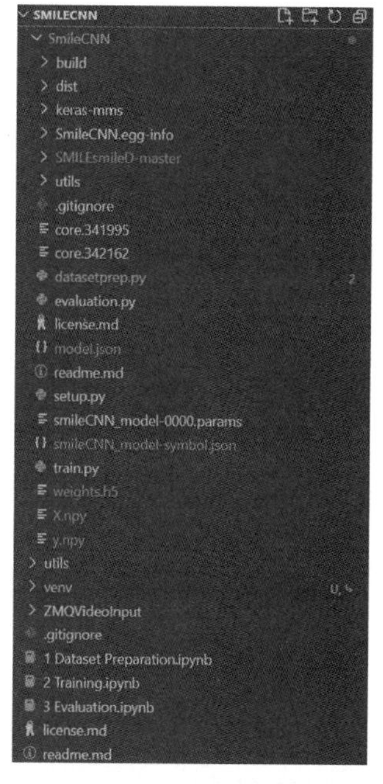

图15.2　文件夹中文件

```
python datasetprep.py
```

本章使用的是一个已经经过处理分类好的数据集。下载后得到一个名字是 master.zip 的压缩文件，下载完后会自动解压，或使用命令 unzip master.zip 解压数据。解压后打开 master 文件夹可以看到有三个子文件夹，如图 15.3 所示。

| | | | |
|---|---|---|---|
| appz | 2010/10/28 22:16 | 文件夹 | |
| smileD | 2010/10/28 22:16 | 文件夹 | |
| SMILEs | 2010/10/28 22:16 | 文件夹 | |
| README | 2010/10/28 22:16 | 文件 | 1 KB |

图15.3　master文件夹中的子文件夹

其中文件夹 smileD 里面存放是使用 OpenCV（cvHaarDetectObjects，一种人脸检测的手段，方便构造数据集）检测人脸以后返回的 xml 文件，如图 15.4 所示。因为识别表情需要先检测到人脸，所以用到 OpenCV 检测人脸，生成人脸框，平时普通分类不需要。

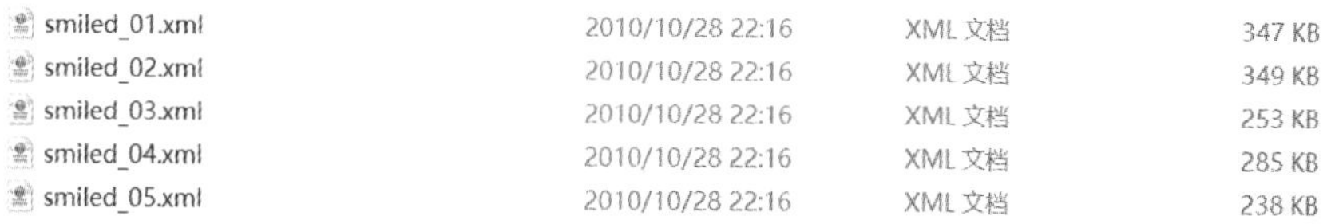

| | | | |
|---|---|---|---|
| smiled_01.xml | 2010/10/28 22:16 | XML 文档 | 347 KB |
| smiled_02.xml | 2010/10/28 22:16 | XML 文档 | 349 KB |
| smiled_03.xml | 2010/10/28 22:16 | XML 文档 | 253 KB |
| smiled_04.xml | 2010/10/28 22:16 | XML 文档 | 285 KB |
| smiled_05.xml | 2010/10/28 22:16 | XML 文档 | 238 KB |

图15.4　检测人脸以后返回文件

打开 xml 文件可以看到，size 是原始图片的大小，rects 的四个坐标是矩形的左上角与右下角的坐标，如图 15.5 所示。

```xml
<?xml version="1.0"?>
<opencv_storage>
    <!-- Automatically converted from /home/daniel/cv/smiledetector_3splits, window size = 43x19 -->
  - <sd3s16 type_id="opencv-haar-classifier">
      <size> 43 19</size>
    - <stages>
      - <_>
            <!-- stage 0 -->
        - <trees>
          - <_>
                <!-- tree 0 -->
            - <_>
                  <!-- root node -->
              - <feature>
                - <rects>
                    <_> 0 6 18 6 -1.</_>
                    <_> 6 6 6 6 3.</_>
                  </rects>
                  <tilted>0</tilted>
                </feature>
                <threshold>-0.0372347384691238</threshold>
                <left_val>0.7304059267044067</left_val>
                <right_node>1</right_node>
              </_>
            - <_>
                  <!-- node 1 -->
              - <feature>
                - <rects>
                    <_> 4 2 10 10 -1.</_>
                    <_> 4 2 5 5 2.</_>
                    <_> 9 7 5 5 2.</_>
                  </rects>
                  <tilted>0</tilted>
                </feature>
                <threshold>-0.0392870195209980</threshold>
                <left_val>0.3810889124870300</left_val>
                <right_node>2</right_node>
              </_>
            - <_>
                  <!-- node 2 -->
              - <feature>
                - <rects>
                    <_> 0 11 42 1 -1.</_>
                    <_> 14 11 14 1 3.</_>
                  </rects>
                  <tilted>0</tilted>
                </feature>
```

图15.5　xml文件内容

另一个文件夹 appz 里面是两个 C++脚本，分别 smileD.c 和 sorter.c。其中 smileD.c 是 OpenCV 的检测程序，需要下载 aarcascade_frontalface_alt.xml 这个权重才可以调用。该权重可于 Github 官网下载。sorter.c 是检测后的处理脚本，被调用给原始图进行旋转和画框等细节处理，代码如图 15.6 所示。

```
RotationImage
draw_box
```

图15.6　旋转和画框代码

上述处理可以对数据进行数据增强，处理后的所有图片会保存在 SMILEs 里面，根据图片的分类分为两个文件夹，命名为 positives 与 negatives，如图 15.7 所示。

| | | |
|---|---|---|
| negatives | 2010/10/28 22:16 | 文件夹 |
| positives | 2010/10/28 22:16 | 文件夹 |

图15.7　positives与negatives文件夹

negatives 文件夹图片如图 15.8 所示。

图15.8　negatives文件夹图片

positives 文件夹图片如图 15.9 所示。

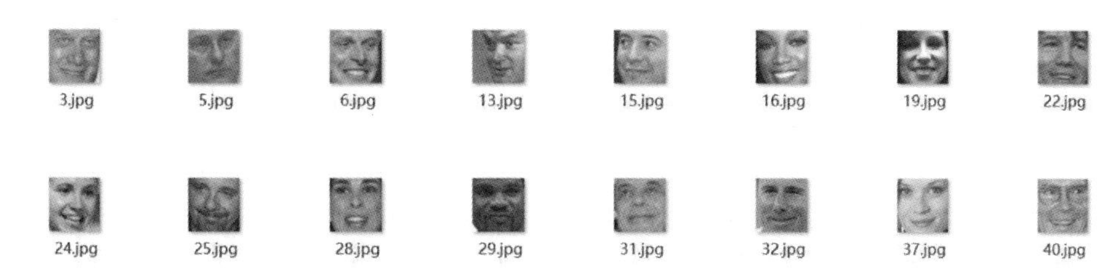


图15.9 positives文件夹图片

在应用 mxnet 框架时可以自己编辑制作数据集，通过使用自动化检测脚本 detect.py 调用 OpenCV 的级联检测模型，其代码如图 15.10 所示。

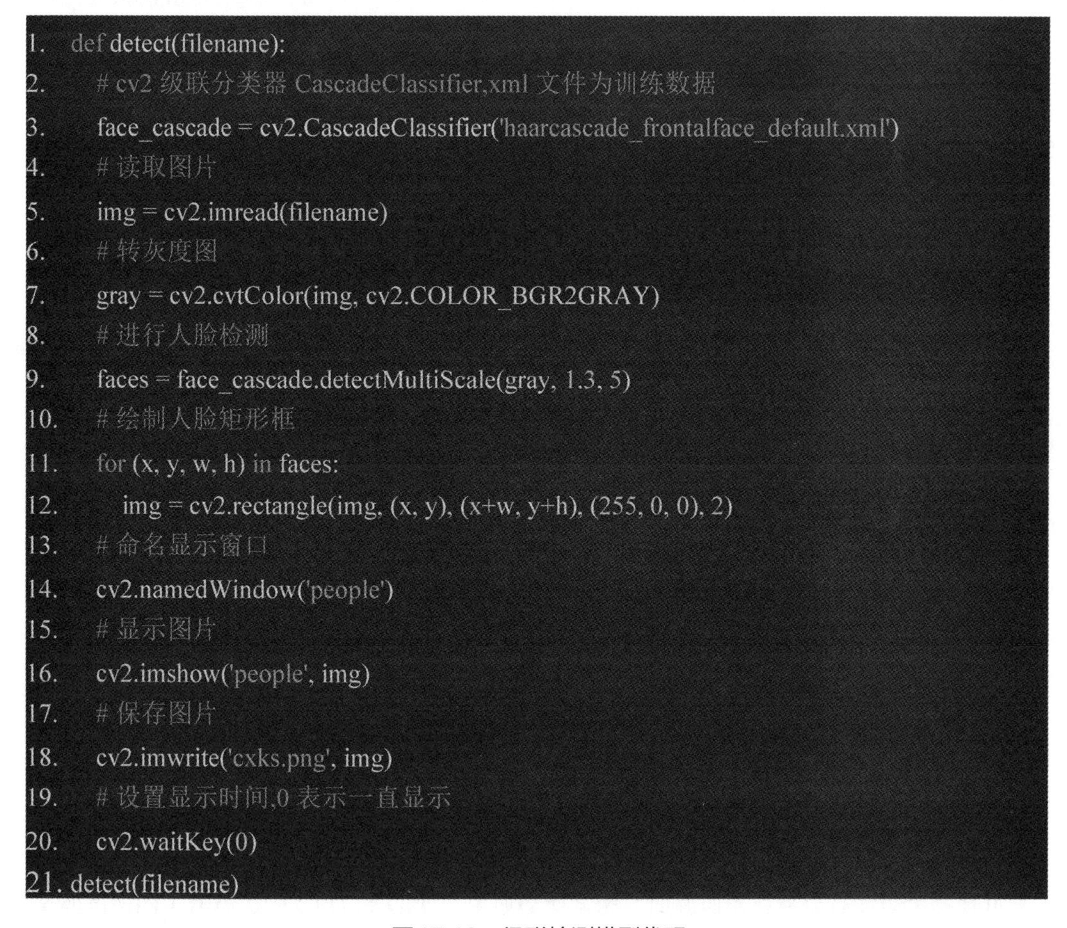

```
1.  def detect(filename):
2.      # cv2 级联分类器 CascadeClassifier,xml 文件为训练数据
3.      face_cascade = cv2.CascadeClassifier('haarcascade_frontalface_default.xml')
4.      # 读取图片
5.      img = cv2.imread(filename)
6.      # 转灰度图
7.      gray = cv2.cvtColor(img, cv2.COLOR_BGR2GRAY)
8.      # 进行人脸检测
9.      faces = face_cascade.detectMultiScale(gray, 1.3, 5)
10.     # 绘制人脸矩形框
11.     for (x, y, w, h) in faces:
12.         img = cv2.rectangle(img, (x, y), (x+w, y+h), (255, 0, 0), 2)
13.     # 命名显示窗口
14.     cv2.namedWindow('people')
15.     # 显示图片
16.     cv2.imshow('people', img)
17.     # 保存图片
18.     cv2.imwrite('cxks.png', img)
19.     # 设置显示时间,0 表示一直显示
20.     cv2.waitKey(0)
21. detect(filename)
```

图15.10 级联检测模型代码

首先下载 haarcascade_frontalface_default.xml 权重，OpenCV 使用 cv2 加载权重，构建新型模型；随后的 cv2.imread（“xxx.jpg”）可以是网上搜索的含有人脸的任意路径；cv2.cvtColor（img，cv2.COLOR_BGR2GRAY）将三通道的图像转换成灰度图；随后进行人脸检测，人脸检测的矩形框使用 cv2.imwrite（'cxks.png'，img）生成人脸图片，减少手动标注的

工作量。处理过的图片会保存在 SMILEs 文件夹中。根据图片种类创建新型文件夹，前面下载的数据集将所有图片分为两类，在具体应用中可以根据需求分类，文件夹可以是任何的名字，将所有图片拷入即可。

所有图片处理完并分类后，再生成训练集、测试集与验证集。首先需要列出所有图片的路径，放在 examples 里面，然后打标签，0 代表负样本，1 代表正样本，当然实际中还可以有多种表情。此时，examples 存放所有图片的路径与已经设置好的标签如图 15.11 所示。

```
negative_paths = list(list_all_files('SMILEsmileD-master/SMILEs/negatives/negatives7/', ['.jpg'])) # 图片路径
print('loaded', len(negative_paths), 'negative examples')
positive_paths = list(list_all_files('SMILEsmileD-master/SMILEs/positives/positives7/', ['.jpg'])) #图片路径
print('loaded', len(positive_paths), 'positive examples')
examples = [(path, 0) for path in negative_paths] + [(path, 1) for path in positive_paths]
```

图15.11　examples存放图片的路径与标签

使用 mxnet 里的 API 读取数据，这里的 flag=0 表示将单通道的图片读到计算机内存中，如图 15.12 所示。

```
mx.image.imread(path, flag=0)
```

图15.12　API读取数据

再使用 resize_short 压缩图片的大小，size 表示图片的长或者宽，本例中 size 设置的是 128，这里的长与宽一致表示是正方形，如图 15.13 所示。

```
mx.image.resize_short(img, size)
```

图15.13　图片压缩

把所有的图片的放入 X 中，标签放入 y 中，如图 15.14 所示。

```
X.append(img)
y.append(label)
```

图15.14　存放图片与标签

最后使用 np.asarray（X）、np.asarray（y）把所有数据与标签变成 numpy 类型。为了满足 mxnet 对数据集的要求，需要将训练集与验证集变成 float32 类型，以及对数据集进行归一化，如图 15.15 所示。

```
X = X.astype(np.float32) / 255.
y = y.astype(np.int32)
```

图15.15　数据集归一化

原来图片是三维度（图片的长，宽，通道数），但是要逐个 batch-size 训练。通过扩张训

练集的维度，增加一个维度变成四维，提供给 batch-size，命令如图 15.16 所示。

```
X = np.expand_dims(X, axis=-1)
```

图15.16　增加维度

可以把 X 与 y 放入模型学习，但是为了可扩展性，存放成 npy 格式更加便捷，且数据占用的内存更小，命令如图 15.17 所示。

```
np.save('X.npy', X)
np.save('y.npy', y)
```

图15.17　存放npy格式

此时数据集处理已经完成，分为 X.npy 与 y.npy，其中 X.npy 在训练脚本、模型加载时，进行打乱数据，随机分成训练集、验证集与测试集，并没有单独提前使用文件夹划分，这样的作法是为了保证三种数据集的特征的分布一致性。

## 15.2.2　训练模型

第一步：不能直接运行“python train.py”，因为对 mxnet 来说，channel-first 性能比 channel-last 性能好，所以使用以下命令。

```
vim $HOME/.keras/keras.json
```

把 backend 设为 mxnet，image_data_format 设为 channels_first，如图 15.18 所示。

```
{
    "floatx": "float32",
    "epsilon": 1e-07,
    #"backend": "tensorflow",
    #"image_data_format": "channels_last"
    "backend": "mxnet",
    "image_data_format": "channels_first"
}
```

图15.18　格式转换

然后，需要根据创建的数据集修改 train.py 相关的代码。随后使用训练样本 train.py 对模型进行训练。首先，先加载前面存储数据和标签的 npy 文件，并变成可以用于 mxnet 使用的 float32 文件，命令如图 15.19 所示。

```
X = np.load('X.npy')
y = np.load('y.npy')
```

图15.19　加载npy文件

第二步：修改 nb_classes，需要根据 SMILEs 文件夹的数量改变。这里的 nb_classes 表示类别数量。随后对标签进行特殊的处理，使其便于被神经网络识别，如图 15.20 所示。

```
y = np_utils.to_categorical(y, nb_classes).astype(np.float32)
```

图15.20 修改nb_classes

第三步：设置 indices，这里的 indices 可以将数据随机打乱，可以选择任意长度。建议将所有训练集打乱，可以通过如图 15.21 所示命令实现。

```
np.random.shuffle(indices)              #对数据进行随机打乱
```

图15.21 数据随机打乱

在本测试中，选取了前 80%的数据集为训练集，中间 10%为验证集，剩余的 10%为测试集。详细设置命令如图 15.22 所示。

```
X = X[indices]
X_train = X[:len(X)*0.8]
X_val = X[len(X)*0.8:len(X)*0.9]
X_test = X[len(X)*0.9:]
X = X_train
y = y[:len(X)*0.8]
```

图15.22 数据集设置

第四步：将在 train.py 与 mxnet 代码中的通道数设置一致，即通道数变成第一位置。在训练脚本中，调整通道为第一位，如图 15.23 所示。

```
# Convert data to channels first format for saving the model
X=k.utils.to_channel_first(x)
```

图15.23 调整通道

第五步：设置一些超参数，可以微调模型，比如卷积核的大小、池化层的大小、迭代次数 epochs、loss 选择、验证集比例、batch-size 大小等，如图 15.24 所示。

```
class_weight   #这个是为了减少数据不均衡的措施，可以使用如下公式
class_totals = y.sum(axis=0)
class_weight = class_totals.max() / class_totals

epochs   #迭代次数，可以随意取
nb_pool = 2     #池化层的大小
nb_conv = 2       #卷积核的大小
model.compile(loss='categorical_crossentropy', optimizer='adam', metrics=['accuracy'])
#loss 表示类别交叉熵，optimizer 表示优化器，metrics 表示目标是精度
validation_split #表示样本集所占的比列
batch_size   # 一个 batch 的大小
```

图15.24 超参数设置

第六步：构建网络模型。本次实验用的是自己构建的网络模型，如果想要换模型或者增加结构，增加卷积、池化、dropout、flatten、dense 层，可以使用如图 15.25 所示代码。

```
model.add(Conv2D(nb_filters, (nb_conv, nb_conv), activation='relu', input_shape=X.shape[1:])) # 这里是增加卷积
model.add(MaxPooling2D(pool_size=(nb_pool, nb_pool)))    #这里是增加池化
model.add(Dropout(0.25)) #这里是增加 dropout
model.add(Dense(128, activation='relu')) #这里是增加全连接层
model.predict(X[-n_validation:]) #预测代码
```

图15.25　网络模型的构建

然后，保存脚本为 mxnet 格式，如图 15.26 所示。

```
# Save trained keras-mxnet model for export
k.models.save_mxnet_model(model=model, prefix='smileCNN_model')
```

图15.26　脚本mxnet格式保存

使用 model.squential()构建模型，模型架构如图 15.27 所示，使用 train.py 对构建好的模型进行训练。

```
Layer (type)                 Output Shape              Param #
=================================================================
conv2d_1 (Conv2D)            (None, 127, 127, 32)      160
_________________________________________________________________
conv2d_2 (Conv2D)            (None, 126, 126, 32)      4128
_________________________________________________________________
max_pooling2d_1 (MaxPooling2 (None, 63, 63, 32)        0
_________________________________________________________________
dropout_1 (Dropout)          (None, 63, 63, 32)        0
_________________________________________________________________
flatten_1 (Flatten)          (None, 127008)            0
_________________________________________________________________
dense_1 (Dense)              (None, 128)               16257152
_________________________________________________________________
dropout_2 (Dropout)          (None, 128)               0
_________________________________________________________________
dense_2 (Dense)              (None, 2)                 258
=================================================================
Total params: 16,261,698
Trainable params: 16,261,698
Non-trainable params: 0
```

图15.27　模型架构

训练过程如图 15.28 所示，在本示例中 epoch 设置为 100。

```
Epoch 1/100
/root/.local/lib/python3.6/site-packages/mxnet/module/bucketing_module.py:426: UserWarning: Optimizer created manually outside Module but rescale_grad is not normalized to 1.0/batc
h_size/num_workers (1.0 vs. 0.0078125). Is this intended?
  force_init=force_init)
11848/11848 [==============================] - 272s 23ms/step - loss: 0.7120 - acc: 0.7173 - val_loss: 0.4225 - val_acc: 0.7821
Epoch 2/100
 4480/11848 [==========>...................] - ETA: 2:36 - loss: 0.3938 - acc: 0.8205
```

图15.28　训练过程

训练完成后，会显示“MXNet Backend：Successfully exported the model as MXNet model”，意思是将训练好的网络模型转换成 mxnet 模型作为导出，名字前缀是 smileCNN_ model。同时，还会生成如下所示两个文件。

```
MXNet symbol file -    smileCNN_model-symbol.json
MXNet params file -    smileCNN_model-0000.params
```

smileCNN_model-0000.params 是权重文件，大小为 63MB，另一个是 smileCNN_model-symbol.json，其中 json 是由每个节点的名字、形状、类别构成的一个 dict，如图 15.29 所示。

```
"nodes": [
  {
   "op": "null",
   "name": "/conv2d_1_input1",
   "attrs": {
    "__dtype__": "0",
    "__shape__": "(0, 128, 128, 1)",
    "__storage_type__": "0"
   },
   "inputs": []
  },
  {
   "op": "transpose",
   "name": "transpose3",
   "attrs": {"axes": "[0, 3, 1, 2]"},
   "inputs": [[0, 0, 0]]
  },
```

图15.29　dict构成的代码

### 15.2.3　测试模型

使用脚本 evaluation.py 进行测试。使用 cv2.imread（’xxxx.jpg’）读取所要测试图片的路径，还需要加载训练好的权重，具体代码如图 15.30 所示。

```
sym, arg_params, aux_params = mx.model.load_checkpoint(prefix='smileCNN_mode
l', epoch=0)
model = mx.mod.Module(symbol=sym,
            data_names=['/conv2d_1_input1'],
            context=mx.gpu(),
            label_names=None)
model.bind(for_training=False,
      data_shapes=[('/conv2d_1_input1', (0,128, 128, 1))],
      label_shapes=model._label_shapes)
model.set_params(arg_params, aux_params, allow_missing=True)

print_indicator(img, model, class_names)
print_indicator(X[-6], model, class_names)
plt.imshow(X[-6])
plt.savefig("6.png")
```

图15.30　加载训练好的权重代码

利用这些固定的API，mx.model.load_checkpoint 会得到 sym、arg_params 和 aux_params 三个值，再把这些值传给 mx.mod.Module 对应的参数，model.bind 负责给出具体的参数。测试的6张图片如图15.31所示。

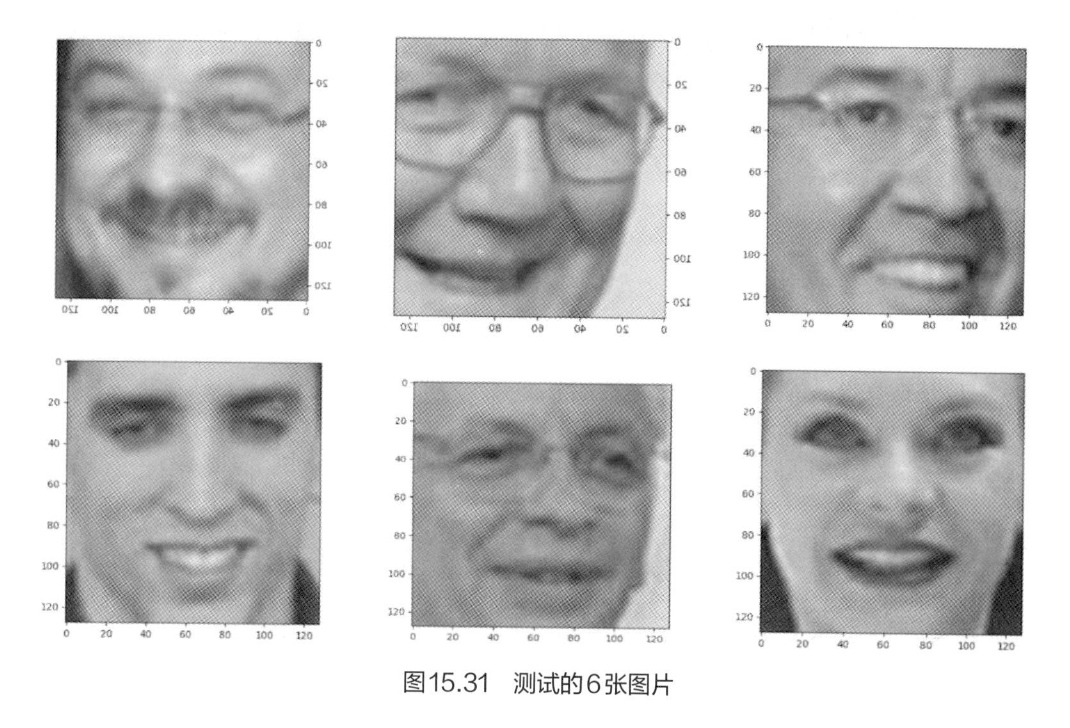

图15.31　测试的6张图片

测试结果如图15.32所示，可以看到 no-smiling 与 smiling 中间有虚线，“###”靠近哪里表示哪里比较类似。可以看出模型训练得很好，基本全部预测正确。

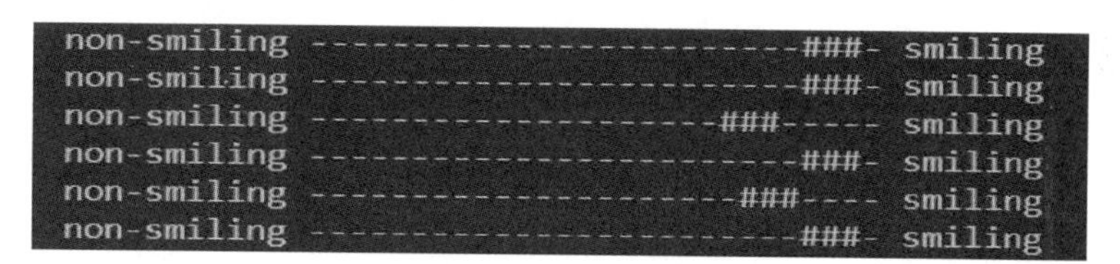


图15.32　6张图片测试结果

# 第 16 章 CNTK深度学习工程

CNTK 是微软出品的一个开源的深度学习框架，其拥有高度优化的内建模型，有着良好的多 GPU 支持，并且高度兼容 Windows 操作系统。本章将分别介绍 CNTK 在 Windows（Win10）和 Linux（Ubantu）操作系统下的获取安装方法、工程案例应用等内容。

## 16.1 框架的获取

CNTK 框架支持 64 位的 windows 操作系统和 64 位的 Linux 操作系统，同时 CNTK 也提供 CPU 和 GPU 两种编译模式。本章将通过 CPU 版本的编译介绍 CNTK 框架在 Window 操作系统的安装步骤，通过 GPU 版本的编译介绍 CNTK 框架在 Linux 操作系统的安装步骤。

## 16.2 编译

### 16.2.1 CPU 版本编译

本部分将详细介绍在 Windows 操作系统中安装适用于 Python 的 CNTK 框架，操作系统为 64 位 windows 操作系统。在 CNTK2.5 以上版本 CNTK 框架共支持三种安装方式，考虑到不同版本的 Python 和 CNTK，推荐使用微软官方推荐的不同 wheel（.whl）文件安装 CNTK。这种 easy pip 安装方式需提前安装 Anaconda。微软官方推荐了 Anaconda3 4.1.1 版本，本章推荐使用清华镜像源下载。下载完成后，运行安装文件，如图 16.1 所示。

全部选择点击“Next”，选择默认的安装路径。安装过程需要几分钟，过程中会提示把 Anaconda3 的根目录和 Script 目录添加到环境变量 Path，完成后如图 16.2 所示。

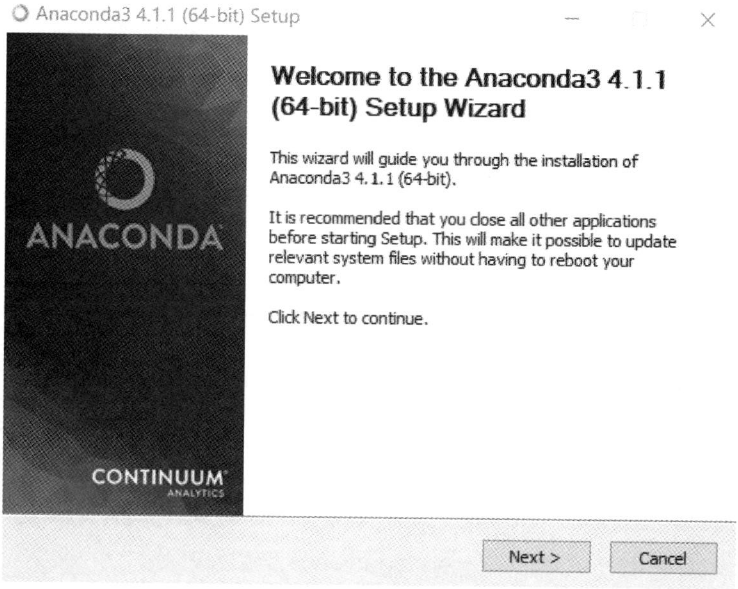

Anaconda3 4.1.1 (64-bit) Setup

Welcome to the Anaconda3 4.1.1 (64-bit) Setup Wizard

This wizard will guide you through the installation of Anaconda3 4.1.1 (64-bit).

It is recommended that you close all other applications before starting Setup. This will make it possible to update relevant system files without having to reboot your computer.

Click Next to continue.

ANACONDA

CONTINUUM ANALYTICS

Next > Cancel

图16.1 运行安装文件

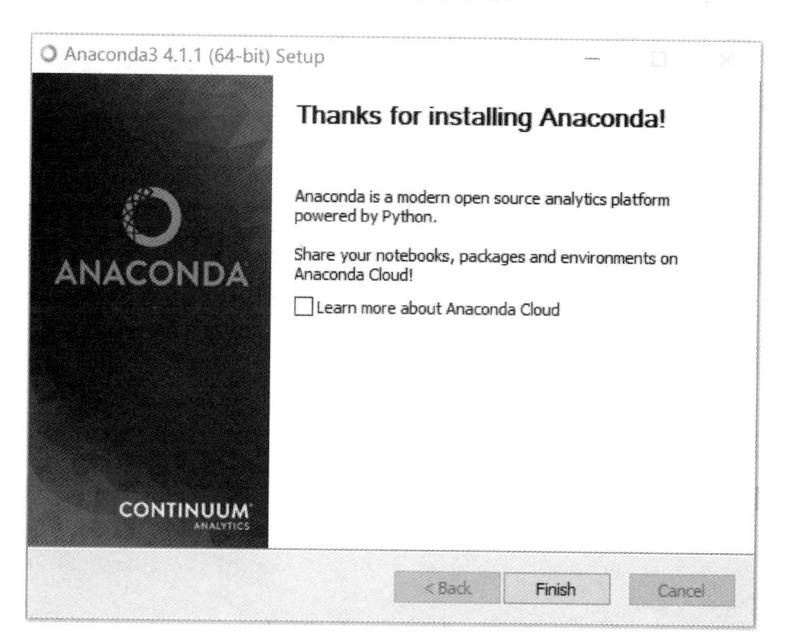


图16.2 安装完成

Anaconda3 4.1.1 中的 Python 支持 2.7、3.5 和 3.6 版本，本章选择 Python 3.5。在 CNTK 官网选择如下 whl 文件，https://cntk.ai/Pythonwheel/CPU-Only/cntk-2.6.post1-cp35-cp35m-win_amd64.whl。

安装 CNTK 框架时，首先在 Anaconda 中生成一个新的 Python3.5 环境，命名为 cntk-py35，然后使用 pip 指令安装，使用如下命令完成安装。配置过程如图 16.3 所示，配置成功如图 16.4 所示。

```
C:\> conda create --name cntk-py35 python=3.5 numpy scipy h5py jupyter##创建环境
```

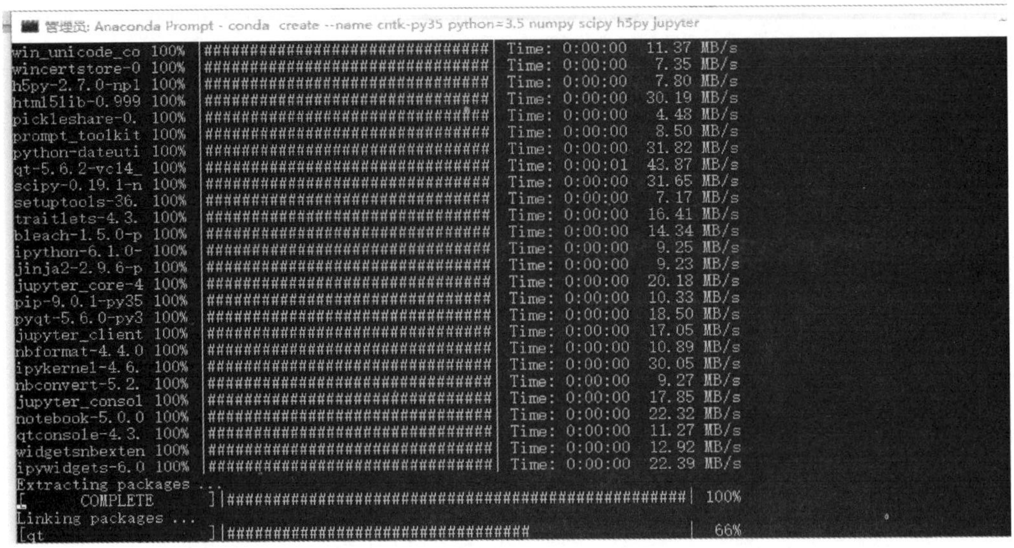

图16.3　Anaconda环境配置过程

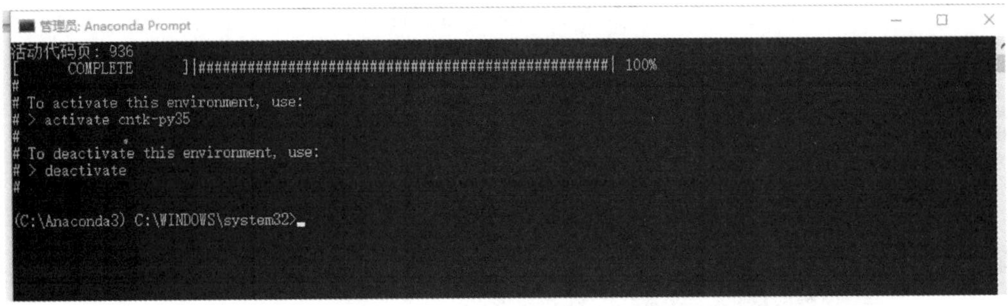

图16.4　Anaconda环境配置成功

输入以下代码，激活 Python 环境，界面如图 16.5 所示。

```
C:\> activate cntk-py35 ##激活 Python 环境
```

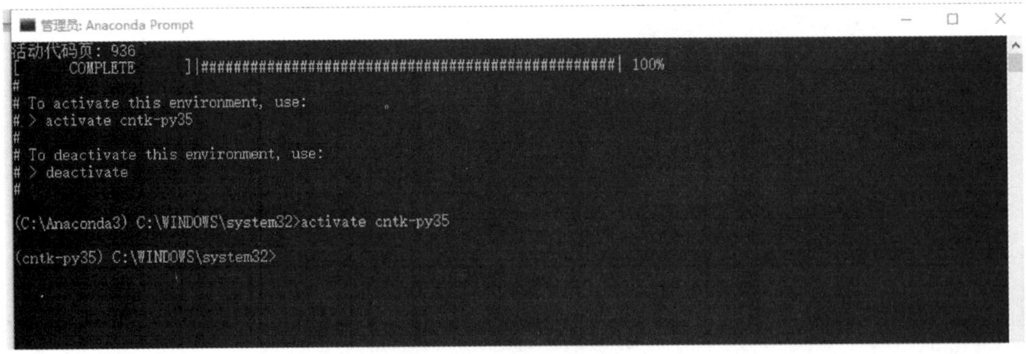

图16.5　激活Python环境

输入以下代码，安装对应版本 CNTK 框架，界面如图 16.6 所示。

```
C:\>pip install https://cntk.ai/PythonWheel/CPU-Only/cntk-2.6-cp35-cp35m-win_amd64.whl ##安装 cntk
```

```
管理员: Anaconda Prompt
活动代码页: 936
[      COMPLETE      ]|##################################################| 100%
#
# To activate this environment, use:
# > activate cntk-py35
#
# To deactivate this environment, use:
# > deactivate
#

(C:\Anaconda3) C:\WINDOWS\system32>activate cntk-py35

(cntk-py35) C:\WINDOWS\system32>pip install https://cntk.ai/PythonWheel/CPU-Only/cntk-2.6-cp35-cp35m-win_amd64.whl
Collecting cntk==2.6 from https://cntk.ai/PythonWheel/CPU-Only/cntk-2.6-cp35-cp35m-win_amd64.whl
  Downloading https://cntk.ai/PythonWheel/CPU-Only/cntk-2.6-cp35-cp35m-win_amd64.whl (64.3MB)
    100% |████████████████████████████████| 64.4MB 19kB/s
Requirement already satisfied: numpy>=1.11 in c:\anaconda3\envs\cntk-py35\lib\site-packages (from cntk==2.6)
Requirement already satisfied: scipy>=0.17 in c:\anaconda3\envs\cntk-py35\lib\site-packages (from cntk==2.6)
Installing collected packages: cntk
Successfully installed cntk-2.6
You are using pip version 9.0.1, however version 21.3.1 is available.
You should consider upgrading via the 'python -m pip install --upgrade pip' command.

(cntk-py35) C:\WINDOWS\system32>_
```

图16.6 安装CNTK框架

安装完成后，为了测试是否安装成功，输入如下命令。

```
python -c "import cntk; print(cntk.__version__)"
```

如果成功显示 CNTK 版本为 2.6，即表明安装正确，安装正确界面如图 16.7 所示。

```
管理员: Anaconda Prompt
(cntk-py35) C:\WINDOWS\system32>pip install https://cntk.ai/PythonWheel/CPU-Only/cntk-2.6-cp35-cp35m-win_amd64.whl
Collecting cntk==2.6 from https://cntk.ai/PythonWheel/CPU-Only/cntk-2.6-cp35-cp35m-win_amd64.whl
  Downloading https://cntk.ai/PythonWheel/CPU-Only/cntk-2.6-cp35-cp35m-win_amd64.whl (64.3MB)
    100% |████████████████████████████████| 64.4MB 19kB/s
Requirement already satisfied: numpy>=1.11 in c:\anaconda3\envs\cntk-py35\lib\site-packages (from cntk==2.6)
Requirement already satisfied: scipy>=0.17 in c:\anaconda3\envs\cntk-py35\lib\site-packages (from cntk==2.6)
Installing collected packages: cntk
Successfully installed cntk-2.6
You are using pip version 9.0.1, however version 21.3.1 is available.
You should consider upgrading via the 'python -m pip install --upgrade pip' command.

(cntk-py35) C:\WINDOWS\system32>python -c "import cntk; print(cntk.__version__)"
C:\Anaconda3\envs\cntk-py35\lib\site-packages\cntk\cntk_py_init.py:84: UserWarning:

################################################ Missing optional dependency (GPU-Specific) ################################
####################
   CNTK may crash if the component that depends on those dependencies is loaded.
   Visit https://docs.microsoft.com/en-us/cognitive-toolkit/Setup-Windows-Python#optional-gpu-specific-packages for more
 information.
##########################################################################################################################
####################
If you intend to use CNTK without GPU support, you can ignore the (likely) GPU-specific warning!
##########################################################################################################################
####################

  warnings.warn(WARNING_MSG_GPU_ONLY % ('GPU-Specific', 'https://docs.microsoft.com/en-us/cognitive-toolkit/Setup-Window
s-Python#optional-gpu-specific-packages'))
2.6

(cntk-py35) C:\WINDOWS\system32>
```

图16.7 安装正确界面

CNTK 框架默认的数学库是 Intel MKL，故还需将其路径添加到环境变量的“PATH”，输入如下命令。

```
setx PATH "c:\local\mklml-2018.0.3\lib;%PATH%"
```

安装完成后，为了测试是否安装成功，使用如下命令。

```
python -c "import cntk; print(cntk.__version__)"
```

如果成功显示 CNTK 版本为 2.6，即表明安装正确。

CNTK 框架默认的数学库是 Intel MKL，还将其路径添加到环境变量的“PATH”，输入如下命令。

```
setx PATH "c:\local\mklml-2018.0.3\lib;%PATH%"
```

### 16.2.2 基于 Linux 系统的 GPU 版本编译

本部分将详细介绍基于 Linux Python 的 GPU 版 CNTK 框架的获取与编译步骤，这里的操作系统是 Ubuntu16.04，且计算机配置 NVIDIA 的显卡（建议 1660s 系列以上）及相应的驱动，工具包 CUDA 建议安装 9.0 版本，工具包 cuDNN 建议安装对应 CUDA9.0 的较新版本。

在上述都安装好后，首先安装依赖 OpenMPI。CNTK 需要在系统中提前安装 OpenMPI 1.10.x，在命令终端输入以下命令。

```
sudo apt-get install openmpi-bin
```

安装过程如图 16.8 所示。

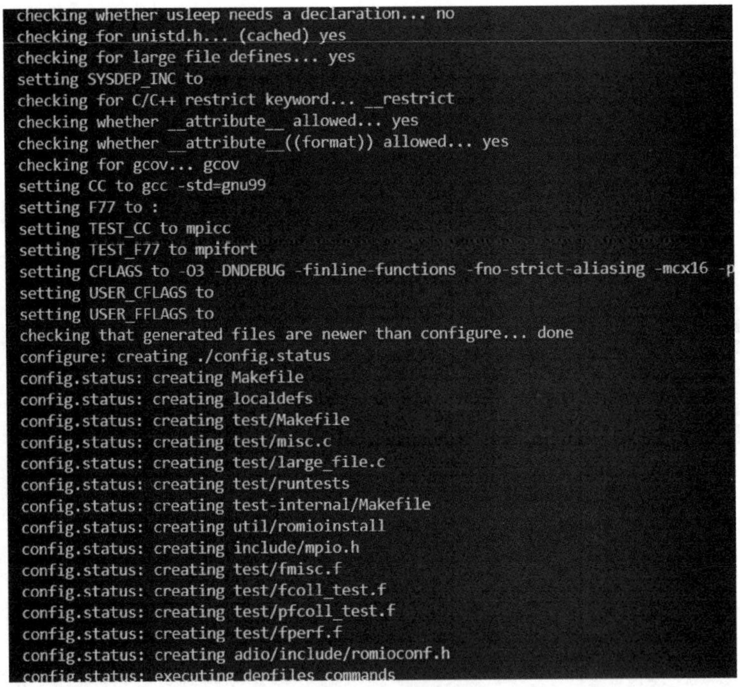

```
checking whether usleep needs a declaration... no
checking for unistd.h... (cached) yes
checking for large file defines... yes
setting SYSDEP_INC to
checking for C/C++ restrict keyword... __restrict
checking whether __attribute__ allowed... yes
checking whether __attribute__((format)) allowed... yes
checking for gcov... gcov
setting CC to gcc -std=gnu99
setting F77 to :
setting TEST_CC to mpicc
setting TEST_F77 to mpifort
setting CFLAGS to -O3 -DNDEBUG -finline-functions -fno-strict-aliasing -mcx16 -p
setting USER_CFLAGS to
setting USER_FFLAGS to
checking that generated files are newer than configure... done
configure: creating ./config.status
config.status: creating Makefile
config.status: creating localdefs
config.status: creating test/Makefile
config.status: creating test/misc.c
config.status: creating test/large_file.c
config.status: creating test/runtests
config.status: creating test-internal/Makefile
config.status: creating util/romioinstall
config.status: creating include/mpio.h
config.status: creating test/fmisc.f
config.status: creating test/fcoll_test.f
config.status: creating test/pfcoll_test.f
config.status: creating test/fperf.f
config.status: creating adio/include/romioconf.h
config.status: executing depfiles commands
```

图16.8 安装过程

如果下载速度较慢或下载不成功，可以使用源码编译，具体如下：

```
wget http://download.open-mpi.org/release/open-mpi/v3.1/open-mpi-3.1.0.tar.gz    ## 下 载 openmpi 源码
tar –zxvf openmpi-3.1.0 tar.gz ##解压 openmpi 源码
```

解压后得到 openmpi 文件夹，进入该文件夹后，开始安装。

```
cd openmpi-3.1.0/
./configure
Make && make install
```

运行过程如图 16.9 所示。

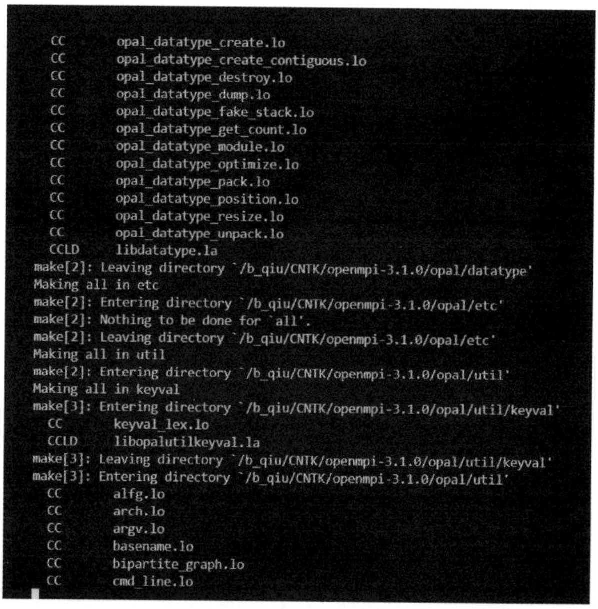

```
  CC       opal_datatype_create.lo
  CC       opal_datatype_create_contiguous.lo
  CC       opal_datatype_destroy.lo
  CC       opal_datatype_dump.lo
  CC       opal_datatype_fake_stack.lo
  CC       opal_datatype_get_count.lo
  CC       opal_datatype_module.lo
  CC       opal_datatype_optimize.lo
  CC       opal_datatype_pack.lo
  CC       opal_datatype_position.lo
  CC       opal_datatype_resize.lo
  CC       opal_datatype_unpack.lo
  CCLD     libdatatype.la
make[2]: Leaving directory `/b_qiu/CNTK/openmpi-3.1.0/opal/datatype'
Making all in etc
make[2]: Entering directory `/b_qiu/CNTK/openmpi-3.1.0/opal/etc'
make[2]: Nothing to be done for `all'.
make[2]: Leaving directory `/b_qiu/CNTK/openmpi-3.1.0/opal/etc'
Making all in util
make[2]: Entering directory `/b_qiu/CNTK/openmpi-3.1.0/opal/util'
Making all in keyval
make[3]: Entering directory `/b_qiu/CNTK/openmpi-3.1.0/opal/util/keyval'
  CC       keyval_lex.lo
  CCLD     libopalutilkeyval.la
make[3]: Leaving directory `/b_qiu/CNTK/openmpi-3.1.0/opal/util/keyval'
make[3]: Entering directory `/b_qiu/CNTK/openmpi-3.1.0/opal/util'
  CC       alfg.lo
  CC       arch.lo
  CC       argv.lo
  CC       basename.lo
  CC       bipartite_graph.lo
  CC       cmd_line.lo
```

图16.9　运行过程

为了让命令行能找到 MPI 命令，需将 MPI 的 bin 和 lib 加入相应的路径中。在输入相关命令前，首先需要确认安装 OpenMPI 的位置路径，通过如下命令获得。

```
Whereis openmpi
Openmpi: /usr/lib64/openmpi
```

然后用 vim 打开 Path 配置文件，输入以下命令。

```
vim ~/.bash_profile
```

将下面两句添加到打开的配置文件的末尾，保存退出。

```
Export PATH=$PATH:/usr/lib64/openmpi/bin
Export LD_LIBRARY/PATH=/usr/lib64/openmpi/lib
```

最后通过 source 命令激活配置修改。

```
source ~/.bash_profile
```

安装完 OpenMPI 后，可通过编译运行 examples 中的脚本，验证安装是否成功，命令如下。

```
cd examples/
make
./hello_c
Hello, world. I am 0 of 1, (Open MPI v1.10.7, package:Open MPI mockbuild@x86_01.bsys.centos.org Distribution)
```

安装成功界面如图 16.10 所示。

```
(CNTK) → examples ./hello_c
Hello, world, I am 0 of 1, (Open MPI v3.1.0, package: Open MPI root@60c68d68ef33 Distribution, ident: 3.1.0, repo rev: v3.1.0, May 07, 2018, 112)
(CNTK) → examples
```

图16.10　安装成功

通过 pip 指令包安装 CNTK 框架。操作系统默认是 Ubuntun16.04，且 CUDA 和 cuDNN 等工具包已经安装好，具体安装方法参考第 12 章相关内容，在命令端输入命令。

```
pip install cntk-gpu
```

注意：Python 的版本一定要是 3.6 以上（包含 3.6）才可以支持该框架。安装完成后，可以通过以下几行命令验证安装是否成功。

```
import cntk
print('-'*20)
print(cntk._version_)
print('-'*20)
```

执行代码后，可看到安装的 CNTK 版本是 2.7。

微软提供了 CNTK 框架的 Linux python 多种安装方式介绍，可在其官网查看。

# 16.3 CNTK测试

本节 CNTK 框架测试案例中，主要是利用 CNTK 框架实现 Flower102 图片的分类。Flower102 数据集由 102 类产自英国的花卉组成，每类由 40 ~ 258 张图片组成，详细信息和每个类别图像数量可在网页上查询，网址：https://www.robots.ox.ac.uk/~vgg/data/flowers/ 102/。下载后的数据集已经完成打标签，分类为训练集、测试集、验证集。接下来会详细介绍如何制作数据集、利用 CNTK 框架进行模型训练、获得权重参数、进行相应的测试。

图16.11　下载后解压文件

## 16.3.1 创建数据集

首先下载 Github 上 CNTK 的工程文件，使用以下命令。

```
sudo apt-get install git
git clone https://github.com/microsoft/CNTK.git
```

下载后解压文件如图 16.11 所示。

使用 PyCharm 打开 CNTK-master，可以看到如图 16.12 所示的文件目录。

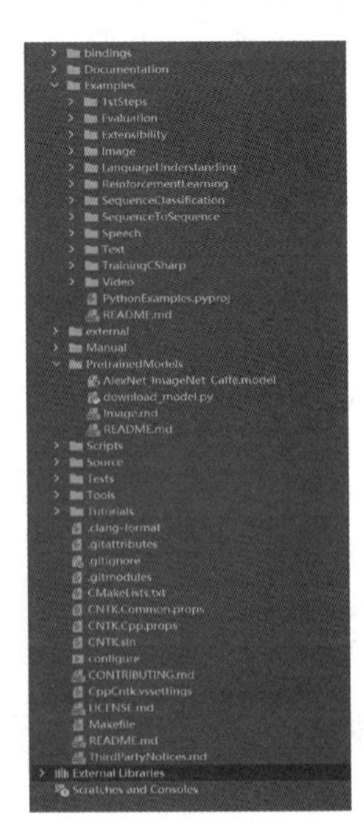


图16.12　CNTK-master文件目录

然后进入 Examples 文件夹中 Image 文件夹的 Tansferlearning 文件夹，在命令端输入以下命令。

```
cd CNTK-master/Examples/Image/Transferlearning/
```

在该目录下，运行以下命令。

```
python install_data_and_model.py
```

下载预训练权重与数据集。训练权重是残差网络在 Imagenet 数据集上训练好的模型，用来做迁移学习，下载过程如图 16.13 所示。

```
Done.
Downloading data from https://www.cntk.ai/DataSets/Grocery/Grocery.zip...
Extracting /data/nextcloud/dbc2017/files/CNTK-master/Examples/Image/DataSets/Grocery/../Grocery.zip...
Done.
Downloading model from https://www.cntk.ai/Models/CNTK_Pretrained/ResNet18_ImageNet_CNTK.model, may take a while...
Saved model as /data/nextcloud/dbc2017/files/CNTK-master/PretrainedModels/ResNet18_ImageNet_CNTK.model
```

图16.13　下载过程

下载的数据集由 102 类产自英国的花卉图片组成，每类有 40 ~ 258 张图片，总共有 8189 张 jpg 格式的图片，如图 16.14 所示。

图16.14　数据集中部分jpg格式图片

下载完成后，输入以下命令。

```
cd CNTK-master/Examples/Image/DataSets/Flowers/
```

进入 Flowers 文件夹，该文件夹包含如图 16.15 所示文件。

其中文件夹jpg里面存放的是用于训练模型的花卉图片，如图 16.16所示。

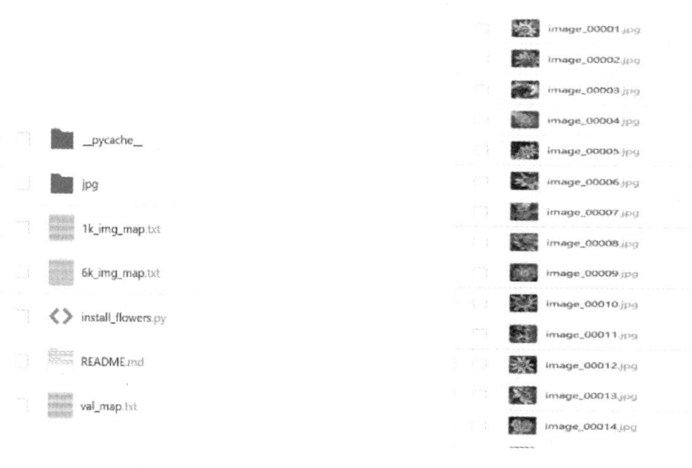


图16.15　Flowers文件夹中文件　　　图16.16　训练模型的花卉图片

另一个 6k_img_map.txt 存放的是训练集图片信息，前半部分是图片存放的路径，后面是图片所属的类别（标签信息），如图 16.17 所示。

```
/data/nextcloud/dbc2017/files/CNTK-
master/Examples/Image/DataSets/Flowers/jpg/image_06734.jpg      0
/data/nextcloud/dbc2017/files/CNTK-
master/Examples/Image/DataSets/Flowers/jpg/image_06735.jpg      0
```

图16.17　训练集图片信息

1k_img_map.txt 存放的是测试集图片信息，如图 16.18 所示。

```
/data/nextcloud/dbc2017/files/CNTK-
master/Examples/Image/DataSets/Flowers/jpg/image_06765.jpg      0
/data/nextcloud/dbc2017/files/CNTK-
master/Examples/Image/DataSets/Flowers/jpg/image_06755.jpg      0
/data/nextcloud/dbc2017/files/CNTK-
master/Examples/Image/DataSets/Flowers/jpg/image_06768.jpg      0
/data/nextcloud/dbc2017/files/CNTK-
```

图16.18　测试集图片信息

val_map.txt 存放的是验证集图片信息，如图 16.19 所示。

```
/data/nextcloud/dbc2017/files/CNTK-
master/Examples/Image/DataSets/Flowers/jpg/image_06773.jpg      0
/data/nextcloud/dbc2017/files/CNTK-
master/Examples/Image/DataSets/Flowers/jpg/image_06767.jpg      0
```

图16.19　验证集图片信息

上述 txt 文件的作用就是存储图片的路径与相应的标签。此时数据集与预训练权重已经准备完毕。

在实际中需要根据自己的数据来源制作相应的数据集，即需要在 txt 文件中添加相应图片的路径和标签分类，可通过使用自动化脚本实现。这部分将详细介绍如何利用自动化脚本制作数据集。

首先创建三个 txt 文件，分别命名为 6k_img_map.txt、1k_img_map.txt、val_map.txt（这里是为了与前面保持一致），将下载的所有样本图片放入 jpg 文件夹中，随后运行脚本 make_label.py，可以把图片的路径与类别写入相应的 txt 中，具体代码如图 16.20 所示。

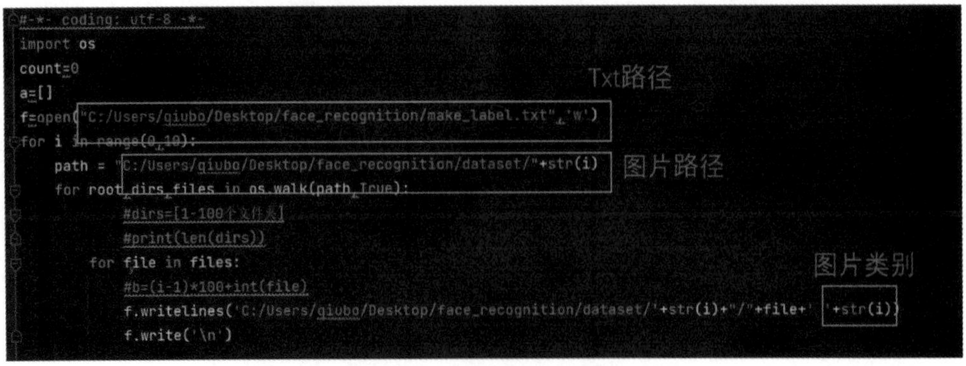

```python
#-*- coding: utf-8 -*-
import os
count=0
a=[]
f=open("C:/Users/qiubo/Desktop/face_recognition/make_label.txt",'w')
for i in range(0,10):
    path = "C:/Users/qiubo/Desktop/face_recognition/dataset/"+str(i)
    for root,dirs,files in os.walk(path,True):
            #dirs=[1-100个文件夹]
            #print(len(dirs))
        for file in files:
            #b=(i-1)*100+int(file)
            f.writelines('C:/Users/qiubo/Desktop/face_recognition/dataset/'+str(i)+"/"+file+' '+str(i))
            f.write('\n')
```

Txt路径

图片路径

图片类别

图16.20　图片信息写入代码

运行自动化脚本后 txt 文件内就有了图片的路径与类别。

## 16.3.2 模型训练

在训练模型时，在命令端输入以下命令。

```
cd CNTK-master/Examples/Image/TransferLearning
python TransferLearning.py
```

下面将详细介绍模型训练的脚本。首先需要提供一个输入和输出的形状，即常说的尺度（通道数，高，宽），输入的代码如图 16.21 所示。

```
image_input = C.input_variable((num_channels, image_height, image_width))
label_input = C.input_variable(num_classes)
```

图16.21 图片尺度设置代码

使用 MinibatchSource 构建训练测试的 batch，需要用 CNTK 自带的 API 把这些形状包裹一层再供给模型训练与测试，输入的代码如图 16.22 所示。

```
# Creates a minibatch source for training or testing
def create_mb_source(map_file, image_width, image_height, num_channels, num_classes, randomize=True):
    transforms = [xforms.scale(width=image_width, height=image_height, channels=num_channels, interpolations='linear')]
    return MinibatchSource(ImageDeserializer(map_file, StreamDefs(
            features =StreamDef(field='image', transforms=transforms),
            labels   =StreamDef(field='label', shape=num_classes))),
            randomize=randomize)
```

图16.22 图片形状包裹代码

接下来构建网络的模型。本章选择的是加载 restnet 网络，但是需将最后的 dense 层的类别数改成鲜花类别数，输入的代码如图 16.23 所示。

```
def create_model(base_model_file, feature_node_name, last_hidden_node_name, num_classes, input_features, freeze=False):
    # Load the pretrained classification net and find nodes
    base_model   = load_model(base_model_file)
    feature_node = find_by_name(base_model, feature_node_name)
    last_node    = find_by_name(base_model, last_hidden_node_name)

    # Clone the desired layers with fixed weights
    cloned_layers = combine([last_node.owner]).clone(
        CloneMethod.freeze if freeze else CloneMethod.clone,
        {feature_node: placeholder(name='features')})

    # Add new dense layer for class prediction
    feat_norm  = input_features - Constant(114)
    cloned_out = cloned_layers(feat_norm)
    z = cntk.layers.Dense(num_classes, activation=None, name=new_output_node_name) (cloned_out)

    return z
```

图16.23 构建网络的模型

具体修改为需要将语句“Z=cntk.layers.Dense（num_classes，activation=None，name=new_output_node_name）（cloned_out）”里的 num_classes 改成数据集的类别数，该数据集种

类有 102 个。

如果采用自己的数据集构建模型，则输入如图 16.24 所示的代码，使用 model.squential () 构建网络模型，增加卷积、池化、dropout、flatten、dense 层，cs 表示交叉熵损失函数，ce 表示类别损失函数。

```
features = input_variable(input_dim, np.float32)
targets = input_variable(output_dim, np.float32)
model = Sequential([
    Dense(200, activation=sigmoid),
    Dense(150, activation=sigmoid),
    Dense(120, activation=relu),
    Dense(output_dim)])(features)
cs = cross_entropy_with_softmax(model, targets)
ce = classification_error(model, targets)
```

图16.24　采用自建数据集构建网络模型

构建完网络模型后还需要构建优化器。CNTK 使用 Trainer 编写优化器，向 Trainer () 传递的参数为模型、loss function、evaluation function 以及学习器。loss function 为优化的目标函数，学习器就是所使用的优化算法，tl_model 表示构建的模型，cs 表示交叉熵损失函数，ce 表示类别损失函数，learner 使用的是动态偏移 SGD，输入的代码如图 16.25 所示。

```
# Instantiate the trainer object
lr_schedule = learning_parameter_schedule(lr_per_mb)
mm_schedule = momentum_schedule(momentum_per_mb)
learner = momentum_sgd(tl_model.parameters, lr_schedule, mm_schedule, l2_regularization_weight=l2_reg_weight)
progress_printer = ProgressPrinter(tag='Training', num_epochs=num_epochs)
trainer = Trainer(tl_model, (ce, pe), learner, progress_printer)
```

图16.25　构建优化器

开始训练。完成 epoch 次迭代，多个 data 构成了一个 batch，batch 输入到模型，trainer.train 进行训练，输入的代码如图 16.26 所示。

```
for epoch in range(num_epochs):       # loop over epochs
    sample_count = 0
    while sample_count < epoch_size:  # loop over minibatches in the epoch
        data = minibatch_source.next_minibatch(min(mb_size, epoch_size-sample_count), input_map=input_map)
        trainer.train_minibatch(data)                                 # update model with it
        sample_count += trainer.previous_minibatch_sample_count       # count samples processed so far
        if sample_count % (100 * mb_size) == 0:
            print ("Processed {0} samples".format(sample_count))
```

图16.26　开始训练代码

训练过程如图 16.27 所示。

```
Finished Epoch [8]: [Training] loss = 1.03901 ,metric = 87.3%  162.412s
Finished Epoch [9]: [Training] loss = 1.01374 ,metric = 88.0%  158.431s
```

图16.27　训练过程

最后训练结束后，在 TransferLearning 下会生成一个 output 文件夹，下面有两个文件，TransferLearning.model 是保存的权重，另一个 predOutput.txt 保存训练过程中 metric、loss 结果，如图 16.28 所示。

这里也详细给出了模型训练过程中可以修改的超参数，输入的代码如图 16.29 所示。

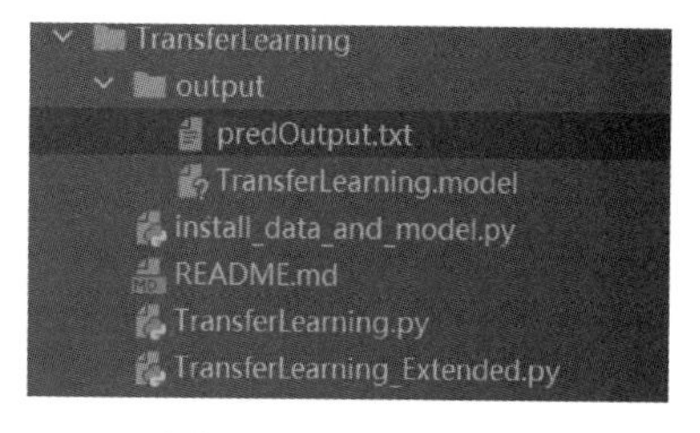


图16.28　训练结果

```
# Learning parameters
max_epochs = 50
mb_size = 128
lr_per_mb = [0.2]*10 + [0.1]
momentum_per_mb = 0.9
l2_reg_weight = 0.0005

# define base model location and characteristics
_base_model_file = os.path.join(base_folder, "..", "..", "..", "PretrainedModels", "ResNet18_ImageNet_CNTK.model")
_feature_node_name = "features"
_last_hidden_node_name = "z.x"
_image_height = 224
_image_width = 224
_num_channels = 3

_data_folder = os.path.join(base_folder, "..", "DataSets", "Flowers")
_train_map_file = os.path.join(_data_folder, "6k_img_map.txt")
_test_map_file = os.path.join(_data_folder, "1k_img_map.txt")
_num_classes = 102
```

图16.29　修改超参数的代码

修改超参数的代码说明如下：

Max_epoch：迭代的 epoch 数量。

Mb_size：训练集 batchsize 的尺度。

momentum_per_mb：这个是 momentum 动态 SGD 的偏移量。

l2_reg_weight：是 12 权重。

_base_model_file：预训练权重的路径。

_image_height：图片的高。

_image_width：图片的宽。

_num_channels：图片的通道数。

_num_classes：类别数量。

_data_folder：图片路径。

_train_map_file：训练 txt 路径。

_test_map_file：测试 txt 路径。

### 16.3.3　模型测试

为了测试基于 CNTK 框架训练模型，选用如图 16.30 所示的四张花卉图片进行分类。

图16.30　四张花卉图片

运行测试代码如下。

```
python eval.py
```

测试使用的脚本如图 16.31 所示。

Image.open（）输入测试图片所在的路径；img.resize（）输入模型尺寸，这里设置的是（224，224，3）；loaded_model.eval（arguments）输出为 output；最后 softmax（）得到相应的类别。

```python
def eval_single_image(loaded_model, image_path, image_width, image_height):
    # load and format image (resize, RGB -> BGR, CHW -> HWC)
    img = Image.open(image_path)
    if image_path.endswith("png"):
        temp = Image.new("RGB", img.size, (255, 255, 255))
        temp.paste(img, img)
        img = temp
    resized = img.resize((image_width, image_height), Image.ANTIALIAS)
    bgr_image = np.asarray(resized, dtype=np.float32)[..., [2, 1, 0]]
    hwc_format = np.ascontiguousarray(np.rollaxis(bgr_image, 2))

    # compute model output
    arguments = {loaded_model.arguments[0]: [hwc_format]}
    output = loaded_model.eval(arguments)

    # return softmax probabilities
    sm = softmax(output[0])
    return sm.eval()
```

图16.31　测试使用的脚本

测试结果如图 16.32 所示。

```
[{"class": "0", "predictions": {"0":1.000}, "image": "..."}]
[{"class": "1", "predictions": {"1":1.000}, "image": "..."}]
[{"class": "3", "predictions": {"3":0.997}, "image": "..."}]
[{"class": "7", "predictions": {"7":0.999}, "image": "..."}]
```

图16.32　测试结果

# 第17章 Theano深度学习工程

## 17.1 框架获得

安装 Theano 前需要自行安装 Anaconda 和 PyCharm，安装过程分别见第 11 章、第 8 章。安装 Anaconda 时，需要勾选自动将其加入系统环境变量选项中。

获取 Theano 框架可通过两种方式。第一种方式是直接在 cmd 中进行安装，见 17.2 节。第二种方式是在官网离线下载，地址为 https://pypi.org/project/Theano/#files。

建议新手使用第一种安装方式，离线安装方式解压完安装包可能会查找不到安装的库文件。

如图 17.1 所示，点击线框中的链接，选择一个路径进行保存，之后将其解压至路径 F:\Anaconda3\Lib\site-packages。此处需要注意使用自己的 Anaconda3 保存路径，找到其下面的 Lib 文件夹再打开 site-packages 文件夹即可。

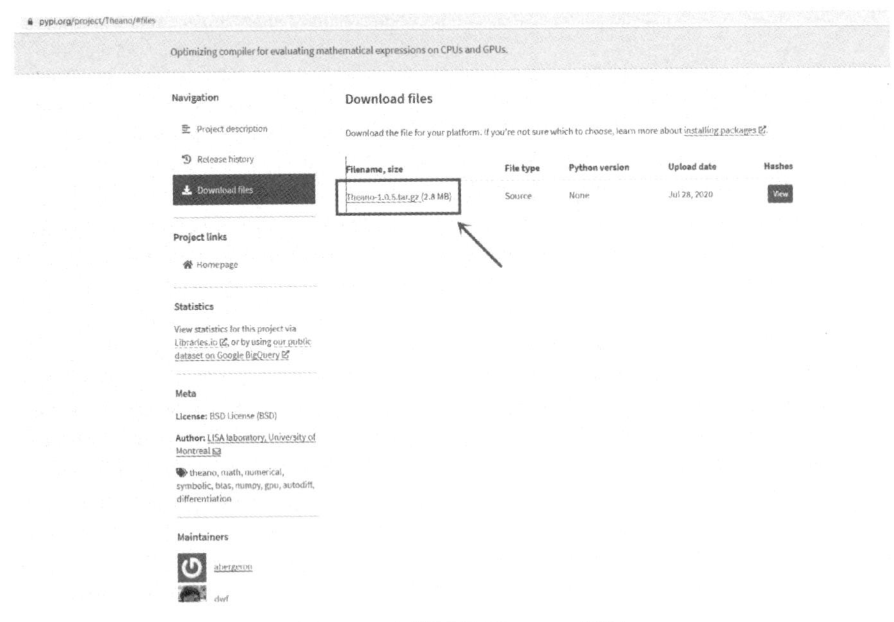


图17.1 离线下载Theano框架

# 17.2 安装设置

（1）开始安装

安装 Theano 时需要安装依赖库 mingw 和 libpython，可以在 Windows 命令行（cmd）中使用 conda 进行安装。配置镜像地址输入：

```
conda config--add channels https://mirrors.tuna.tsinghua.edu.cn/anaconda/pkgs/free/
```

按 Enter 回车之后再输入：

```
conda install mingw libpython
```

按 Enter 回车，如图 17.2 所示。

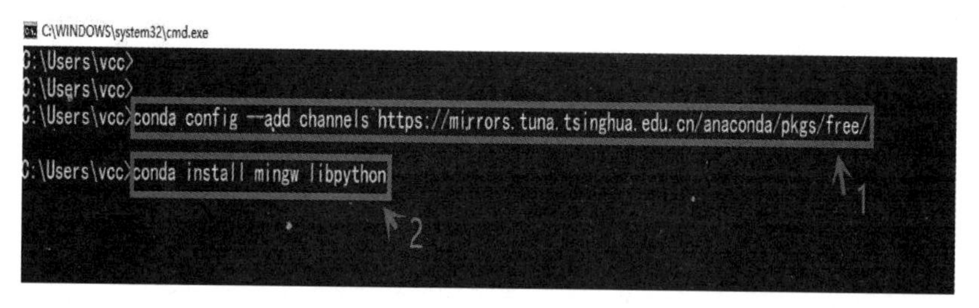


图17.2　命令行下载安装库mingw和libpython

输入完命令后，按下回车键，等待安装完成。

（2）环境变量设置

安装完成后可以设置对应的环境变量，在 Anaconda 文件夹目录下找到 MinGW 文件夹（记住 Anaconda 的安装位置），如图 17.3 所示。

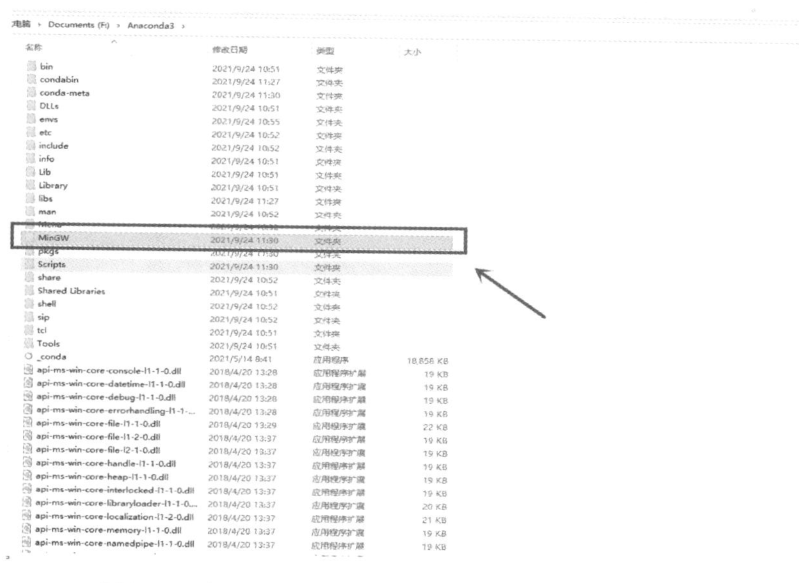

图17.3　在Anaconda文件夹目录下找到MinGW文件夹

如图 17.4 所示，打开 MinGW 文件夹，再将 bin 文件夹打开，把它的完整路径复制下来，如图 17.5 所示。

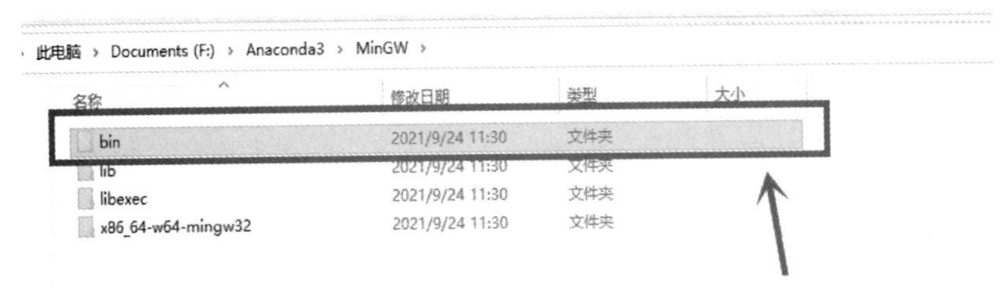


图17.4　打开MinGW文件下的bin文件

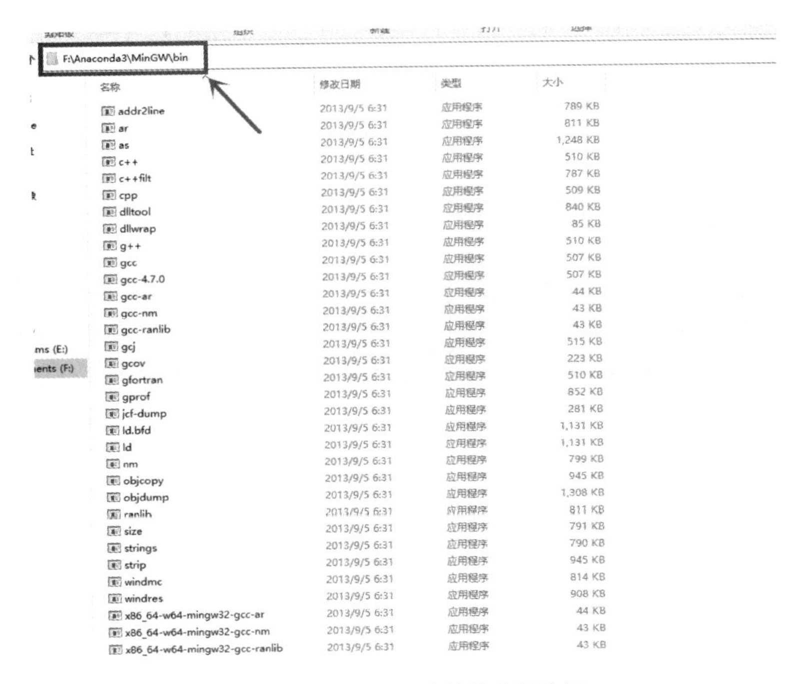


图17.5　复制bin文件的完整路径

如图17.6所示，右键“我的电脑”，点击“属性”，再点击“高级系统设置”。

如图17.7所示，点击环境变量。

如图17.8所示，按照图中所标注的3个步骤完成环境变量的设置。

图17.6　进入高级系统设置

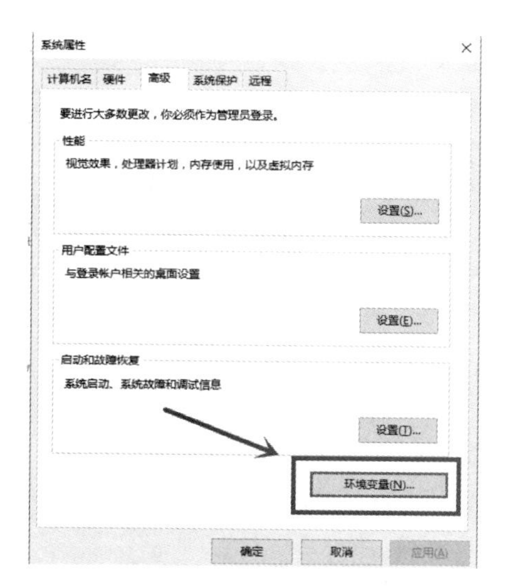


图17.7　进入环境变量

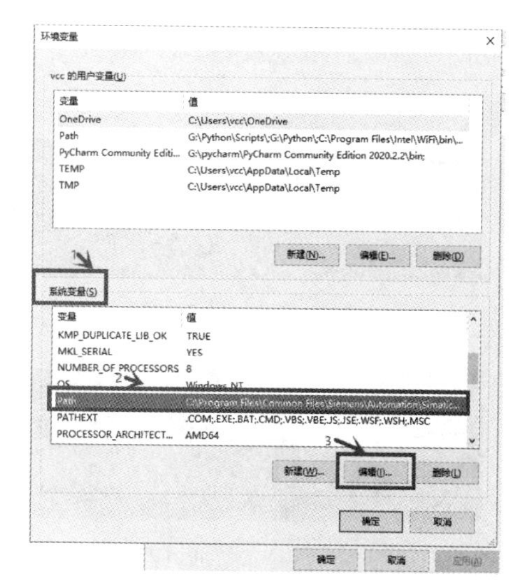


图17.8　编辑系统变量

如图17.9所示，进入编辑后按照图中的步骤将之前复制的文件路径添加进环境变量中，添加完成后点击“确定”键。

图17.9　环境变量设置

继续添加下一个环境变量。打开MinGW文件夹后，再打开x86_64-w64-mingw32文件夹，继续打开lib文件夹，然后复制当前路径，按照上面的步骤添加到环境变量中。

完成以上所有步骤后，可在命令提示符中输入gcc --version，进行检测，出现如图17.10所示的字样，表示MinGW安装成功。

(3) 检测安装结果

接下来检测libpython是否安装成功，在命令提示符中输入conda list libpython，出现如图

17.11 所示界面证明安装成功。

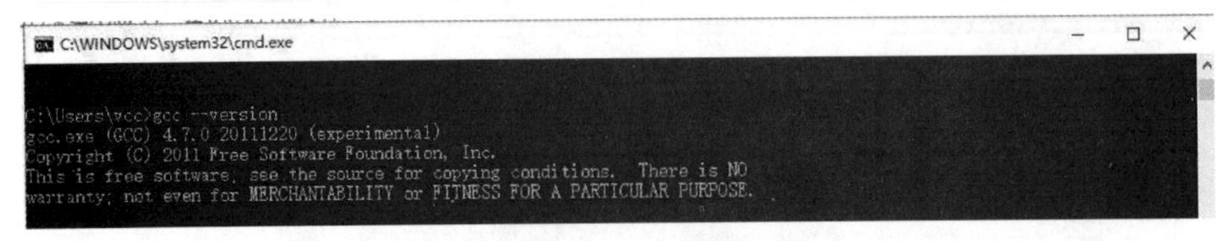


图17.10 检测MinGW是否安装成功

图17.11 检测libpython是否安装成功

（4）安装 Theano

开始安装 Theano。使用 17.1 节中两种方法的任意一个，安装成功后，在命令行中输入“conda list theano”查看安装情况。theano 的安装情况如图 17.12 所示。

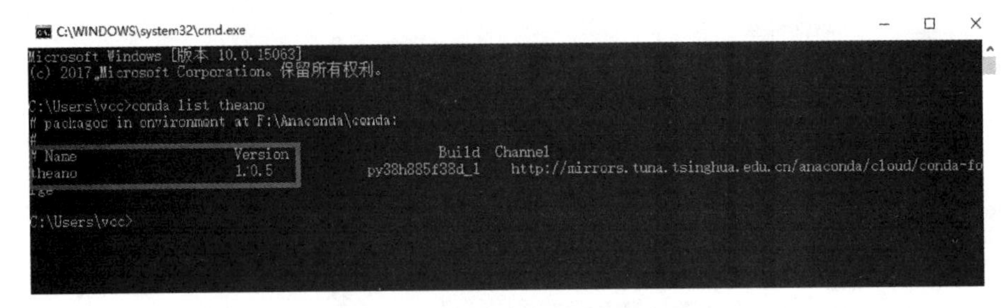


图17.12 检测theano是否安装成功

# 17.3 工程创建

图17.13 PyCharm图标

（1）打开 PyCharm

如图 17.13 所示，点击图标即可打开该软件。

（2）工程建立

如图 17.14 所示，点击左上角“File”，接着点击“NewProject”，即可建立工程文件。

（3）选项选择

按照图 17.15 所示的步骤进行操作，完成选项选择。

（4）加载文件

加载 conda 环境如图 17.16 所示，此处需要注意第三步是根据之前 Anaconda 存储路径去寻找，此处路径是 F:\Anaconda3\python.exe。

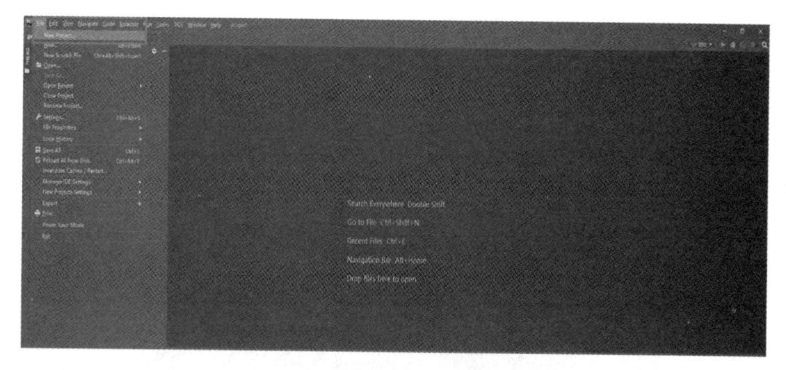

图17.14　PyCharm新建工程

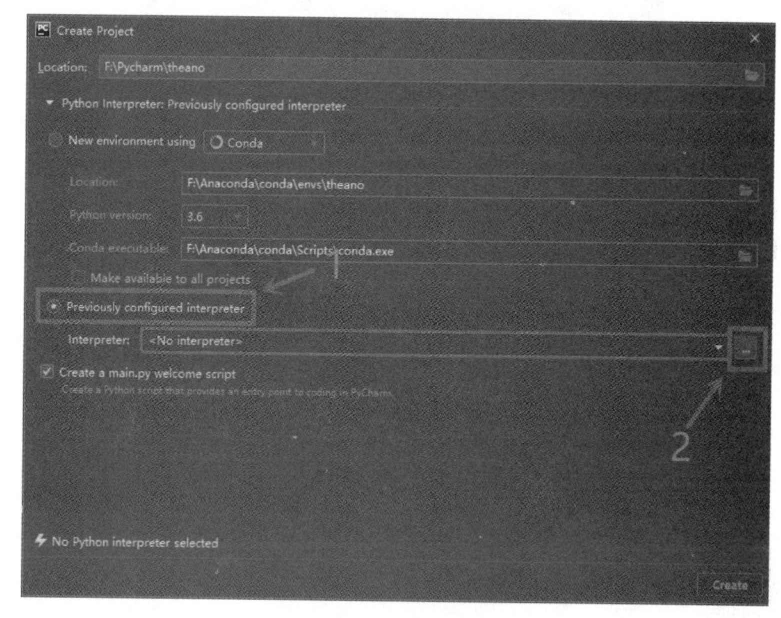


图17.15　工程选项设置

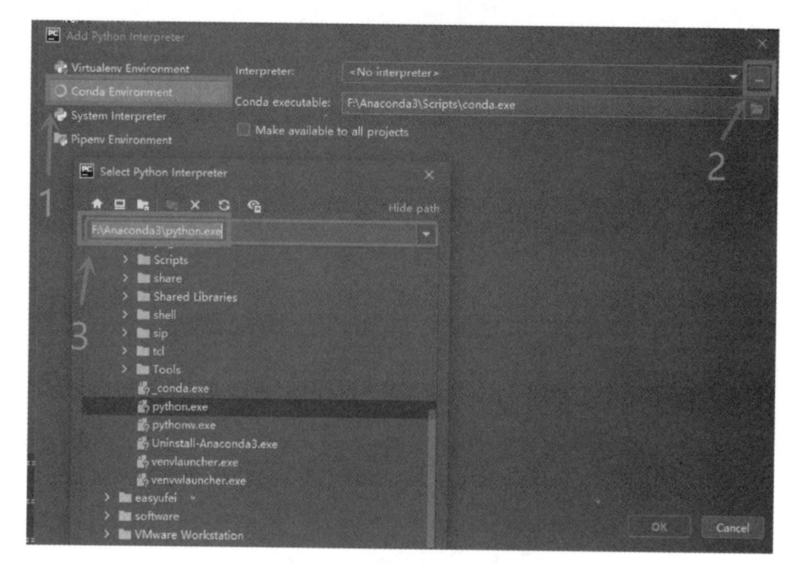


图17.16　加载python.exe文件

按照上述四步操作完成后点击“OK”，工程创建完成。

# 17.4 编译、训练、评估与部署

（1）打开文件

如图 17.17 所示，点击左上角的“File”，接着继续点击“New”。

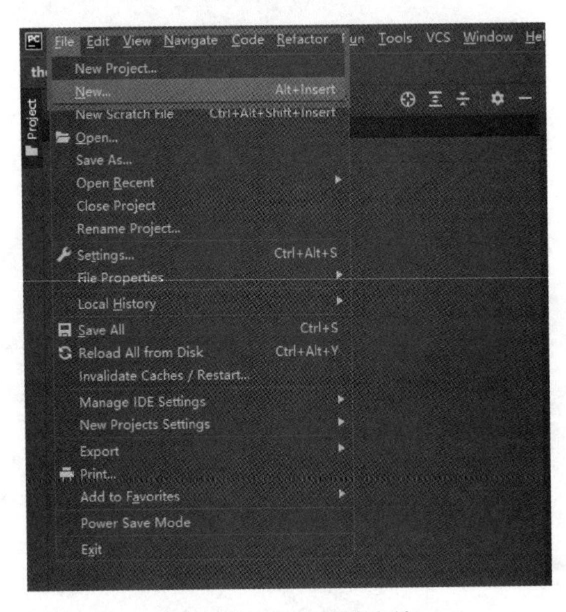


图17.17　打开新建文件

（2）文件选择

如图 17.18 所示，选择“Python File”。

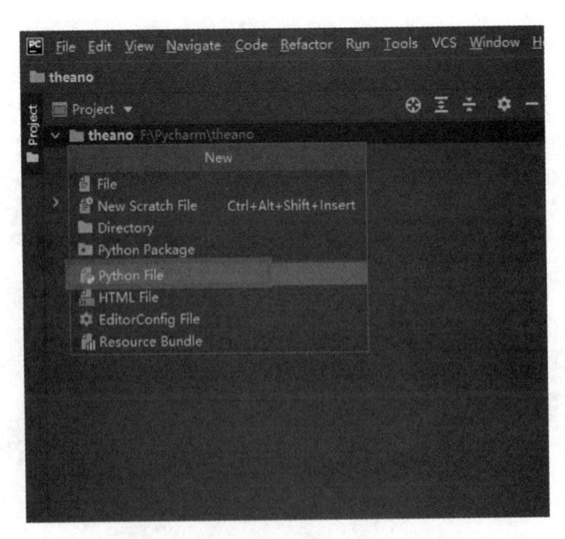


图17.18　新建Python File文件

(3) 文件命名

如图 17.19 所示，对文件进行命名，此处命名为“theano1”。

(4) 编写程序

在 theano1 中输入如图 17.20 所示的程序。

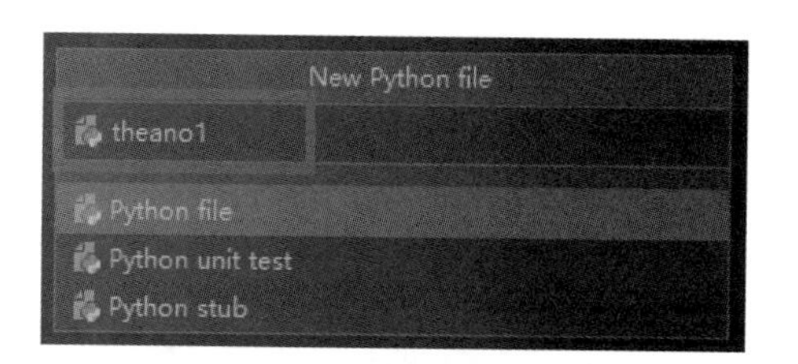


图17.19　文件命名为theano1

```
import numpy as np
import theano
import theano.tensor as T
rng = np.random

N = 10
feats = 3
D = (rng.randn(N, feats).astype(np.float32), rng.randint(size=N, low=0, high=2).astype(np.float32))

#声明变量
x = T.matrix("x")
y = T.vector("y")

w = theano.shared(rng.randn(feats), name="w")
b = theano.shared(0., name="b")

p_1 = 1 / (1 + T.exp(-T.dot(x, w) - b))
xent = -y * T.log(p_1) - (1-y) * T.log(1-p_1)
cost = xent.mean() + 0.01 * (w ** 2).sum()
gw, gb = T.grad(cost, [w, b])

prediction = p_1 > 0.5

train = theano.function(inputs = [x,y], outputs=[prediction, xent], updates=((w, w - 0.1 * gw), (b, b - 0.1 *gb)))
predict = theano.function(inputs=[x], outputs=prediction)

#训练
training_steps = 1000
for i in range(training_steps):
    pred, err = train(D[0], D[1])
    print(err.mean())
```

图17.20　编写程序

(5) 程序运行

如图 17.21 所示，首先点击鼠标右键，然后运行程序。

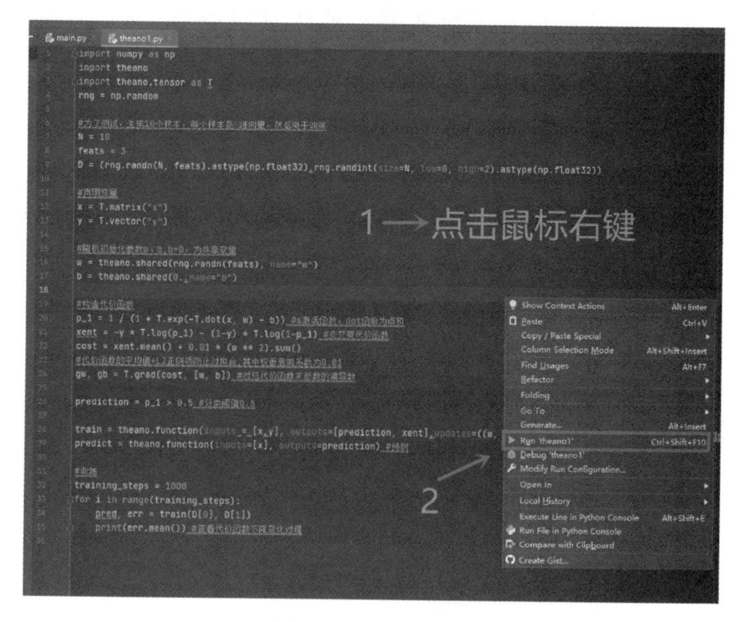


图17.21　运行程序

具体程序内容如下：

```
import numpy as np
import theano
import theano.tensor as T
rng=np.random

#为了测试，生成 10 个样本，每个样本是三维向量，然后用于训练。
N=10
feats=3
D=(rng.randn(N, feats).astype(np.float32), rng.randint(size=N, low=0, high=2).astype
(np.float32))

#声明变量
x=T.matrix("x")
y=T.vector("y")

#随机初始化参数 w、b，b=0，为共享变量
w=theano.shared(rng.randn(feats), name="w")
b=theano.shared(0., name="b")

#构造代价函数
p_1=1 /(1+T.exp(-T.dot(x, w)-b))#s 激活函数，dot 函数为点积
xent=-y * T.log(p_1)-(1-y)*T.log(1-p_1) #交叉商代价函数
cost=xent.mean()+0.01*(w**2).sum()
#代价函数的平均值+L2 正则项防止过拟合，其中权重衰减系数为 0.01
gw, gb=T.grad(cost, [w, b]) #对总代价函数求参数的偏导数

prediction=p_1 > 0.5 #分类阈值 0.5

train=theano.function(inputs=[x, y], outputs=[prediction, xent], updates=((w, w - 0.1 *
gw), (b, b - 0.1 *gb)))#训练所需函数
predict=theano.function(inputs=[x], outputs=prediction) #预测

#训练
training_steps=1000
for i in range(training_steps):
    pred, err=train(D[0], D[1])
    print(err.mean()) #查看代价函数下降变化过程
```

（6）程序运行结果

程序运行结果如图 17.22 所示。

```
0.5844737313651718
0.584472420316879
0.5844711151073797
0.5844698157093593
0.5844685220956405
0.5844672342391835
0.5844659521130853
0.5844646756905795
0.584463404945034

Process finished with exit code 0
```

图17.22　程序运行结果

# 第18章 YoloV4深度学习工程

Yolo 系列人工神经网络模型凭借其优秀的运行效率和检测准确率，被广泛用于基于图像的目标检测应用中。本章将从运行 Yolo 所需框架的获取、环境配置、工程创建、编译、训练及部署等方面介绍 YoloV4 人工神经网络模型在 Linux 系统（Ubuntu）上的开发流程。

## 18.1 框架的获取

Yolo 系列人工神经网络模型基于 Joseph Redmon 开发的 Darknet 深度学习框架。Darknet 为开源软件，托管在 Github 供研究开发人员免费下载。因此，Darknet 可以通过在 Terminal 中运行如下 Git 指令获取。由于 Github 服务器的原因，下载速度较慢，也可以自行网上搜索其他下载途径，下载后解压即可：

```
git clone https://github.com/AlexeyAB/darknet
```

如果系统中未安装 Git，可通过如下指令安装：

```
sudo apt-get install git
```

输入上述指令后，系统会要求输入管理员密码，输入密码后回车确认，便可开始安装 Git。Git 成功安装后，再用上述指令克隆 Darknet 源码。如果不想安装 Git 工具，可以直接复制指令中的网址，到 Github 网站下载源码 zip 压缩包，然后手动解压到本地磁盘。

## 18.2 框架源码编译及环境设置

上述指令下载得到的是 Darknet 源码，需要经过本地编译才能使用，编译 Darknet 分两种情况：只用 CPU 运算或者使用 GPU 加速。

### 18.2.1 CPU 版本编译

如果不使用 GPU 加速或本地系统中未安装支持 CUDA 工具包的 NVIDIA GPU，可按照如下方法编译 CPU 版。

首先使用 cd 命令进入 Darknet 文件夹。由于 Darknet 默认配置为 CPU 编译，所以编译比较简单，直接使用 make 指令编译即可。如下，在 Terminal（终端）中输入 make，回车即可。

```
make
```

### 18.2.2 GPU 版本编译

由于神经网络模型运算量大，且主要是矩阵运算，运算的可并行度较高，而 GPU 芯片有大量的计算核心，所以非常适合对矩阵运算进行并行加速。GPU 已经被广泛采纳为人工神经网络算法的加速器。因此，本章强烈建议读者使用 GPU 版本的 Darknet 开发 Yolo 系列模型。

GPU 版 Darknet 编译需要 NVIDIA 提供的 CUDA 工具包、cuDNN 库及 OpenCV 库，所以首先需要安装 CUDA、cuDNN 及 OpenCV。

（1）安装 NVIDIA driver

安装 CUDA 之前需要首先安装 NVIDIA driver。为了防止工具包版本冲突，通过如下命令清除系统自带或之前安装的相关驱动：

```
sudo apt-get purge nvidia*    #删除系统现有的 NVIDIA 驱动
sudo apt --purge remove "cublas*" "cuda*"    #删除 cublas 和 CUDA 库
```

通过如下命令为系统添加 ppa 源（Ubuntu 用户专有的软件源）。

```
sudo add-apt-repository ppa:graphics-drivers/ppa    #添加 ppa 源
sudo apt update    #更新软件列表
```

输入 ubuntu-drivers devices 指令，系统将返回如下所示的适合本机的驱动版本，建议下载带有 recommend 标志的驱动版本。

```
== /sys/devices/pci0000:00/0000:00:01.0/0000:01:00.0 ==
modalias: pci:v000010DEd00001180sv00001458sd0000353Cbc03sc00i00
vendor: NVIDIA Corporation
model: GK104 [GeForce GTX 680]
driver: nvidia-340 - third-party free
driver: nvidia-390 - third-party free recommended
driver: nvidia-387 - third-party free
driver: nvidia-304 - distro non-free
driver: nvidia-384 - third-party free
driver: xserver-xorg-video-nouveau - distro free builtin
```

根据返回信息可知，推荐安装驱动版本为 390，所以使用如下命令安装 NVIDIA driver。

```
sudo apt-get install nvidia-390
```

输入 reboot 命令重启系统，并输入 nvidia-smi，如果出现类似如下信息，说明 NVIDIA driver 安装成功。

```
+-----------------------------------------------------------------------------+
| NVIDIA-SMI 390.100       Driver Version: 390.100       CUDA Version: 10.2       |
|-------------------------------+----------------------+----------------------+
```

```
| GPU Name        Persistence-M| Bus-Id        Disp.A | Volatile Uncorr. ECC |
| Fan Temp  Perf  Pwr:Usage/Cap|         Memory-Usage | GPU-Util  Compute M. |
|===============================+======================+======================|
|   0  GeForce GTX 108...  Off  | 00000000:01:00.0 Off |                  N/A |
|  0%   53C    P5    16W / 275W |   1422MiB / 11178MiB |      3%      Default |
+-------------------------------+----------------------+----------------------+

+-----------------------------------------------------------------------------+
| Processes:                                                       GPU Memory |
|  GPU       PID   Type   Process name                             Usage      |
|=============================================================================|
|    0      1379      G   /usr/lib/xorg/Xorg                            36MiB |
|    0      1469      G   /usr/bin/gnome-shell                          49MiB |
|    0      2500      G   /usr/lib/xorg/Xorg                           451MiB |
|    0      2626      G   /usr/bin/gnome-shell                         322MiB |
|    0      9746      G   ...AAAAAAAAAAAACAAAAAAAAAA= --shared-files   181MiB |
|    0     10883      G   ...uest-channel-token=15615578348179024402   374MiB |
+-----------------------------------------------------------------------------+
```

（2）CUDA 工具包安装

NVIDIA driver 安装成功后到 NVIDIA 官网下载 CUDA 工具安装包。

根据网页提示和系统配置选择相应版本的 CUDA 工具包下载。进入下载目录使用如下命令安装 CUDA 工具包（本案例使用 CUDA 10.1）。

```
sudo sh cuda_10.1.243_418.87.00_linux.run
```

默认安装路径为：/usr/local/cuda-10.1。注意：NVIDIA driver 已单独安装，无需再次安装。打开 Home 目录下的.bashrc 文件，在文件的末尾插入如下内容（与 Windows 系统添加环境变量功能类似）。

```
#added by cuda10.1 installer
```

export CUDA_HOME=/usr/local/cuda-10.1 #为系统添加 CUDA_HOME 环境变量，变量值为 CUDA 在本机的安装路径。

export PATH=$CUDA_HOME/bin:$PATH #添加 CUDA 编译器的路径到系统 PATH 变量，这样程序才能在任何目录下直接调用 CUDA 的编译器 nvcc。

export LD_LIBRARY_PATH=$CUDA_HOME/lib64:$LD_LIBRARY_PATH#将 CUDA 库文件存放的路径添加到系统库文件搜索路径。

使用如下命令检查是否生效。

```
source ~/.bashrc #重新加载.bashrc 配置文件
nvcc -V   #查看 NVIDIA 编译器版本
```

如果返回以下形式的信息，说明 CUDA 安装成功。

```
nvcc: NVIDIA(R) Cuda compiler driver
```

```
Copyright(c) 2005-2019 NVIDIA Corporation
Built on Fri_Feb__8_19:08:17_CDT_2019
Cuda compilation tools, release 10.1, V10.1.105
```

（3）cuDNN 库安装

首先，登录 NVIDIA 网址，根据已安装 CUDA 版本，选择下载相应版本的 cuDNN 库文件，这里选择 CUDA 10.1 对应的 7.6.5 版本。

注意：cuDNN 下载需要注册成为 NVIDIA 会员，注册不收取任何费用。

将下载到的 cuDNN 压缩文件解压后得到的 include 和 lib64 文件夹拷贝到 CUDA 安装目录（这里默认为/usr/local/cuda），如果有同名文件，选择覆盖原文件，输入如下命令。

```
cat /usr/local/cuda/include/cudnn.h | grep CUDNN_MAJOR -A 2
```

如果返回 cuDNN 版本信息，说明安装成功。

（4）编译安装 OpenCV

首先下载 OpenCV3.4.10 及对应版本的 opencv_contrib。

进入对应的文件目录，使用 mkdir build 命令新建 build 目录。进入 build 目录，输入如下命令进行配置。

```
cmake -D CMAKE_BUILD_TYPE=RELEASE \  #构建类型为发布版
    -D CMAKE_INSTALL_PREFIX=/usr/local \ # 添加路径前缀，此处为 OpenCV 的安装根目录
    -D INSTALL_PYTHON_EXAMPLES=ON \ # 安装 Python 版本例程
    -D INSTALL_C_EXAMPLES=OFF \ #不安装 C 版本例程
    -D OPENCV_EXTRA_MODULES_PATH=~/opencv_contrib-3.4.10/modules \ #注意这里选择自己对应路径
    -D PYTHON_EXCUTABLE=/usr/bin/python \ #本机 Python 的安装路径
    -D WITH_CUDA=ON \    # 使用 CUDA
    -D WITH_CUBLAS=ON \  # 使用 CUBLAS 库
    -D CUDA_NVCC_FLAGS="-D_FORCE_INLINES" \  # 使用强制内联方式编译
    -D CUDA_ARCH_BIN="7.5" \ # 需要去官网查询自己显卡的算力
    -D CUDA_ARCH_PTX="" \  # PTX 没有特别要求
    -D CUDA_FAST_MATH=ON \ # 使用 CUDA FAST_MATH 编译选项
    -D WITH_TBB=ON \  # 使用 Intel 的多线程优化库 TBB
    -D WITH_V4L=ON \  # 使用 V4L 视频采集框架
    -D WITH_QT=ON \  # 使用 QT 库
    -D WITH_GTK=ON \ # 使用 GTK 图形框架
    -D WITH_OPENGL=ON \ #使用 OPENGL 图形库
    -D BUILD_EXAMPLES=ON # 生成 OpenCV 例程
```

图 18.1 为 NVIDIA 官网常见显卡算力列表（只列出部分显卡型号，其他型号请登录官网查询）。

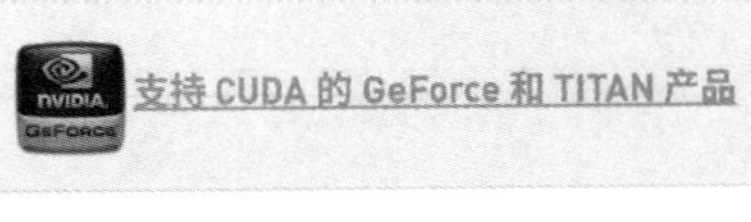


GeForce 和 TITAN 产品

| GPU | 计算能力 |
| --- | --- |
| GeForce RTX 3090 | 8.6 |
| GeForce RTX 3080 | 8.6 |
| GeForce RTX 3070 | 8.6 |
| NVIDIA TITAN RTX | 7.5 |
| GeForce RTX 2080 Ti | 7.5 |
| GeForce RTX 2080 | 7.5 |
| GeForce RTX 2070 | 7.5 |
| GeForce RTX 2060 | 7.5 |
| NVIDIA TITAN V | 7.0 |
| NVIDIA TITAN Xp | 6.1 |
| NVIDIA TITAN X | 6.1 |

GeForce 笔记本电脑产品

| GPU | 计算能力 |
| --- | --- |
| GeForce RTX 2080 | 7.5 |
| GeForce RTX 2070 | 7.5 |
| GeForce RTX 2060 | 7.5 |
| GeForce GTX 1080 | 6.1 |
| GeForce GTX 1070 | 6.1 |
| GeForce GTX 1060 | 6.1 |
| GeForce GTX 980 | 5.2 |
| GeForce GTX 980M | 5.2 |
| GeForce GTX 970M | 5.2 |
| GeForce GTX 965M | 5.2 |
| GeForce GTX 960M | 5.0 |

图18.1　NVIDIA官网常见显卡算力

输入 make 指令，开始编译。编译成功后输入以下命令。

```
sudo make install
```

输入管理员密码，完成 OpenCV 的安装。

最后进入 Darknet 目录，打开 Makefile 文件，并对 GPU、cuDNN 及 OpenCV 相关部分进行修改，修改后的内容如图 18.2 所示。

```
1 GPU=1
2 CUDNN=1
3 CUDNN_HALF=1
4 OPENCV=1
5 AVX=0
6 OPENMP=0
7 LIBSO=0
8 ZED_CAMERA=0
9 ZED_CAMERA_v2_8=0
```

图18.2　修改后的内容

修改后保存，并在 Terminal 中输入 make 指令完成 Darknet 的安装。

### 18.2.3　Darknet 测试

首先，下载 Yolo 作者训练好的模型权重文件 yolov4.weights。

将下载的权重文件拷贝至 Darknet 文件夹，输入如下命令，使用上述权重文件测试 Darknet 目标识别效果。

```
./darknet detector test ./cfg/coco.data ./cfg/yolov4.cfg ./yolov4.weights data/dog.jpg
```

如果 Darknet 正确安装，测试结果将如图 18.3 所示。CPU 和 GPU 版本测试命令相同，CPU 版耗时较长，具体时间取决于系统配置。

图18.3 安装测试结果

# 18.3 创建Yolo训练数据集

创建 Yolo 训练数据集主要分两个步骤:

① 标注数据集。

② 按照 Yolo 模型的需要进行转换。

下面将对两个步骤进行详细介绍。

Yolo 系列模型使用 VOC2007 格式的数据集标注方式，所以，首要的步骤是为数据集内的每一张图片生成符合 VOC2007 格式的标签文件（这里为 xml 文件，名字与图片对应）。

首先按照 Yolo 模型的要求在 Darknet 文件夹下建立 VOCdevkit 文件夹，该文件夹的目录结构如下所示。

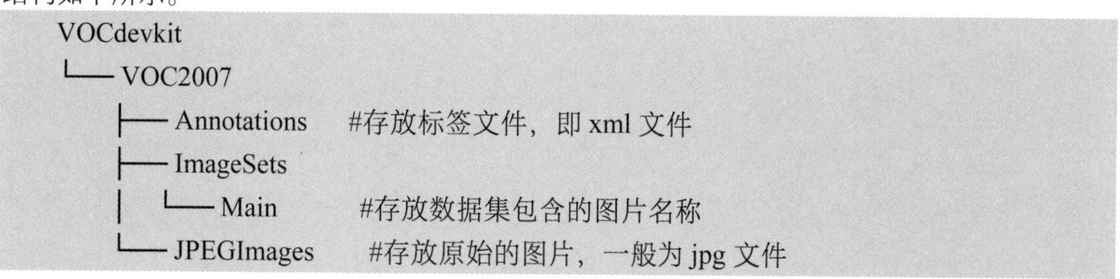

```
VOCdevkit
└── VOC2007
    ├── Annotations    #存放标签文件，即 xml 文件
    ├── ImageSets
    │   └── Main        #存放数据集包含的图片名称
    └── JPEGImages     #存放原始的图片，一般为 jpg 文件
```

VOCdevkit 文件夹（包括子文件夹）创建完成后，拷贝将要用作数据集的原始 jpg 图片到 VOCdevkit/VOC2007/JPEGImages 文件夹里。为了方便说明，这里只使用了 10 张照片，并且命名为 0.jpg~9.jpg，如图 18.4 所示。

通常数据集会被分成三个部分，分别是训练集、验证集和测试集。这里我们把 10 张图片中的前 6 张（0~5）作为训练集，6 和 7 作为验证集，8 和 9 作为测试集，并在 Main 文件夹内创建 train.txt、val.txt 和 test.txt 文档，分别存放训练集、验证集和测试集图片的名称（每行一个图片名称，不包括扩展名）。文件内容如图 18.5 所示（前面的数字是文档编辑器自带的行号，不是文档内容）。

接下来对图片进行标注。为了提高效率，使用标注软件 labelImg 进行。labelImg 软件是基于 Python 和 QT 开发的软件，安装和使用都比较简单，在 Terminal 中输入 pip3 install labelImg 便可完成安装，安装过程中 pip 包管理器会自动检测并安装相关依赖（一般会自动安装 pyqt 和 lxml）。安装完成后，在 Terminal 中输入 labelImg 便可启动软件（如果启动失败，请手动安装 qt5，安装指令为：sudo apt install qt5-default）。软件界面如图 18.6 所示，具体样式可能由于系统安装的桌面环境及版本稍有差别。

| Name | Size | Modified |
| --- | --- | --- |
| 0.jpg | 12.2 kB | 11:30 |
| 1.jpg | 36.6 kB | 11:30 |
| 2.jpg | 22.8 kB | 11:30 |
| 3.jpg | 24.9 kB | 11:30 |
| 4.jpg | 10.0 kB | 11:30 |
| 5.jpg | 17.6 kB | 15:52 |
| 6.jpg | 14.7 kB | 15:52 |
| 7.jpg | 200.7 kB | 15:53 |
| 8.jpg | 24.5 kB | 15:53 |
| 9.jpg | 558.8 kB | 15:53 |

图18.4　测试集图片

| train.txt | val.txt | test.txt |
| --- | --- | --- |
| 1 0 | 1 6 | 1 8 |
| 2 1 | 2 7 | 2 9 |
| 3 2 | | |
| 4 3 | | |
| 5 4 | | |
| 6 5 | | |

图18.5　数据集分类

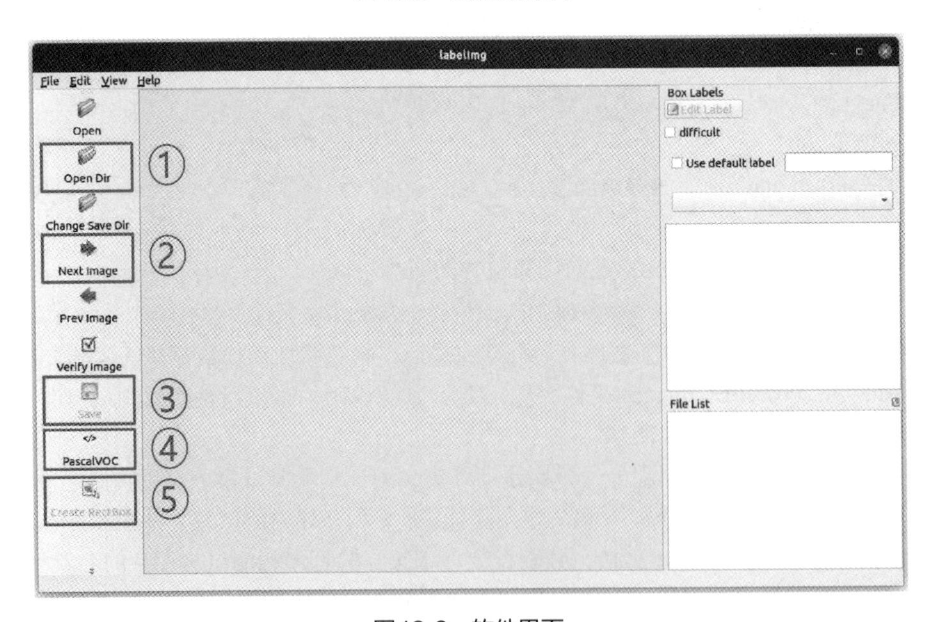


图18.6　软件界面

其中创建 Yolo 数据集用到的菜单按钮已在图中用方框标记，并标号为①～⑤，首先点击

①号按钮，选择前面创建的文件夹中 JPEGImages 子文件夹，点击“Open”按钮，打开该文件夹，如图 18.7 所示。

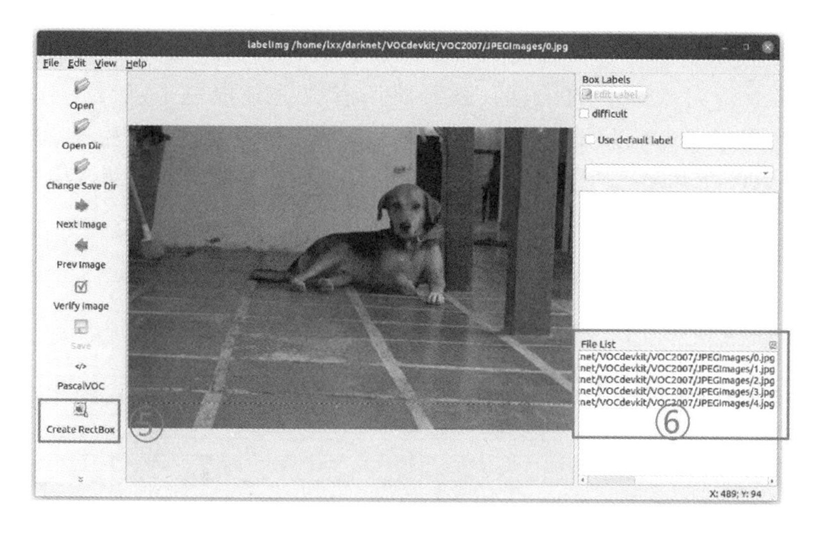


图18.7　数据集文件打开

这时文件夹中所有图片将按照文件名的顺序显示在右下角 File List 区域（方框⑥）。其中第一张图片将被加载到程序中。按钮⑤Creat RectBox 由原本的灰色变为可点击状态。点击“Create RectBox”按钮，拖动十字标记框选图片中想要标记的目标物体（这里是狗），松开鼠标左键，这时会弹出对话框要求输入当前框选目标的类别，如图 18.8 所示，输入对应类别（例如 dog），点击“OK”确定，完成一个目标的标注。如果图中有多个目标，可继续点击“Creat RectBox”按钮（或者使用键盘快捷键 w），继续标记其他目标。每标记一个目标，输入一次类别，如果之前输入过，可以双击已有类别完成输入。完成一张图片中所有目标的标记后，点击③号按钮“Save”，这时会弹出保存位置选择对话框，选择 VOCdevkit/VOC2007/Annotations 文件夹，点击对话框的“Save”按钮保存。Annotations 文件夹中将生成与当前图片同名的 xml 类型的标签文件。

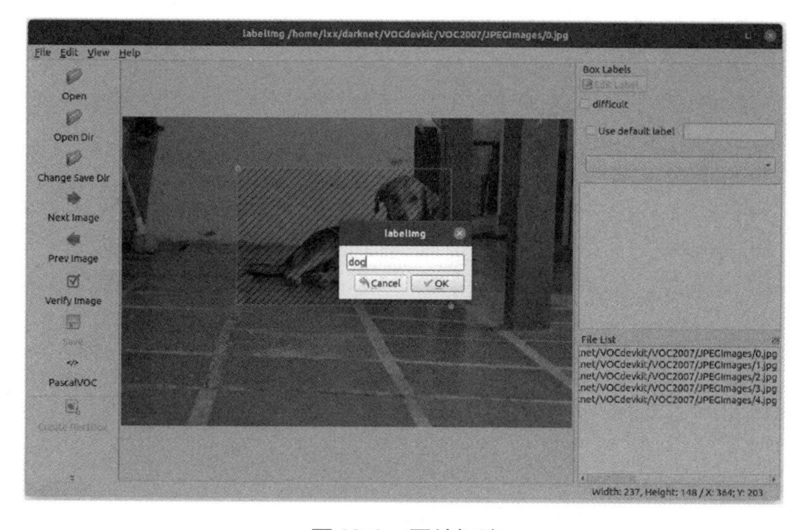


图18.8　图片标注

点击②号按钮“Next Image”，加载下一张图片，重复上述步骤，直到完成所有图片的标注工作。

拷贝 darknet/scripts 目录下的 voc_label.py 文件到 darknet 根目录下，打开文件，修改相关信息，如图 18.9 所示。其中方框标记的部分为需要修改的内容，第 7 行为原始内容，已用“#”注释，第 8 行为修改后的内容，表示将所有数据分成三个部分，分别是训练集“train”、验证集“val”和测试集“test”。此设置将会在同级目录下生成 2007_train.txt、2007_val.txt 和 2007_test.txt 三个文本文件，分别存储训练集、验证集和测试集的图像的完整名称（完整路径+文件名）。

```
1 import xml.etree.ElementTree as ET
2 import pickle
3 import os
4 from os import listdir, getcwd
5 from os.path import join
6
7 # sets=[('2012', 'train'), ('2012', 'val'), ('2007', 'train'), ('2007', 'val'), ('2007',
'test')]
8 sets=[('2007', 'train'), ('2007', 'val'), ('2007', 'test')]
9
10 # classes = ["aeroplane", "bicycle", "bird", "boat", "bottle", "bus", "car", "cat", "chair",
"cow", "diningtable", "dog", "horse", "motorbike", "person", "pottedplant", "sheep", "sofa",
"train", "tvmonitor"]
11 classes = ["dog", "cat", "bird"]
```

图18.9　内容修改

第 10 行为原始的类别标签，第 11 行为本章用来测试的数据集的类别标签，用来测试的 10 张图片中包含“dog”“cat”和“bird”三类，所以这里根据本数据集进行了相应的修改。

注意：这里类别的顺序应与后续生成的 obj.name 文件中的类别顺序一致。第二处需要修改的地方在 voc_label.py 文件的末尾处 59 ~ 60 行，修改后的结果如图 18.10 所示。

```
49 for year, image_set in sets:
50     if not os.path.exists('VOCdevkit/VOC%s/labels/'%(year)):
51         os.makedirs('VOCdevkit/VOC%s/labels/'%(year))
52     image_ids = open('VOCdevkit/VOC%s/ImageSets/Main/%s.txt'%(year,
   image_set)).read().strip().split()
53     list_file = open('%s_%s.txt'%(year, image_set), 'w')
54     for image_id in image_ids:
55         list_file.write('%s/VOCdevkit/VOC%s/JPEGImages/%s.jpg\n'%(wd, year, image_id))
56         convert_annotation(year, image_id)
57     list_file.close()
58
59 os.system("cat 2007_train.txt 2007_val.txt > train.txt")
60 os.system("cat 2007_train.txt 2007_val.txt 2007_test.txt > train.all.txt")
```

图18.10　修改结果

在 Terminal 中输入 python voc_label.py 运行该 Python 代码，将会在同级目录下生成 2007_train.txt、2007_val.txt、2007_test.txt、train.txt 和 train.all.txt 五个文件，保存了不同数据集中数据的完整名称（包括文件名和路径），如图 18.11 所示。

其中，2007_train.txt、2007_val.txt 和 2007_test.txt 分别存放训练集、验证集和测试集数据的完整名称，train.txt 为 2007_train.txt 和 2007_val.txt 的合集，train.all.txt 为所有数据的完整名称。

在 build\darknet\x64\data\文件夹建立 obj.names 文件，内容为数据集包含的所有类别名称，且与上述 voc_label.py 文件中的 classes（11 行）顺序相同，这里为“dog”“cat”和“bird”，每行一个类别，如图 18.12 所示（前面的数字是文档编辑器自带的行号，不是文档内容）。

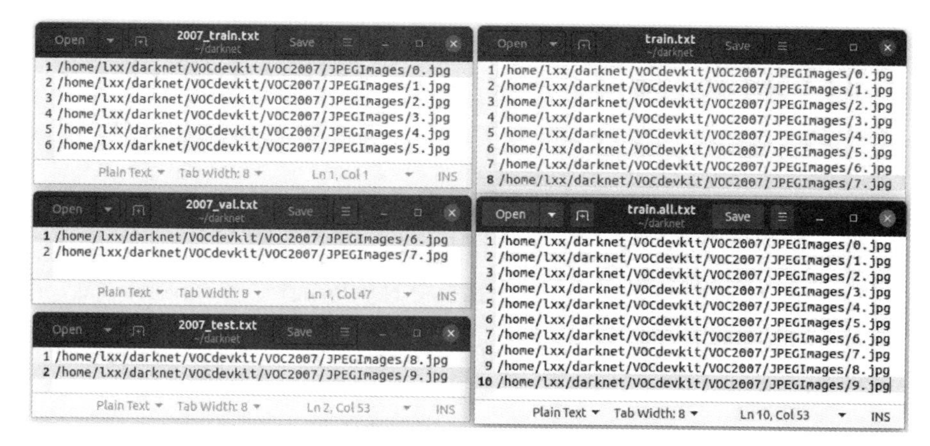


图18.11 保存结果

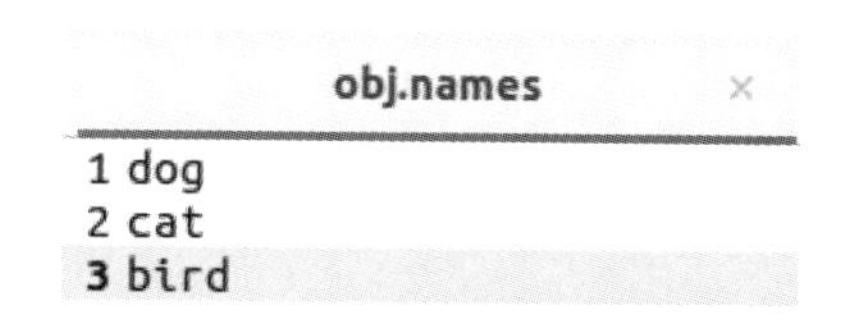


图18.12 类别区分

在 build\darknet\x64\data\文件夹下创建 obj.data 文件，内容如图 18.13 所示。

图18.13 目标文件创建

其中，classes 的值对应数据集中的类别总数，本例程中为“dog”“cat”和“bird”三类，所以 classes=3；train 为训练集数据的完整名称文件，即 2007_train.txt 文件的路径；valid 为验证集数据的完整名称文件，即 2007_val.txt 文件的路径；names 为 obj.names 文件的路径；backup 为备份文件的保存路径。

## 18.4 训练YoloV4模型

在 darknet 根目录下创建 yolo-obj.cfg 配置文件。将 yolov4-custom.cfg 中的内容复制到 yolo-obj.cfg 里面，并做以下修改，具体修改如图 18.14 所示。

① 修改 batch=64，修改 subdivisions=16。根据计算机系统中显卡的显存大小设置，显存较大，可适当增大 batch，如果报错内存不足，则改小 batch。

② 修改 max_batches=classes*2000。例如本例程有 3 个类别 dog、cat 和 bird ，那么就设置为 6000，N 个类就设置为 N×2000。

③ 修改 steps 为 80% 到 90% 的 max_batches 值。比如 max_batches=6000，则 steps=4800 ~ 5400。

④ 修改 classes。先用 ctrl+F 键搜索“yolo”，可以搜到 3 次，每次搜到的内容中，修改 classes=你自己的类别数，比如 classes=3。

⑤ 修改 filters。一样先搜索“yolo”，每次搜得的 yolo 上一个“convolutional”中 filters=（classes+5）×3，比如 filters=24。

```
959 [convolutional]
960 size=1
961 stride=1
962 pad=1
963 filters=24
964 activation=linear
965
966
967 [yolo]
968 mask = 0,1,2
969 anchors = 12, 16, 19, 36, 40, 28, 36, 75, 76, 55, 72, 146, 142, 110, 192, 243, 459, 401
970 classes=3
971 num=9
972 jitter=.3
973 ignore_thresh = .7
974 truth_thresh = 1
975 scale_x_y = 1.2
976 iou_thresh=0.213
```

图18.14　配置文件内容

yolo-obj.cfg 文件修改后的内容及关键参数含义如图 18.15 所示。

```
1 [net]
2 batch=64                    # 每次batch训练时样本数量
3 subdivisions=16             # 将每一次batch的数量，分成subdivisions对应的数字的份数
4 width=608                   # 网络的宽度，所以训练和检测期间，每张图片将会resize成网络的宽度（一般为32的倍数）
5 height=608                  # 网络的高度，所以训练和检测期间，每张图片将会resize成网络的宽度（一般为32的倍数）
6 channels=3                  # 网络的通道数，所以训练和检测期间，每张图片将会被转化为这个通道数
7 momentum=0.949              # 动量。影响梯度下降到最优的速度，一般默认为0.9
8
9 decay=0.0005                # 权重衰减正则系数，防止过拟合
10 angle=0                    # 随机旋转角度，增加更多的样本数
11 saturation = 1.5           # 随机调整饱和度，增加更多的样本数
12 exposure = 1.5             # 随机调整曝光度，增加更多的样本数
13 hue=.1                     # 随机调整色调，增加更多的样本数
14
15 learning_rate=0.001        # 初始学习率
16 burn_in=1000               # 学习率控制的参数，迭代次数大于 burn_in时，更新方式：0.001 * pow(iterations/1000, 4)
17 max_batches = 6000         # 最大的迭代次数，将处理的最大迭代次数
18 policy=steps
19 steps=4800,5400            # 学习率变动步长，steps 和 scales 对应，这两个参数设置学习率的变化，根据batch_num调整学习率
20 scales=.1,.1               # 学习率变动因子，迭代4800次时，学习率x0.1；5400次迭代时，又会在前一个学习率的基础上x0.1
```

图18.15　配置文件与修改

图 yolo-obj.cfg 文件 classes 和 filters 的修改。

如果系统中没有安装 GPU，则在 darknet 目录下打开 Terminal，输入如下指令：

```
./darknet detector train build/darknet/x64/data/obj.data yolo-obj.cfg yolov4.conv.137 -map
```

如果系统中安装了支持 CUDA 的 NVIDIA 的 GPU。则使用如下命令，利用 GPU 加速训练过程：

```
./darknet detector train build/darknet/x64/data/obj.data yolo-obj.cfg yolov4.conv.137 -gpus 0 -map
```

其中-gpus 后的“0”为系统中 GPU 的 id，如果系统中有多张 GPU，例如系统中安装有 4 张 GPU，则 id 为[0，1，2，3]，则最多可将-gpus 后面的参数改为“0，1，2，3”，表示使用

所有 4 张 GPU 同时加速训练。

如果训练过程中报错“CUDA Error: out of memory”，说明显存耗尽，可以适当减小 yolo_obj.cfg 文件中 batch 参数，重新开始训练。

## 18.5 测试YoloV4模型

训练完成后可使用不同的指令测试训练结果。

（1）使用图片测试

```
./darknet detector test build/darknet/x64/data/obj.data yolo-obj.cfg backup/yolo-obj_xxxx.weights xx/yy.jpg -ext_output
```

其中，yolo-obj_xxxx.weights 为训练所得权重文件的版本号，根据 backup 文件夹中权重文件的名称修改；xx/yy.jpg 表示要测试的图片的路径和文件名，根据测试数据做相应修改。

（2）使用视频测试

```
./darknet detector demo build/darknet/x64/data/obj.data yolo-obj.cfg backup/yolo-obj_xxxx.weights xx/yy.mp4 -ext_output
```

将其中的 xx/yy.mp4 换成需要测试的 mp4 视频文件名即可。

（3）使用 GPU 加速视频文件测试

```
./darknet detector demo build/darknet/x64/data/obj.data yolo-obj.cfg backup/yolo-obj_xxxx.weights xx/yy.mp4 -ext_output -i 1
```

在-i 后添加 GPU 的 id 即可，此例中使用 GPU1。

（4）使用网络摄像头在线检测

```
./darknet detector demo build/darknet/x64/data/obj.data yolo-obj.cfg backup/yolo-obj_xxxx.weights http://192.168.0.80:8080/video?dummy= param.mjpg -ext_output
```

这个是网络摄像头的端口地址，没有安装摄像头是打不开的。

# 第19章 PaddlePaddle深度学习工程

在计算机性能日益强大和样本数据易获取的背景下，深度学习在图像处理、语音识别、自然语言处理等多方面取得了巨大的成功。随着技术的逐渐成熟，深度学习框架的产生加速了深度学习的发展。其中国外主导的 Caffe、Keras、TensorFlow、PyTorch 等框架具有成熟的社区交流平台和大量的开发者用户，在深度学习框架中占据统治地位。

基于百度的深度学习技术研究和产业应用的基础，飞桨（PaddlePaddle，官网如图 19.1 所示）应运而生，成为中国首个开源开放、技术领先、功能完备的产业级深度学习平台。不仅飞桨框架开源，百度还搭建 AI 学习与实训社区——AI Studio 平台（官网如图 19.2 所示），为开发者与深度学习爱好者提供丰富的体系化课程、海量开源项目、公开数据集、高效易用的开发环境以及海量免费 GPU 算力支持。飞桨的出现与发展，打破了深度学习框架长期被国外垄断的局面，对我国人工智能技术的发展与产业技术安全具有重要意义。

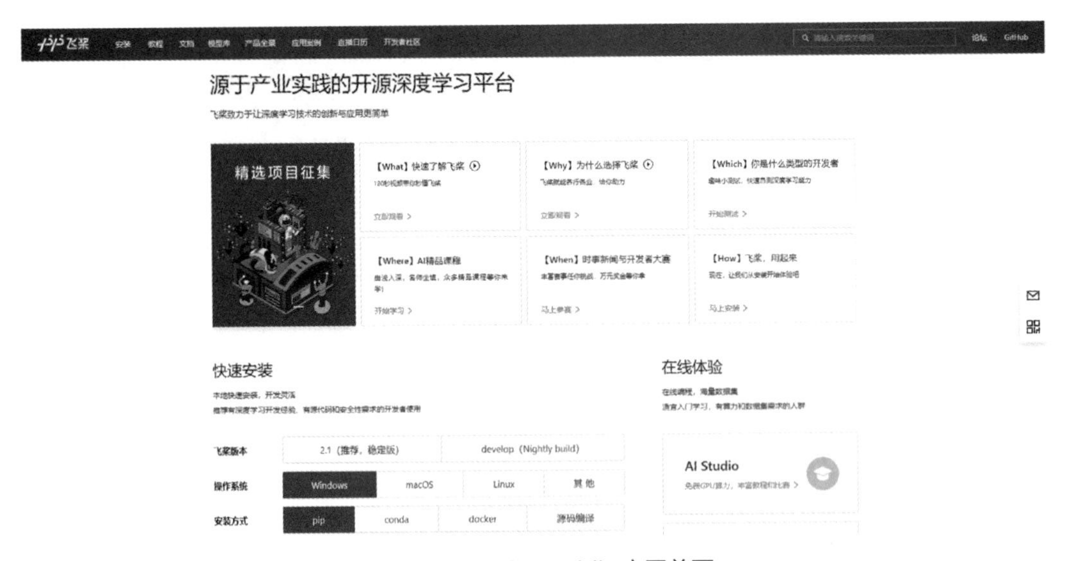


图19.1 PaddlePaddle官网首页

为方便高校开设人工智能相关课程，教师在 AI Studio 教育版（官网如图 19.3 所示）申请并通过认证后开课，即可享受高效的教学管理系统、易用的云端开发环境、海量的免费 CPU/GPU 算力等丰富的教学资源，满足课程教学与配套实验的要求，有助于深度学习的进一步发展。

与国外主导的Caffe、Keras、TensorFlow、PyTorch等主流框架相比，飞桨具有以下四个领先技术。

图19.2　AI Studio官网首页

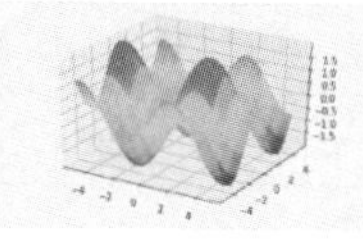

图19.3　AI Studio教育版官网首页

① 拥有开发便捷的深度学习框架。飞桨通过利用可编程方案构建神经网络，神经架构可由优化算法自动设计，显著减少开发的技术难点。支持声明式编程（静态图）和命令式编程（动态图），在保证高性能运行的前提下最大程度地保留开发的灵活性，还可实现动态图编程调试转静态图部署。

② 掌握超大规模深度学习模型训练技术。飞桨攻克了超大规模参数的深度学习模型在线深度学习的技术难点，通过使用分布在数百个节点上的数据源对具有千亿特征、万亿参数的深度学习模型进行高速并行训练，实现模型的实时更新，这使飞桨成为全球首个大规模开源训练平台。

③ 具备适应多种部署环境的高性能推理引擎。针对不同的应用场景，如高性能服务器和云推理、分布式和流水线生产、物联网环境的超轻量级推理、浏览器和迷你应用程序的前端推理，飞桨提供了完整的推理产品。飞桨还可兼容多种在第三方开源框架中训练的模型，可在不同架构的平台设备上部署并且推理速度全面领先。过去一年时间内，飞桨已经和百度昆仑、英特尔等22家国内外硬件厂商开展适配与联合优化，已完成和正在适配的芯片或IP达

31 款，对国内硬件的适配性也远超其他开源框架。

④ 包含丰富的产业级开源模型库。针对图像分类、目标检测、图像分割、关键点检测、图像生成、场景文字识别等智能视觉领域与智能文本、智能推荐、智能语音领域，提供超过 100 款长期实践和打磨的主要模型，同时提供超过 200 个预训练模型。

## 19.1 框架获得

官网提供的飞桨版本包括 1.4、1.5、1.6、1.7、1.8、2.0、2.1，不同的版本对操作系统、处理器、Python、pip 版本要求不同。表 19.1 列举了其中四个版本的安装要求，读者可对比表 19.1 参考电脑配置情况自行安装合适的版本。本章以 PaddlePaddle 2.1 为例，分别介绍针对 Windows、MacOS、Linux（CentOS、Ubuntu）的 64 位操作系统采用 pip、conda 安装与卸载的指令与步骤。pip 默认使用国外统一的下载源，下载速度较慢。采用 pip 安装时读者可选择国内的镜像源下载。若使用 Docker 安装或源码编译可参考飞桨官网。

表19.1 PaddlePaddle安装要求

<table>
<tr><th colspan="2"></th><th>PaddlePaddle 1.7</th><th>PaddlePaddle 1.8</th><th>PaddlePaddle 2.0</th><th>PaddlePaddle 2.1</th></tr>
<tr><td rowspan="4">操作系统</td><td>Windows</td><td colspan="4">7 / 8 / 10，专业版 / 企业版</td></tr>
<tr><td>MacOS</td><td colspan="4">10.11 / 10.12 / 10.13 / 10.14</td></tr>
<tr><td>Ubuntu</td><td colspan="3">14.04 / 16.04 / 18.04</td><td>16.04 / 18.04</td></tr>
<tr><td>CentOS</td><td colspan="3">6 / 7</td><td>7</td></tr>
<tr><td rowspan="2">处理器</td><td>核心函数库</td><td colspan="4">处理器支持 MKL</td></tr>
<tr><td>架构</td><td colspan="4">x86_64（或称作 x64、Intel 64、AMD64）架构，目前 PaddlePaddle 不支持 arm64 架构</td></tr>
<tr><td rowspan="2">Python</td><td>Python 2</td><td colspan="3">2.7.15+</td><td>不支持 Python 2</td></tr>
<tr><td>Python 3</td><td>3.5.1+ / 3.6 / 3.7</td><td colspan="2">3.5.1+ / 3.6 / 3.7 / 3.8</td><td>3.6 / 3.7 / 3.8 / 3.9</td></tr>
<tr><td>pip</td><td>版本</td><td>9.0.1+</td><td colspan="3">20.2.2+</td></tr>
</table>

## 19.2 安装设置

（1）pip 安装与卸载

1）环境准备

① 确认计算机的操作系统和位数信息，方法如下。

● Windows 系统。

【控制面板】—【系统和安全】—【系统】

● MacOS 系统、Linux（CentOS、Ubuntu）系统。

```
uname-m && cat/etc/*release
```

② 查询计算机是否有多个 Python，并确认 PaddlePaddle 的安装位置。

● Windows 系统。

```
where python
```

● MacOS 系统、Linux (CentOS、Ubuntu) 系统。

```
which python
```

③ 确认 Python 版本是否为 3.6 / 3.7 / 3.8 / 3.9。

```
python--version
```

④ 确认 pip 版本是否为 20.2.2+。

```
python-m ensurepip
python-m pip--version
```

⑤ 确认 Python 和 pip 版本是否为 64 位，并且处理器架构是否为 x86_64（或称作 x64、Intel 64、AMD64）架构，暂时不支持 arm64 架构。

```
python-c "import platform; print(platform.architecture()[0]）; print （platform.machine())"
```

2）安装 CPU 版本的 PaddlePaddle

① Windows 系统、Linux (CentOS、Ubuntu) 系统。

```
python -m pip install paddlepaddle -i https://mirror.baidu.com/pypi/simple
```

② MacOS 系统。

```
brew install unrar
python-m pip install paddlepaddle -i https://mirror.baidu.com/pypi/simple
```

3）安装 GPU 版本的 PaddlePaddle

① Windows 系统、Linux (CentOS、Ubuntu) 系统单卡支持。

● CUDA 10.1 配合 cuDNN v7.6.5。

```
python-m pip install paddlepaddle-gpu==2.1.1 post101 -f https://paddlepaddle. org.cn/whl/mkl/stable.html
```

● CUDA 10.2 配合 cuDNN v7.6.5。

```
python -m pip install paddlepaddle-gpu -i https://mirror.baidu.com/pypi/simple
```

● CUDA 11.0 配合 cuDNN v8.0.4。

```
python -m pip install paddlepaddle-gpu==2.1.1 post110 -f https://paddlepaddle.org. cn/whl/mkl/stable.html
```

● CUDA 11.2 配合 cuDNN v8.1.1。

```
python -m pip install paddlepaddle-gpu==2.1.1 post112 -f https://paddlepaddle.org.cn/ whl/mkl/stable.html
```

② Linux (CentOS、Ubuntu) 系统多卡支持，需先安装 NCCL2.7 及更高版本，再按照单卡 GPU 版本指令进行安装。下面以 CUDA 9，cuDNN v7 为例分别在 CentOS 系统和 Ubuntu 系统上安装 NCCL2.7+。

● CentOS 系统

```
wegt https://developer.download.nvidia.com/compute/machine-learning/repos/ rhel7/x86_64/nvidia-machine-learning-repo-rhel7-1.0.0-1.x86_64.rpm
rpm -i nvidia-machine-learning-repo-rhel7-1.0.0-1.x86_64.rpm
yum update -y
```

```
yum install -y libnccl-2.3.7-2+cuda9.0 libnccl-devel-2.3.7-2+cuda9.0 libnccl-static-2.3.7-2+cuda9.0
```

● Ubuntu 系统

```
wget https://developer.download.nvidia.com/compute/machine-learning/repos/ ubuntu1604/x86_64/nvidia-machine-learning-repo-ubuntu1604_1.0.0-1_amd64.deb
dpkg -i nvidia-machine-learning-repo-ubuntu1604_1.0.0-1_amd64.deb
sudo apt-get install -y libnccl2=2.3.7-1+cuda9.0 libnccl-dev=2.3.7-1+cuda9.0
```

③ MacOS 系统

MacOS 系统不支持 GPU 版本的 PaddlePaddle。

4）验证安装

安装完成后在终端依次输入以下指令，出现“PaddlePaddle is installed successfully!”则安装成功。

```
python
import paddle
Paddle.utils.run_check()
```

5）卸载

● 卸载 CPU 版本的 PaddlePaddle。

```
python -m pip uninstall paddlepaddle
```

● 卸载 GPU 版本的 PaddlePaddle。

```
python -m pip install paddlepaddle-gpu
```

（2）conda 安装与卸载

1）环境准备

① 确认安装了 conda 版本 4.8.3+。

```
python -m conda--version
```

② 创建 Anaconda 虚拟环境 Python 3.6 / Python 3.7 / Python 3.8 / Python 3.9。

```
conda create -n paddle_env python=[版本号]
```

③ 进入创建好的虚拟环境。

● Windows 系统。

```
activate paddle_env
```

● MacOS 系统、Linux（CentOS、Ubuntu）系统。

```
conda activate paddle_env
```

④ 查询计算机是否有多个 Python，并确认 PaddlePaddle 的安装位置。

● Windows 系统。

```
where python
```

● MacOS 系统、Linux（CentOS、Ubuntu）系统。

```
which python
```

⑤ 确认 Python 版本是否为 3.6 / 3.7 / 3.8 / 3.9。

```
python--version
```

⑥ 确认 Python 和 pip 版本是否为 64 位，并且处理器架构是否为 x86_64（或称作 x64、Intel 64、AMD64）架构，暂时不支持 arm64 架构。

```
python-c"import platform; print(platform.architecture()[0]); print(platform.machine())"
```

2）安装 CPU 版本的 PaddlePaddle

```
conda install paddlepaddle --channel https://mirrors.tuna.tsinghua.edu.cn /anaconda/cloud/Paddle/
```

3）安装 GPU 版本的 Paddle Paddle

① Windows 系统、Linux(CentOS、Ubuntu)系统。

- CUDA 10.1 配合 cuDNN v7.6.5。

```
conda install paddlepaddle-gpu==2.1.1 cudatoolkit=10.1 --channel https://mirrors.tuna. tsinghua.edu.cn/anaconda/cloud/Paddle/
```

- CUDA 10.2 配合 cuDNN v7.6.5。

```
conda install paddlepaddle-gpu==2.1.1 cudatoolkit=10.2 --channel https://mirrors. tuna. tsinghua.edu.cn/anaconda/cloud/Paddle/
```

- CUDA 11.2 配合 cuDNN v8.1.1。

```
conda install paddlepaddle-gpu==2.1.1 cudatoolkit=11.2 -c https://mirrors.tuna. tsinghua.edu.cn/anaconda/cloud/Paddle/ -c conda-forge
```

② MacOS 系统。MacOS 系统不支持 GPU 版本的 PaddlePaddle。

4）验证安装

安装完成后在终端依次输入以下指令，出现“PaddlePaddle is installed successfully!”则安装成功。

```
python
import paddle
Paddle.utils.run_check()
```

5）卸载

- 卸载 CPU 版本的 PaddlePaddle。

```
python -m pip uninstall paddlepaddle
```

- 卸载 GPU 版本的 PaddlePaddle。

```
python -m pip install paddlepaddle-gpu
```

## 19.3 工程创建、编译、训练、评估与测试

深度学习的图像分类、语义分割和目标检测在农业场景中得到广泛应用。通过训练模型可有效解决不同农作物的分类问题、种植区的地块分割问题以及种植区内害虫、病害和杂草的检测问题。本节以番茄植株的病害问题为例，采用番茄病害数据集训练轻量级神经网络 MobileNetV2，实现不同番茄病害的分类。主要内容包括数据集获取、数据读取与预处理、网络结构设计、模型训练、模型评估和模型测试。读者可根据代码创建 Python 脚本文件在本地运行，或访问 AI Studio 开源项目。

（1）数据集获取

通过数据爬取的方式分别获取患白粉病、疮痂病、早疫病、叶霉病、斑点病、斑枯病、

黄化曲叶病毒病、花叶病毒病、晚疫病菌病、红蜘蛛损伤病的番茄叶片与健康的番茄叶片制作番茄病害数据集。数据集分成 11 类，共 12882 张图片，详细信息见表 19.2。通过数据爬取的方式获取的数据集存在类别不均衡问题，相比于不同农作物的分类问题，同种作物不同病害间的纹理信息与颜色信息差异较小，模型训练的难度较大。

表 19.2　番茄病害数据集介绍

| 序号 | 病害种类 | 样本数量 | 样本示例 |
| --- | --- | --- | --- |
| 1 | 健康 | 1381 | |
| 2 | 白粉病 | 1469 | |
| 3 | 疮痂病 | 3 | |
| 4 | 早疫病 | 792 | |
| 5 | 叶霉病 | 755 | |
| 6 | 斑点病 | 73 | |

续表

| 序号 | 病害种类 | 样本数量 | 样本示例 |
| --- | --- | --- | --- |
| 7 | 斑枯病 | 1403 | |
| 8 | 黄化曲叶病毒病 | 4266 | |
| 9 | 花叶病毒病 | 298 | |
| 10 | 晚疫病菌病 | 1513 | |
| 11 | 红蜘蛛损伤病 | 929 | |

（2）数据读取与预处理

在深度学习任务中，数据的本地存储格式多种多样，数据的存储结构也各不相同，但数据读取的步骤大致相同。在进行数据读取之前，首先要加载飞桨平台和第三方的数据处理库，具体代码如下。

```
import os
import json
import random
import numpy as np
import PIL.Image as Image
import paddle
import paddle.nn as nn
import paddle.fluid as fluid
from paddle.fluid.dygraph.nn import Conv2D, BatchNorm
import matplotlib.pyplot as plt
from paddle.io import Dataset
```

本节采用的番茄病害数据集根据病害类别进行划分，通过遍历数据得到每一类的样本信息与对应的标签，将数据集按6:2:2的比例划分为训练集、验证集和测试集，将样本信息与标签信息写入对应的txt文件中保存，同时统计数据集的类别数量、类别名称与对应标签、该类数据的训练、验证和测试样本的数量，并写入json文件中保存，最后返回更新的参数列表。具体实现代码如下。

```
def get_data_list(train_parameters):
    """
    生成数据列表
    params:
        train_parameters: 参数字典
    """
    data_path=train_parameters['data_path']
    train_list_path=train_parameters['train_list_path']
    val_list_path=train_parameters['val_list_path']
    test_list_path=train_parameters['test_list_path']
    readme_path=train_parameters['readme_path']

    # 存放所有类别的信息
    class_detail=[]
    # 获取所有类别保存的文件夹名称
    class_dirs=os.listdir(data_path)
    # 总的图像数量
    all_class_images=0
    # 存放类别标签
    class_label=0
    # 存放类别数目
    class_dim=0
    # 存储要写进 train.txt 和 val.txt 中的内容
    train_list=[]
    val_list=[]
    test_list=[]
    for class_dir in class_dirs:
        if class_dir != ".DS_Store":
            class_dim += 1
            # 每个类别的信息
            class_detail_list={}
            train_sum=0
            val_sum=0
            test_sum=0
            # 统计每个类别的图片数量
            class_sum=0
            # 获取类别路径
```

```
            path=data_path+'/'+class_dir
            # 获取此类的所有图片名称
            img_paths=os.listdir(path)

            # 遍历文件夹下的每张图片，按比例划分训练集、验证集和测试集
            # 训练集:验证集:测试集=6:2:2
            train_split=0.6
            val_split=0.2
            test_split=0.2
            # 计算训练集、验证集和测试集样本数量
            num_all=len(img_paths)
            num_train=int(num_all * train_split)
            num_val=int(num_all * val_split)
            num_test=num_all - num_train - num_val
            # 划分
            train_img_paths=img_paths[:num_train]
            val_img_paths=img_paths[num_train : num_train+num_val]
            test_img_paths=img_paths[num_train+num_val:]
            for img_path in train_img_paths:
                name_path=path+'/'+img_path
                train_sum += 1
                train_list.append(name_path+"\t%d" % class_label+"\n")
                class_sum += 1
                all_class_images += 1

            for img_path in val_img_paths:
                name_path=path+'/'+img_path
                val_sum += 1
                val_list.append(name_path+"\t%d" % class_label+"\n")
                class_sum += 1
                all_class_images += 1

            for img_path in test_img_paths:
                name_path=path+'/'+img_path
                test_sum += 1
                test_list.append(name_path+"\t%d" % class_label+"\n")
                class_sum += 1
                all_class_images += 1

        # 说明的json文件的class_detail数据
```

```
            class_detail_list['class_name']=class_dir  # 类别名称
            class_detail_list['class_label']=class_label  # 类别标签
            class_detail_list['class_train_images']=train_sum  #该类数据训练集数量
            class_detail_list['class_val_images']=val_sum  # 该类数据验证集数量
            class_detail_list['class_test_images']=test_sum  # 该类数据测试集数量
            class_detail.append(class_detail_list)
            # 初始化标签列表
            train_parameters['label_dict'][str(class_label)]=class_dir
            class_label += 1

    # 初始化分类数
    train_parameters['class_dim']=class_dim

    # 乱序，删除旧 train.txt 文件，重新写入新 train.txt 文件
    random.shuffle(train_list)
    if(os.path.exists(train_list_path)):
        os.remove(train_list_path)
    with open(train_list_path, 'a') as f1:
        for train_image in train_list:
            f1.write(train_image)
    # 乱序，删除旧 val.txt 文件，重新写入新 val.txt 文件
    random.shuffle(val_list)
    if(os.path.exists(val_list_path)):
        os.remove(val_list_path)
    with open(val_list_path, 'a') as f2:
        for val_image in val_list:
            f2.write(val_image)
    # 乱序，删除旧 test.txt 文件，重新写入新 test.txt 文件
    random.shuffle(test_list)
    if(os.path.exists(test_list_path)):
        os.remove(test_list_path)
    with open(test_list_path, 'a') as f3:
        for test_image in test_list:
            f3.write(test_image)

    # 说明的 json 文件信息
    readjson={}
    readjson['all_class_name']=data_path
    readjson['all_class_images']=all_class_images
    readjson['class_detail']=class_detail
```

```
        jsons=json.dumps(readjson, sort_keys=True, indent=4, separators=(', ', ': '))
        with open(readme_path, 'w') as f:
            f.write(jsons)
        print('生成数据列表完成！')

        return train_parameters
```

在继承 paddle.io.Dataset 的基础上构建数据读取器，并重新定义其中的方法。根据训练、评估、测试模式选择读取上述代码生成的对应 txt 文件，并提取其中的每一样本路径与样本对应标签按顺序存储到对应的列表中。类中修改的方法还可以实现将数据集的样本统一缩放到指定的大小、转换数据格式、按要求打印任意样本数据的路径与对应标签、计算并返回训练集、验证集和测试集的样本数量等功能。具体实现代码如下。

```
class DatasetTask(Dataset):
    def __init__(self, train_parameters, mode='train'):
        """
        读取数据
        params:
                train_parameters: 参数字典
                mode: train or val or test
        """
        super(DatasetTask, self).__init__()
        self.target_path=train_parameters['target_path']
        self.input_size=train_parameters['input_size']
        self.img_paths=[]
        self.labels=[]

        if mode == 'train':
            with open(os.path.join(self.target_path, "train.txt"), "r") as f:
                self.info=f.readlines()
            for img_info in self.info:
                img_path, label=img_info.strip().split('\t')
                self.img_paths.append(img_path)
                self.labels.append(int(label))

        elif mode == 'val':
            with open(os.path.join(self.target_path, "val.txt"), "r") as f:
                self.info=f.readlines()
            for img_info in self.info:
                img_path, label=img_info.strip().split('\t')
                self.img_paths.append(img_path)
                self.labels.append(int(label))
```

```
        else:
            with open(os.path.join(self.target_path, "test.txt"), "r") as f:
                self.info=f.readlines()
            for img_info in self.info:
                img_path, label=img_info.strip().split('\t')
                self.img_paths.append(img_path)
                self.labels.append(int(label))

    def __getitem__(self, index):
        """
        获取一组数据
        params:
                index: 文件索引号
        """
        # 第一步打开图像文件并获取 label 值
        img_path=self.img_paths[index]
        img=Image.open(img_path)
        # 将数据集的图片大小统一缩放到指定大小
        img=img.resize((self.input_size[1], self.input_size[2]), Image.ANTIALIAS)
        if img.mode != 'RGB':
            img=img.convert('RGB')
        img=np.array(img).astype('float32')
        img=img.transpose((2, 0, 1)) / 255
        label=self.labels[index]
        label=np.array([label], dtype="int64")
        return img, label

    def print_sample(self, index: int=0):
        """ 打印示例 """
        print("文件名", self.img_paths[index], "\t 标签值", self.labels[index])

    def __len__(self):
        return len(self.img_paths)
```

（3）网络结构设计

经典的卷积神经网络 LeNet、AlexNet、VGG、GoogLeNet 和 ResNet 在计算机视觉领域应用十分广泛。这些网络的参数量较大，要求网络的训练样本数量也较多。MobileNet 是 Google 提出的一种轻量级的深层卷积神经网络，核心在于采用深度可分离卷积（depthwise separable convolution，也称分组卷积代替标准卷积），使其保证网络效果的同时显著减少参数量。MobileNetV2 作为 MobileNet 的升级版，在原网络基础上进行了两点改进，使模型效果更好。

第一点是采用了反向残差（inverted residual）。ResNet 模块设计采用先压缩再扩张的思路，即在 3×3 卷积操作前增加 1×1 卷积降维、在 3×3 卷积操作后增加 1×1 卷积升维，效果比直接使用 3×3 卷积操作有所提升，并且参数量更少。MobileNetV2 模块设计则采用先扩张后压缩的思路，即在 3×3 卷积操作前增加 1×1 卷积升维、在 3×3 卷积操作后增加 1×1 卷积降维，同时将 3×3 卷积换成深度可分离卷积，相比 ResNet 参数量更少。

| 类型 | 输入通道数 | 输出通道数 | 卷积核 | 步长 | 填充 | 输出特征图 | | |
|---|---|---|---|---|---|---|---|---|
| inputs | 3 | | | | | 416x416 | | |
| ConvBNReLU | 3 | 32 | 3x3 | 2 | 1 | 208x208 | | |
| ConvBNReLU (DW) | 32 | 32 | 3x3 | 1 | 1 | 208x208 | block (32, 16, 1, 1) | [1, 16, 1, 1] |
| ConvBN (PW) | 32 | 16 | 1x1 | 1 | 0 | 208x208 | | |
| ConvBNReLU (PW) | 16 | 96 | 1x1 | 1 | 0 | 208x208 | block (16, 24, 2, 6) | [6, 24, 2, 2] |
| ConvBNReLU (DW) | 96 | 96 | 3x3 | 2 | 1 | 104x104 | | |
| ConvBN (PW) | 96 | 24 | 1x1 | 1 | 0 | 104x104 | | |
| ConvBNReLU (PW) | 24 | 144 | 1x1 | 1 | 0 | 104x104 | block (24, 24, 1, 6) x1 | |
| ConvBNReLU (DW) | 144 | 144 | 3x3 | 1 | 1 | 104x104 | | |
| ConvBN (PW) | 144 | 24 | 1x1 | 1 | 0 | 104x104 | | |
| ConvBNReLU (PW) | 24 | 144 | 1x1 | 1 | 0 | 104x104 | block (24, 32, 2, 6) | [6, 32, 3, 2] |
| ConvBNReLU (DW) | 144 | 144 | 3x3 | 2 | 1 | 52x52 | | |
| ConvBN (PW) | 144 | 32 | 1x1 | 1 | 0 | 52x52 | | |
| ConvBNReLU (PW) | 32 | 192 | 1x1 | 1 | 0 | 52x52 | block (32, 32, 1, 6) x2 | |
| ConvBNReLU (DW) | 192 | 192 | 3x3 | 1 | 1 | 52x52 | | |
| ConvBN (PW) | 192 | 32 | 1x1 | 1 | 0 | 52x52 | | |
| ConvBNReLU (PW) | 32 | 192 | 1x1 | 1 | 0 | 52x52 | block (32, 64, 2, 6) | [6, 64, 4, 2] |
| ConvBNReLU (DW) | 192 | 192 | 3x3 | 2 | 1 | 26x26 | | |
| ConvBN (PW) | 192 | 64 | 1x1 | 1 | 0 | 26x26 | | |
| ConvBNReLU (PW) | 64 | 384 | 1x1 | 1 | 0 | 26x26 | block (64, 64, 1, 6) x3 | |
| ConvBNReLU (DW) | 384 | 384 | 3x3 | 1 | 1 | 26x26 | | |
| ConvBN (PW) | 384 | 64 | 1x1 | 1 | 0 | 26x26 | | |
| ConvBNReLU (PW) | 64 | 384 | 1x1 | 1 | 0 | 26x26 | block (64, 96, 1, 6) | [6, 96, 3, 1] |
| ConvBNReLU (DW) | 384 | 384 | 3x3 | 1 | 1 | 26x26 | | |
| ConvBN (PW) | 384 | 96 | 1x1 | 1 | 0 | 26x26 | | |
| ConvBNReLU (PW) | 96 | 576 | 1x1 | 1 | 0 | 26x26 | block (96, 96, 1, 6) x2 | |
| ConvBNReLU (DW) | 576 | 576 | 3x3 | 1 | 1 | 26x26 | | |
| ConvBN (PW) | 576 | 96 | 1x1 | 1 | 0 | 26x26 | | |
| ConvBNReLU (PW) | 96 | 576 | 1x1 | 1 | 0 | 26x26 | block (96, 160, 2, 6) | [6, 160, 3, 2] |
| ConvBNReLU (DW) | 576 | 576 | 3x3 | 2 | 1 | 13x13 | | |
| ConvBN (PW) | 576 | 160 | 1x1 | 1 | 0 | 13x13 | | |
| ConvBNReLU (PW) | 160 | 960 | 1x1 | 1 | 0 | 13x13 | block (160, 160, 1, 6) x2 | |
| ConvBNReLU (DW) | 960 | 960 | 3x3 | 1 | 1 | 13x13 | | |
| ConvBN (PW) | 960 | 160 | 1x1 | 1 | 0 | 13x13 | | |
| ConvBNReLU (PW) | 160 | 960 | 1x1 | 1 | 0 | 13x13 | block (160, 320, 1, 6) | [6, 320, 1, 1] |
| ConvBNReLU (DW) | 960 | 960 | 3x3 | 1 | 1 | 13x13 | | |
| ConvBN (PW) | 960 | 320 | 1x1 | 1 | 0 | 13x13 | | |
| ConvBNReLU | 320 | 1280 | 1x1 | 1 | 0 | 13x13 | | |
| Dropout | | | | | | | | |
| Linear | 1280 | num_classes | | | | | | |

图19.4　MobileNetV2 网络结构图

第二点是采用了线性瓶颈（linear bottlenecks）。在反向残差模块中，在1×1卷积降维后不再使用ReLU6激活函数，而是直接采用残差连接的加法。在高维空间中激活函数可有效增加特征的非线性，但是在1×1卷积降维后的低维空间使用激活函数会破坏特征，所以采用线性瓶颈有利于保护特征。

本部分将详细介绍使用飞桨框架搭建MobileNetV2网络，网络结构如图19.4所示。网络层包括3×3标准卷积、3×3分组卷积、1×1标准卷积、归一化BatchNorm、激活函数ReLU6、Dropout、线性变换层Linear和残差连接。通过网络层组合成不同的结构，包括ConvBNReLU、ConvBNReLU（DW）、ConvBNReLU（PW）和ConvBN（PW），其中DW指采用3×3分组卷积，PW指采用1×1标准卷积，无标注则为3×3标准卷积。MobileNetV2主要的模块结构为ConvBNReLU（PW）、ConvBNReLU（DW）、ConvBN（PW）的组合，其中按照ConvBNReLU（DW）中卷积步长与是否使用残差链接分为3种，模块结构示意图如图19.5所示。

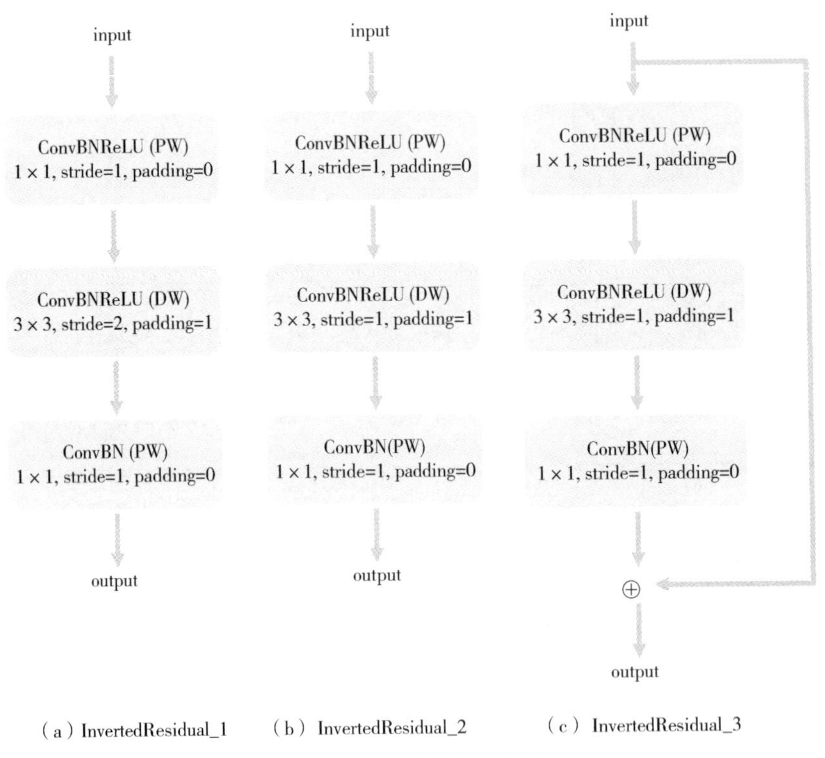


图19.5　模块结构示意图

介绍完MobileNetV2的网络结构，下面按照网络的模块进行代码编写，包括ConvBNReLU和InvertedResidual，其他模块在此基础上修改参数即可。此外，网络中还用到了膨胀系数，需定义函数进行判别。MobileNetV2的具体实现代码如下。

```
def _make_divisible(v, divisor, min_value=None):
    """
    判断 v 能否整除 divisor
    params:
```

```
            v：被除数
            divisior：除数
    return：如果 v 不能整除 divisor，则往上取一个能整除 divisor 的数
    """
    if min_value is None:
        min_value=divisor
    new_v=max(min_value, int(v+divisor / 2) // divisor * divisor)
    if new_v < 0.9 * v:
        new_v += divisor
    return new_v

class ConvBNReLU(fluid.dygraph.Layer):
    def __init__(self, num_channels, num_filters, filter_size=3, stride=1, groups=1, 
act=None):
        """
        params:
                num_channels：卷积层的输入通道数
                num_filters：卷积层的输出通道数
                filter_size：卷积核的大小
                stride：卷积层的步长
                padding：填充大小，默认 padding=0 不填充
                groups：分组卷积的组数，默认 groups=1 不使用分组卷积
                act：激活函数类型，默认 act=None 不使用激活函数
        """
        super(ConvBNReLU, self).__init__()
        # 创建卷积层
        self.conv=Conv2D(
                num_channels=num_channels,
                num_filters=num_filters,
                filter_size=filter_size,
                stride=stride,
                padding=(filter_size - 1) // 2,
                groups=groups)
        # 创建 BatchNorm 层
        self.batch_norm=BatchNorm(num_filters, act=act)

    def forward(self, x):
        x=self.conv(x)
        x=self.batch_norm(x)
        return x
```

```
class InvertedResidual(fluid.dygraph.Layer):
    def __init__(self, in_channels, out_channels, stride, expand_ratio):
        """
        params:
                expand_ratio: 1×1 升维通道数的扩张比例
        """
        super(InvertedResidual, self).__init__()
        self.stride=stride
        assert stride in [1, 2]

        hidden_dim=int(round(in_channels * expand_ratio))
        self.use_res_connect=self.stride == 1 and in_channels == out_channels

        layers=[]
        if expand_ratio != 1:
            layers.append(ConvBNReLU(in_channels, hidden_dim, filter_size=1))
        layers.extend([
            ConvBNReLU(hidden_dim, hidden_dim, stride=stride, groups=hidden_dim),
            Conv2D(hidden_dim, out_channels, filter_size=1, stride=1, padding=0),
            BatchNorm(out_channels),
        ])
        self.conv=nn.Sequential(*layers)

    def forward(self, x):
        if self.use_res_connect:
            return x+self.conv(x)
        else:
            return self.conv(x)

class MobileNetV2(fluid.dygraph.Layer):
    def __init__(self, num_classes, width_mult=1.0, inverted_residual_setting=None,
                round_nearest=8):
        super(MobileNetV2, self).__init__()
        block=InvertedResidual
        input_channel=32
        last_channel=1280

        if inverted_residual_setting is None:
            inverted_residual_setting=[
            # t=expand_ratio: 1×1 升维扩张的倍数
```

```
                #c：输出通道数
                #n：次数
                #s：步长
                #t，c，n，s
                [1，16，1，1]，
                [6，24，2，2]，
                [6，32，3，2]，
                [6，64，4，2]，
                [6，96，3，1]，
                [6，160，3，2]，
                [6，320，1，1]，
            ]

        if len(inverted_residual_setting) == 0 or len(inverted_residual_setting[0]) != 4:
            raise ValueError("inverted_residual_setting should be non-empty "
                             "or a 4-element list，got {}" \
                             .format(inverted_residual_setting))

        input_channel=_make_divisible(input_channel * width_mult，round_nearest)
        self.last_channel=_make_divisible(last_channel * max(1.0，width_mult)，
                                          round_nearest)
        features=[ConvBNReLU(3，input_channel，stride=2)]

        for t，c，n，s in inverted_residual_setting:
            output_channel=_make_divisible(c * width_mult，round_nearest)
            for i in range(n):
                stride=s if i == 0 else 1
                features.append(block(input_channel，output_channel，stride,
                                      expand_ratio=t))
                input_channel=output_channel

        features.append(ConvBNReLU(input_channel，self.last_channel，filter_size=1))
        self.features=nn.Sequential(*features)

        self.classifier=nn.Sequential(nn.Dropout(0.2)，
                                      nn.Linear(self.last_channel，num_classes))

    def forward(self，x):
        x=self.features(x)
        x=x.mean([2，3])
```

```
        x=self.classifier(x)
        return x
```

（4）模型训练

首先需要先定义一个制图方法，以便训练结束后将保存的训练精度和损失以图表的形式体现。在模型训练前，需要先进行训练环境配置。定义飞桨动态图的工作环境为 CPU 或 GPU；然后定义参数字典，设置相关的参数信息；再调用数据处理的方法生成数据列表，并读取生成的 train.txt、val.txt 文件，定义训练、验证数据加载器进行加载；最后生成模型实例并设置为训练状态，并且进行相关的学习率和优化器设置，即可开始训练。

训练过程采用二层循环嵌套的方式，内循环设置批次大小，即遍历一次训练样本分批完成，通过批次大小和训练样本总量确定批数，根据参数字典中的设置每 5 个批次打印一次结果，每 100 个批次保存一次模型参数；外循环设置轮数，即遍历训练集的所有样本的次数，外循环结束后保存最终的模型参数。训练配置与训练过程的具体实现代码如下。模型训练结果如图 19.6 所示。

```
def draw_process(title, color, iters, data, label):
    plt.title(title, fontsize=24)
    plt.xlabel("iter", fontsize=20)
    plt.ylabel(label, fontsize=20)
    plt.plot(iters, data, color=color, label=label)
    plt.legend()
    plt.grid()
    plt.show()

use_cuda=True
place=paddle.fluid.CUDAPlace(0) if use_cuda else paddle.fluid.CPUPlace()
with fluid.dygraph.guard(place):
    # 参数配置
    train_parameters={
            "input_size": [3, 416, 416],  # 输入图片的尺寸
            "class_dim": -1,  # 分类数
            "data_path":"data",  # 要解压的路径
            "target_path": 'model_data',  # 保存文件的路径
            "train_list_path": "model_data/train.txt",  # train.txt 路径
            "val_list_path": "model_data/val.txt",  # val.txt 路径
            "test_list_path": "model_data/test.txt",  # test.txt 路径
            "readme_path": "model_data/readme.json",  # readme.json 路径
            "label_dict":{},  # 标签字典
            "num_epochs": 100,  # 训练轮数
            "batch_size": 16,  # 训练时每个批次的大小
```

```
        "learning_strategy": {  # 优化函数相关的配置
                "lr": 0.0005  # 学习率
                },
        "skip_steps": 5,  # 每 5 个批次打印一次结果
        "save_steps": 100,  # 每 100 个批次保存一次模型参数
        "checkpoints": "logs"  # 保存的路径
        }
# 生成数据列表，更新参数字典
update_train_parameters=get_data_list(train_parameters)
# 训练数据加载
train_dataset=DatasetTask(update_train_parameters, mode='train')
train_loader=paddle.io.DataLoader(
        train_dataset,
        batch_size=update_train_parameters["batch_size"],
        shuffle=True
        )
# 验证数据加载
val_dataset=DatasetTask(update_train_parameters, mode='val')
val_loader=paddle.io.DataLoader(
        val_dataset,
        batch_size=update_train_parameters['batch_size'],
        shuffle=False
        )
print('训练集样本数量', train_dataset.__len__())
print('输入图片的尺寸', train_dataset.__getitem__(10)[0].shape)
print('标签的尺寸', train_dataset.__getitem__(10)[1].shape)

model=MobileNetV2(num_classes=update_train_parameters['class_dim'])
model.train()
cross_entropy=paddle.nn.CrossEntropyLoss()
optimizer=paddle.optimizer.Adam(
        learning_rate=update_train_parameters['learning_strategy']['lr'],
        parameters=model.parameters()
        )
steps=0
Iters, total_loss, total_acc=[], [], []
for epoch in range(update_train_parameters['num_epochs']):
    for iteration, data in enumerate(train_loader()):
        steps += 1
        images=data[0]
```

```
            labels=data[1]
            # 前向传播
            outputs=model(images)
            loss=cross_entropy(outputs, labels)
            # 计算精度
            acc=paddle.metric.accuracy(outputs, labels)
            # 反向传播
            loss.backward()
            optimizer.step()
            optimizer.clear_grad()

            if steps % update_train_parameters["skip_steps"] == 0:
                Iters.append(steps)
                total_loss.append(loss.numpy()[0])
                total_acc.append(acc.numpy()[0])
                print('epoch: {}, step: {}, loss is: {}, acc is: {}'\
                      .format(epoch, steps, loss.numpy(), acc.numpy()))
                # 保存模型参数
                if steps % update_train_parameters["save_steps"] == 0:
                    save_path=update_train_parameters["checkpoints"]\
                              +"/"+"save_dir_"+str(steps)+'.pdparams'
                    print('save model to: '+save_path)
                    paddle.save(model.state_dict(), save_path)
    paddle.save(model.state_dict(), update_train_parameters["checkpoints"]\
            +"/"+"save_dir_final.pdparams")
    draw_process("trainning loss", "red", Iters, total_loss, "trainning loss")
    draw_process("trainning acc", "green", Iters, total_acc, "trainning acc")
```

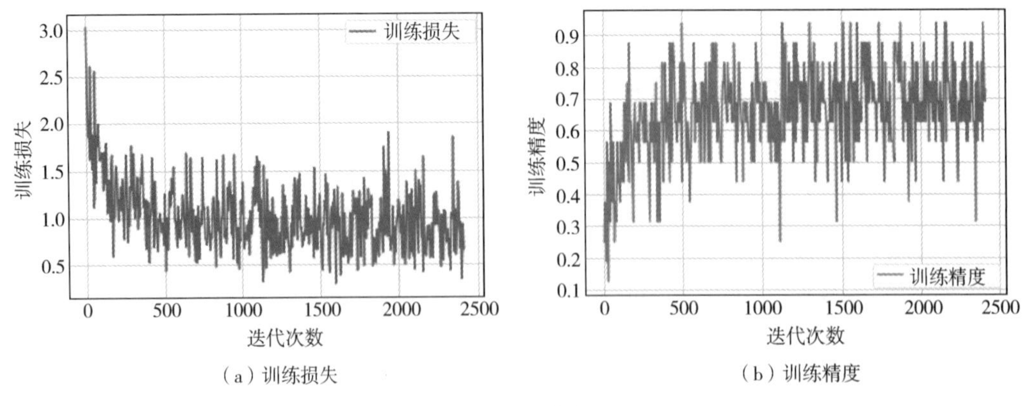


（a）训练损失 （b）训练精度

图19.6 训练结果

(5) 模型评估

首先进行环境配置。定义飞桨动态图的工作环境为 CPU 或 GPU；然后读取生成的 eval.txt 文件，定义验证数据加载器并进行加载；再生成模型实例，加载训练最终保存的模型参数并导入模型中，将模型设置为校验状态，即开始模型评估。模型评估过程仅进行前向计算，不进行梯度计算和梯度反向传播。

评估过程采用单层循环嵌套的方式，仅遍历一次验证集，通过批次大小和验证样本总量确定批数。保存每一批次的验证精度，循环结束后计算精度的平均值，即为模型在验证集上的精度。模型评估的具体实现代码如下。导入训练的最后一个模型参数，模型在验证集上的准确率为 70.93%。

```
use_cuda=True
place=paddle.fluid.CUDAPlace(0) if use_cuda else paddle.fluid.CPUPlace()
with fluid.dygraph.guard(place):
    print('验证集样本数量', val_dataset.__len__())
    print('输入图片的尺寸', val_dataset.__getitem__(10)[0].shape)
    print('标签的尺寸', val_dataset.__getitem__(10)[1].shape)

    model_state_dict=paddle.load('logs/save_dir_final.pdparams')
    model_val=MobileNetV2(num_classes=update_train_parameters['class_dim'])
    model_val.set_state_dict(model_state_dict)
    model_val.eval()
    accs=[]

    for iteration, data in enumerate(val_loader()):
        images=data[0]
        labels=data[1]
        outputs=model_val(images)
        acc=paddle.metric.accuracy(outputs, labels)
        accs.append(acc.numpy()[0])
    print('模型在验证集上的准确率为：', np.mean(accs))
```

(6) 模型测试

模型测试主要是验证训练好的模型能否正确识别番茄病害的种类。首先定义预测图片的预处理方法，处理步骤包括读取图片、类型转换、统一缩放和归一化；然后配置环境，定义飞桨动态图的工作环境为 CPU 或 GPU；生成模型实例，加载训练最终保存的模型参数并导入模型中，将模型设置为校验状态；再读取生成的 test.txt 文件，随机选择 10 个测试样本的路径，经过预处理后送入模型中，输出模型预测的结果。模型测试的具体实现代码如下，测试结果如表 19.3 所示。

```
def load_image(img_path):
    '''
    预测图片预处理
```

```
    '''
    img=Image.open(img_path)
    if img.mode != 'RGB':
        img=img.convert('RGB')
    img=img.resize((416, 416), Image.BILINEAR)
    img=np.array(img).astype('float32')
    img=img.transpose((2, 0, 1)) / 255
    return img

use_cuda=True
place=paddle.fluid.CUDAPlace(0) if use_cuda else paddle.fluid.CPUPlace()
with fluid.dygraph.guard(place):
    target_path=update_train_parameters['target_path']
    model_state_dict=paddle.load('logs/save_dir_final.pdparams')
    model_predict=MobileNetV2(num_classes=update_train_parameters['class_dim'])
    model_predict.set_state_dict(model_state_dict)
    model_predict.eval()

    with open(os.path.join(target_path, "test.txt"), "r") as f:
        info=f.readlines()
        info_split=random.sample(info, 10)
        for img_info in info_split:
            img_path, label=img_info.strip().split('\t')
            image_name=img_path.split('/')[-1]
            infer_img=load_image(img_path)
            infer_img=infer_img[np.newaxis, :, :, :]
            infer_img=paddle.to_tensor(infer_img)
            outputs=model_predict(infer_img)
            lab=np.argmax(outputs.numpy())
            label_dict=update_train_parameters['label_dict']
            print("样本：{}，被预测为:{}".format(image_name, label_dict[str(lab)]))
```

表 19.3 测试结果

| 序号 | 样本 | 预测值 |
|---|---|---|
| 1 | Septoria_Leaf_Spot_Fungus_925.jpg | Septoria_Leaf_Spot_Fungus |
| 2 | Spider_Mite_Damage_311.jpg | Leaf_Mold_Fungus |
| 3 | YLCV_Virus_2151.jpg | YLCV_Virus |
| 4 | Septoria_Leaf_Spot_Fungus_980.jpg | Septoria_Leaf_Spot_Fungus |
| 5 | Healthy_768.jpg | Healthy |

续表

| 序号 | 样本 | 预测值 |
| --- | --- | --- |
| 6 | Septoria_Leaf_Spot_Fungus_792.jpg | Leaf_Mold_Fungus |
| 7 | Septoria_Leaf_Spot_Fungus_1003.jpg | Septoria_Leaf_Spot_Fungus |
| 8 | YLCV_Virus_4265.jpg | YLCV_Virus |
| 9 | YLCV_Virus_584.jpg | YLCV_Virus |
| 10 | Spider_Mite_Damage_588.jpg | Healthy |

# 19.4 基于高层API的任务快速实现

飞桨全新升级的API体系具有体系化、简洁性、兼容性等特点。其中，paddle.vision是飞桨在视觉领域的高层API，包括内置数据集相关API、内置模型相关API、视觉操作相关API、数据处理相关API和其他API五类。paddle.vision.models作为内置模型相关API，包含LeNet、MobileNetV1、MobileNetV2、ResNet、VGG等常见的图像分类模型，同时可选择是否加载在Imagenet数据集上的预训练权重。相比于飞桨的预训练模型应用工具PaddleHub，models模型库具有使用方便、快捷等特点。PaddleHub使用时需要提前安装，但包含的模型种类更加丰富；而models模型库使用时无需安装，可直接调用。引入高层API的代码清单如下。

```
from paddle.vision.models import MobileNetV2
```

本节采用paddle.vision.models内置的MobileNetV2模型实现番茄病害的分类，读者只需在第一步加载相关库时增加上面的代码，引入MobileNetV2模型即可，不需要手动搭建网络结构。为了保证代码阅读的流畅度，对数据集获取、数据读取与预处理、模型训练、模型评估和模型测试部分的代码结构不做修改，读者可参考上节内容创建Python脚本文件在本地运行，或访问AI Studio开源项目。

通过加载在Imagenet数据集上的预训练权重，模型在较少的迭代次数后收敛，训练结果如图19.7所示。导入微调的最后一个模型参数，模型在验证集上的准确率为90.72%。模型测试与上节相同，随机选择10个测试样本的路径，经过预处理后送入模型中，输出模型预测的结果，测试结果如表19.4所示。

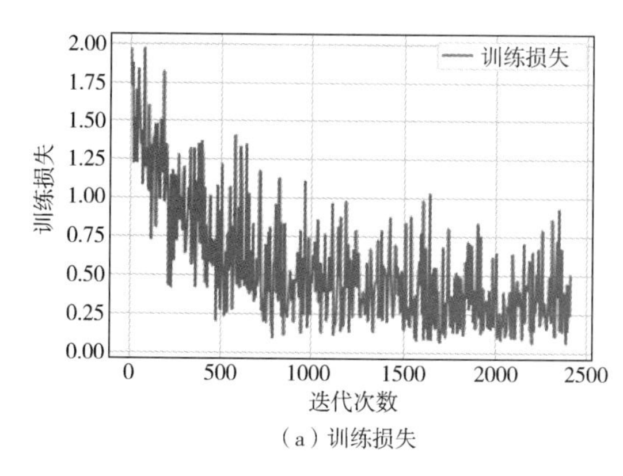

（a）训练损失

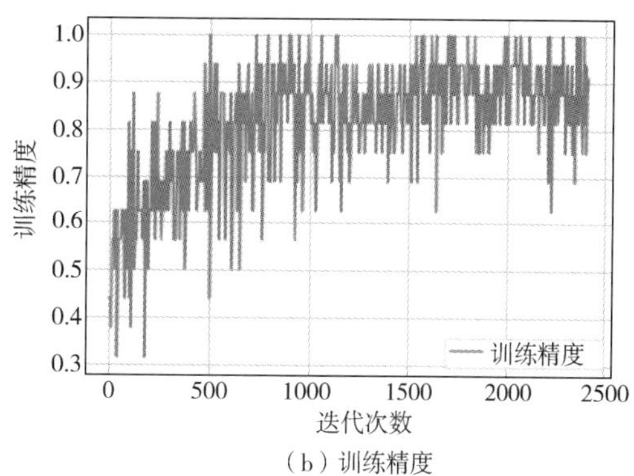

（b）训练精度

图19.7 训练结果

表 19.4 测试结果

| 序号 | 样本 | 预测值 |
|---|---|---|
| 1 | Late_Blight_Water_Mold_1091.jpg | Late_Blight_Water_Mold |
| 2 | YLCV_Virus_2603.jpg | YLCV_Virus |
| 3 | YLCV_Virus_3377.jpg | YLCV_Virus |
| 4 | Powdery_Mildew_1457.jpg | Powdery_Mildew |
| 5 | Septoria_Leaf_Spot_Fungus_787.jpg | Septoria_Leaf_Spot_Fungus |
| 6 | YLCV_Virus_2390.jpg | YLCV_Virus |
| 7 | Spider_Mite_Damage_456.jpg | Spider_Mite_Damage |
| 8 | Septoria_Leaf_Spot_Fungus_142.jpg | Septoria_Leaf_Spot_Fungus |
| 9 | Leaf_Mold_Fungus_211.jpg | Leaf_Mold_Fungus |
| 10 | Leaf_Mold_Fungus_325.jpg | Septoria_Leaf_Spot_Fungus |

# 参考文献

[1] 陈兵旗.机器视觉技术[M]. 北京:化学工业出版社，2018.

[2] 陈兵旗. 机器视觉技术及应用实例详解[M]. 北京:化学工业出版社，2018.

[3] Lee D H，Liu J L . End-to-End Deep Learning of Lane Detection and Path Prediction for Real-Time Autonomous Driving[J]. CoRR，2021.

[4] 佚名. 基于图像处理的玉米收割机导航路线检测方法[J]. 农业工程学报，2016，32(22):7.

[5] 赵腾，野口伸，杨亮亮，等. 基于视觉识别的小麦收获作业线快速获取方法[J]. 农业机械学报，2016，47(11):6.

[6] Meng Qingkuan，He Jie，Qiu Ruicheng，et al. Crop Recognition and Navigation Line Detection in Natural Environment Based on Machine Vision[J]. Acta Optica Sinica，2014，34(7):0715002.

[7] 王亮，翟志强，朱忠祥，等. 基于深度图像和神经网络的拖拉机识别与定位方法[J]. 农业机械学报，2020，51(S02):7.

[8] Jiang G，Wang X，Wang Z，et al. Wheat rows detection at the early growth stage based on Hough transform and vanishing point[J]. Computers & Electronics in Agriculture，2016，123:211-223.

[9] 伟利国，张小超，汪凤珠，等. 联合收割机稻麦收获边界激光在线识别系统设计与试验[J]. 农业工程学报，2017(S1):6.

[10] Choi J，Yin X，Yang L，et al. Development of a laser scanner-based navigation system for a combine harvester[J]. Engineering in Agriculture Environment & Food，2014，7(1):7-13.

[11] Zhang Z，Noguchi N，Ishii K，et al. Development of a Robot Combine Harvester for Wheat and Paddy Harvesting[J]. IFAC Proceedings Volumes，2013，46(4):45-48.

[12] Dz A，Yang D A，Pcb C，et al. Automatic extraction of wheat lodging area based on transfer learning method and deeplabv3+network[J]. Computers and Electronics in Agriculture，179.

[13] Jiang W，Yang Z，Wang P，et al. Navigation Path Points Extraction Method Based on Color Space and Depth Information for Combine Harvester[C]// 2020 5th International Conference on Advanced Robotics and Mechatronics (ICARM). IEEE，2020：622-627.

[14] Kim W S，Lee D H，Kim Y J，et al. Path detection for autonomous traveling in orchards using patch-based CNN[J]. Computers and Electronics in Agriculture，2020，175:105620.

[15] Lu Y，Young S . A survey of public datasets for computer vision tasks in precision agriculture [J]. Computers and Electronics in Agriculture，2020，178：105760.

[16] Wsk A，Dhl B，Tk C，et al. One-shot classification-based tilled soil region segmentation for boundary guidance in autonomous tillage[J]. Computers and Electronics in Agriculture，2021，189：106371.

[17] 林大贵. TensorFlow+Keras 深度学习人工智能实践应用[M]. 北京：清华大学出版社，2018.

[18] PyTorch Tutorials[EB/OL].(2021)[2021-09-25]. https://pytorch.org/tutorials/.

[19] PyTorch Documentation[EB/OL][2021-09-25]. https://pytorch.org/docs/stable/index.html.

[20] CUDA Documentation[EB/OL][2021-09-25]. https://docs.nvidia.com/#nvidia-cuda-toolkit.

[21] 乐毅，王斌. 深度学习: Caffe 之经典模型详解与实战[M].北京：电子工业出版社，2016.

[22] 赵永科. 深度学习：21 天实战 Caffe[M].北京：电子工业出版社，2016.

[23] Jia Y，Shelhamer E，Donahue J，et al. Caffe: Convolutional Architecture for Fast Feature Embedding[C]//Proceedings of the 22nd ACM international conference on Multimedia. New York：ACM，2014：675-678.

[24] 吴正文. 卷积神经网络在图像分类中的应用研究[D]. 成都：电子科技大学，2012.

[25] 阿斯顿・张，李沐，扎卡里・C. 立顿，等. 动手学深度学习[M]，北京：人民邮电出版社，2019.

[26] Chen T，Li M，Li Y，et al. MXNet: A Flexible and Efficient Machine Learning Library for Heterogeneous Distributed Systems[J]. CoRR，2015.

[27] 加日拉·买买提热衣木，常富蓉，刘晨，等. 主流深度学习框架对比[J]. 电子技术与软件工程，2018(7):1.

[28] Dong Y，Eversole A，Seltzer M L，et al. An Introduction to Computational Networks and the Computational Network Toolkit[R]. Microsoft Technical Report MSR-TR-2014-112，2014.

[29] Banerjee D S，Hamidouche K，Panda D K . Re-Designing CNTK Deep Learning Framework on Modern GPU Enabled Clusters[C]//2016 IEEE International Conference on Cloud Computing Technology and Science (CloudCom). IEEE，2017.